全国大学生
移动应用设计竞赛指南

钟元生　邹宇杰　主　编
杨　旭　高成珍　陈海俊　副主编

清华大学出版社
北　京

内 容 简 介

全国大学生移动应用开发竞赛分移动商务知识赛、手机应用编程赛、App 作品赛三个子项目，分研究生、本科生和专科生三个层次举行。本书详细介绍了参赛的规则、参赛流程和评审过程，便于学生参赛和学校组织竞赛。同时，给出了移动商务知识赛、Android 手机应用编程赛的部分题库与参考答案。

本书所介绍的竞赛可帮助高等院校培育更多高档次竞赛项目，培养更多的高水平参赛选手。

本书可作为大学生参加各类移动应用开发及全国"互联网＋"创业大赛的参考书。

图书在版编目(CIP)数据

全国大学生移动应用设计竞赛指南/钟元生，邹宇杰主编. —北京：清华大学出版社，2019
ISBN 978-7-302-53225-5

Ⅰ. ①全…　Ⅱ. ①钟…　②邹…　Ⅲ. ①移动终端—应用程序—程序设计—竞赛—高等学校—自学参考资料　Ⅳ. ①TN929.53-62

中国版本图书馆 CIP 数据核字(2019)第 124536 号

责任编辑：袁勤勇
封面设计：常雪影
责任校对：李建庄
责任印制：丛怀宇

出版发行：清华大学出版社
网　　址：http://www.tup.com.cn，http://www.wqbook.com
地　　址：北京清华大学学研大厦 A 座　　**邮　　编**：100084
社 总 机：010-62770175　　**邮　　购**：010-62786544
投稿与读者服务：010-62776969，c-service@tup.tsinghua.edu.cn
质量反馈：010-62772015，zhiliang@tup.tsinghua.edu.cn
课件下载：http://www.tup.com.cn，010-62795954
印 装 者：三河市铭诚印务有限公司
经　　销：全国新华书店
开　　本：185mm×260mm　　**印　　张**：19.5　　**字　　数**：453 千字
版　　次：2019 年 10 月第 1 版　　**印　　次**：2019 年 10 月第 1 次印刷
定　　价：49.00 元

产品编号：075818-01

前言 Foreword

随着手机的普及，以微信、滴滴为代表的各种移动应用给人们生活提供了越来越多的便利，国家为“互联网+”双创活动提供了非常好的支持，社会上移动应用人才需求旺盛，具备互联网创业知识的开发人才尤其受重视。在全国有关专业教学指导委员会、行业指导委员会和中国计算机学会、中国电子学会、中国电子商务协会等组织的指导下，均有不同形式的移动应用之类的全国竞赛，越来越多的高等院校加入其中，推动了高校计算机人才培养工作。

全国大学生移动应用开发赛为院校及学生受邀自愿参加，非行政化导向的竞赛。竞赛的权威性来自于最大程度的公开、公正。具体措施有：

① 以作品为主的竞赛，作品公开、网络初评双向匿名、答辩专家名单公开、答辩过程网络公开、获奖证书加注答辩委员会主席及其姓名。

② 以上机考试为手段的竞赛，监考教师实名制并在获奖证书上标注监考教师姓名，客观题题库随机出题、机器评审，主观题双向匿名评审，完全根据成绩定名次。

③ 出题教师公开、题库公开、题目根据反映动态调整，逐渐形成权威题库。

④ 获奖名单及监考教师、答辩教师、评阅教师等信息全部网络长期公布，可随时网络查询。

⑤ 评审专家、出题专家不限高级以上职称，不限其所在工作单位名气，一切根据专家本身的开发经验和水平，自主申请、专家委员会认可，公开公示，根据实际水平动态调整。

本竞赛目的为选拔优秀移动应用软件开发人才提供有效途径，竞赛包括“手机应用编程赛”“App作品赛”和“移动商务知识赛”三个子项目，分研究生、本科生和专科生三个层次，资格考试认证、赛区联赛和全国决赛三阶段进行。

竞赛为完全公益的非营利性活动，办赛经费来源包括承办单位资助经费、企业赞助费等，收费全部用于竞赛有关活动。企业可提供奖金或奖品赞助竞赛，也可为获胜者提供实习、就业岗位。

作为一种新型的竞赛模式，本竞赛基于互联网思维组织，倡导去行政化、兴趣驱动和真实导向，致力于扩大参赛受益群体，克服了现有多数竞赛的一些不足：

① 行政化主导、权威专家与一线指导教师脱节；

② 参赛学生占大学生比重偏小，大部分大学生因种种原因无法参加；

③ 竞赛门槛太高，不利于挖掘学生的潜力。

本项竞赛引导大学生从易到难，循序渐进，从理念到技术，从技能到作品，逐步走向“互联网+”创新创业之路。

为帮助有兴趣的院校指导教师和参赛学生了解并参加本项竞赛，充分利用这个平台发展自己，我们编写本书。全书由钟元生和邹宇杰担任主编，负责全书体例设计、内容设计、指导题库的开发并参与各章的编写工作；竞赛系统由陈海俊完成第一版、邹宇杰完善，邹宇杰参与第1章、第2章、第3章的编写以及全书的整理排版工作，陈海俊参加了第3章的编写，高成珍参加了第4章的编写，杨旭、曹权、傅春、王睿、任祥旭等参加了第5章的编写工作。编者共同完成了有关参考答案的编写工作。

本竞赛是由IEEE电子商务协会的两位创始主席——钟健尧（Jen-Yao Chung，IEEE会士，IBM纽约华生研究中心高级总经理）与林桂杰（Kwei-Jay Lin，IEEE会士、加州大学欧文分校电子与计算机系教授），在我们发起并举办了五届江西省大学生手机软件竞赛的基础上，联合全国各地一批志同道合的院校专家共同发起。本项竞赛得到了清华大学出版社、电子工业出版社、复旦大学出版社、江西高校出版社、中国教育技术协会高校理工科专业委员会、现代教育技术杂志社、江西省教育厅高校科技开发办有关领导的帮助，特别是竞赛的举办和本书的编写得到了江西财经大学软件与物联网工程学院的帮助与支持，在此一并致谢。

由于编者水平有限，书中不足之处在所难免，希望广大读者多提宝贵意见。

编　者
于江西财经大学麦庐园
2019年7月

目录 Contents

上篇 竞赛方案

下篇　竞赛题库

上　　篇

竞赛方案

第1章 chapter 1

竞赛概述

1.1 大学生移动应用开发竞赛价值

近年来移动互联网技术得到了快速发展，大大增加了社会对相关移动应用设计人才的需求，移动应用设计人才的缺口越来越大。北京邮电大学曾剑秋教授指出，移动人才缺口可能达到100万。移动应用设计人才的缺失已然成为各界关注的问题。移动应用设计人才的缺口主要有两个方面的原因：一是移动互联网发展越来越快；二是高等教育和社会需求存在较大的脱节。就目前而言，我国在移动应用设计人才方面的培养相对于移动互联网的发展而言相当滞后，移动应用设计人才培养的模式较为单一，没有结合移动互联网发展的实际需求，在移动应用设计人才培养的效果方面较不理想。

根据中国互联网络信息中心(CNNIC)发布的第43次《中国互联网络发展状况统计报告》[①]，截至2018年12月，中国网民规模为8.29亿，全年新增网民5653万。鉴于智能手机的普及，可以说，新增网民几乎全部是手机用户。

互联网的飞速发展，市场对程序员包括移动开发程序员的需求尤为旺盛。即使2018下半年开始，很多互联网公司因资本寒冬而大面积裁员，但程序员需求依然旺盛。仅查询前程无忧网站，2019年5月最后一周，就发布了Android程序员招聘启事1.55万条和iOS程序员招聘启事1.06万条。

2019年3月，一项中国程序员薪资生存现状的调查发现，年薪26万元以上的程序员中，15.2%擅长Android，10.3%擅长iOS，两者相加达25.5%。可见，收入较高的程序员中有四分之一在从事移动应用开发。

移动应用软件开发人员的培养，近年来得到各大高校看重。为了培养一批移动应用软件开发人才，举办一个全国大学生移动应用设计竞赛，很有必要。该竞赛旨在提高各大高校学生移动软件开发方面的技术水平，以及激发高校学生对移动应用软件开发的学习兴趣。

全国大学生移动应用设计竞赛的成功举办，有助于扩展和培养学生的综合素质，培养学生的创新能力和实践能力。同时以竞赛为纽带，加强了学校与企业之间的沟通，学校与企业互享优势资源；企业为高校提供先进的技术资源，高校为企业量身定做优秀人才。学生与企业之间实现无缝对接，既解决了学生就业问题，又帮助企业提前介入人才

---

① 2019年中国程序员薪资生存调查报告出炉，https://blog.csdn.net/qq_27790011 /article/details/88706666

培养工作，以尽早获得适用人才。此外竞赛也加强了各大高校之间的交流，有助于提升各大高校的教学水平，提高高校中资源的利用率，解决了部分高校师资力量不足的问题。

1.2 竞赛项目简介

全国大学生移动应用设计竞赛主要包括手机应用编程赛、移动商务知识赛以及 App 作品赛三个方面的竞赛项目，如图 1-1 所示。

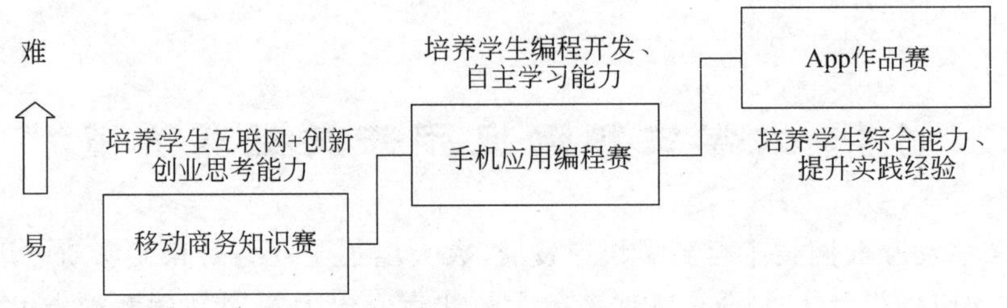

图 1-1 全国大学生移动应用开发竞赛项目

1.2.1 手机应用编程赛

手机应用编程赛主要对参赛学生在智能手机软件开发基本技能方面进行测试，包含对 Java 和 Android 等相关知识的应用测试。手机应用编程赛能够极大地提升参赛学生在手机软件开发方面的技能水平，有效培养参赛学生的实践能力。手机应用编程赛主要采用机试方式进行。

手机应用编程赛仅限于个人报名，各参赛学生都需要有一名教师进行指导。竞赛主要包含专科组、本科组和研究生组三个组，专科组、本科组和研究生组在竞赛的内容以及竞赛难易程度方面都存在一定的差异，三组竞赛单独进行，各组获奖的比例相同。手机应用编程赛包括基础题和编程题两个部分，竞赛题目由竞赛组委会统一设置，竞赛测试的题目主要从机试题库中随机抽取。试卷包括 60 道选择判断题和 3 道编程题，选择判断题分数占比例 40%，编程题占比例 60%。

手机应用编程赛包括如表 1-1 所示的知识点。

表 1-1 手机应用编程赛的知识点

大知识点	小知识点
Java 编程部分	Java 语法基础
	Java 程序阅读与分析
	Java 面向对象思想
	Java 中的常见类
	Java 高级部分
	Java 基础编程题

续表

大知识点	小知识点
Android编程部分	Android环境搭建与程序结构分析
	Android界面编程
	Android对话框与菜单
	Android中的事件处理
	Android中的资源定义
	Android组件之Activity
	Android中的数据存储
	Android四大组件之Service与BroadcastReceiver
	Android基础编程题
	Android综合编程题
	扩展题

1.2.2 移动商务知识赛

移动商务知识赛主要是对参赛学生在移动商务知识、Android以及iOS等方面的基础知识掌握情况进行测试，要求参赛学生面向智能手机进行应用构思并实现，参赛学生结合创意思路撰写手机软件的分析报告，手机软件分析报告主要包含软件开发设计的背景及目的、手机软件的主要功能、手机软件的界面设计以及推广策划等几个方面的内容。移动商务知识赛主要采用机试方式进行，仅限于个人报名，各参赛学生都需要有一名教师进行指导。竞赛主要包含研究生组、本科组和专科组三个组，三组在竞赛的内容以及竞赛难易程度方面都存在一定的差异，三组竞赛单独展开，各组获奖的比例相同。移动商务知识赛包括主观题和客观题两个部分，竞赛题目由竞赛组委会统一设置，竞赛测试的题目主要从机试题库中随机抽取。移动商务知识赛试卷总共有100道选择判断题、1道创意题，选择判断题分值所占比例为60%，创意题分值所占比例为40%。

移动商务知识赛包括如表1-2所示的知识点。

表1-2 移动商务知识赛的知识点

大知识点	小知识点
移动商务知识赛	移动商务价值链与商业模式
	移动商务技术基础
	移动电子商务概述
	移动商务安全
	移动支付

续表

大知识点	小知识点
移动商务知识赛	云计算
	移动信息服务
	移动学习、娱乐
	移动商务应用
	Android 移动商务应用案例
	iOS 移动商务应用案例
	互联网金融
	微信公众号开发
	可穿戴设备
	精益创业
	定位
	创业者的窘境

1.2.3 App 作品赛

App 作品赛主要对学生设计的 3G 应用软件进行展示。App 作品赛并没有对手机应用软件的运行平台做出规定，只需要手机应用软件具有较强的实用性，还需要具有创新性。App 作品赛主要包括软件程序以及作品设计报告等参赛作品材料。

参赛作品的完成人署名不能超过 3 个，参赛学生可以单独参加或者和他人组队参加，每个参赛作品都要在指导教师的指导之下完成。参赛者(参赛队伍)在规定时间内将作品提交至服务器，组委会组织各个学校或单位的专家进行在线评审，每个作品至少由两位专家在线进行评审打分，再取其平均值，专家在线提交成绩至考试系统，计算机将自动累加成绩，最后根据参赛人数的一定比例分别确定研究生组、本科组和专科组的获奖名单。

提交到服务器上的文件应包含以下几个文件夹。

项目介绍：Word 文档，操作演示视频(限 10 分钟之内)，参赛人员信息表(指导教师和学生名单)。

作品源码和操作手册：可执行源代码，操作手册。

作品设计报告：设计报告。

第2章 chapter 2

竞赛组织者操作指南

2.1 名单统计

2.1.1 高校报名

各高校需要将本校报名参与竞赛的人员名单统一收集整理，并在报名截止前登录全国大学生移动应用开发竞赛网（http://xs360.cn/jxmsd/ncmsd/Page_index.action）的"报名系统"进行网上报名。

2.1.2 注意事项

（1）参赛选手和指导老师名单，必须在网上报名时同时填报。

（2）在各竞赛项目规定的报名截止日期之前，参赛学校可以在报名系统内修改有关信息。

（3）各学校登录全国移动应用开发竞赛网 http://xs360.cn/jxmsd/ncmsd/Page_index.action，各学校用户名已设定，在菜单选取即可，初始密码123456，请登录后更改。

（4）请各参赛单位一定要在比赛前核对指导教师及学生姓名，比赛结束后将不再接受更改。

2.1.3 名单整理

报名截止后，竞赛组织者应当进入 http://xs360.cn/jxmsd/ncmsd/Page_index.action 对各高校报名考生进行审核，审核完毕后，分别导出各考点考生名单，并存储为Excel文件。

2.2 中期准备

2.2.1 协调考点

组织者在收录考生名单工作完成后，应当通知各高校根据实际情况分配好机房，若该学校报名人数较多(大于20人),则可将其设置为考点;若学校报名人数少于20人,则可将该学校的考生分配到其他考点。

2.2.2 收录考场信息

考点设置协商完毕后,组织者向考点收取考场信息,各考点应该尽快将本考点机房的数量、编号、可容纳人数等信息发送给组织者。组织者在收到考场信息后,需要将这些信息整理在一起。

2.2.3 导入考试信息

组织者在考生信息和考场信息收录完毕后,需要自己(或联系竞赛系统管理员)进入竞赛系统后台进行信息的导入操作,步骤如下:

(1) 导入考生名单:进入竞赛系统后台可以通过批量导入名单的功能,直接上传各高校的Excel表格自动导入考生。

(2) 分配考场:在竞赛系统中将考生分配到各考点的考场,分配过程中要注意每个考场的人数不能超过考场机器的数量。

(3) 导出考条:考场分配完毕后,通过竞赛系统后台中的“导出考条”功能将各考场的考条导出为Excel表格。

2.2.4 发布考点材料

在导出考条后,组织者应当将如表2-1所示的材料发送给各考点。

表2-1 考点材料

材料名称	发放时间	用途
竞赛系统(测试版)	距离考前10个工作日	主要用于让各考点提前熟悉考试环境,并确认考场的机器是否不存在故障
编程赛开发环境	距离考前10个工作日	
服务器搭建使用手册	距离考前10个工作日	
考生考试流程及注意事项	距离考前10个工作日	
考场监考流程	距离考前10个工作日	
考条	距离考前2个工作日	考条上记载了每个学生的准考证号和密码,学生通过输入准考证和密码进行考试
考场情况登记表	距离考前2个工作日	用于监考教师记录考场情况,例如是否有考生舞弊之类的现象
考场签到表	距离考前2个工作日	用于考场考生签到
竞赛系统(正式版)	距离考前1个工作日	用于正式考试

2.3 后期工作

2.3.1 收集考场信息

考试结束后，各考场的监考教师需要打包考场的数据、考场签到表以及考场情况登记表。最终交给竞赛组织者，组织者在收集完各考点的所有材料后应开始评审工作。

2.3.2 检测考场信息

考试结束后，竞赛组织方应该使用管理员账号登录竞赛系统后台来监测各考场是否按照要求和规则完成考试，如发现考试结束时间与规定时间不符合的考场，应考虑调查其考试过程中是否存在违规现象。检测步骤如下：

（1）登录竞赛系统后台管理端，管理端的地址和账号密码会由相应技术团队提供。管理端页面如图 2-1 所示。

图 2-1　管理端页面

（2）选择赛务管理—考场监测进入考场监测中心，如图 2-2 所示。

（3）在监测中心中，可以清楚地看到各考场结束考试的时间，若某考场的监考教师未单击“结束考试”按钮，则该考场的考试结束时间会显示为空，如图 2-3 所示。

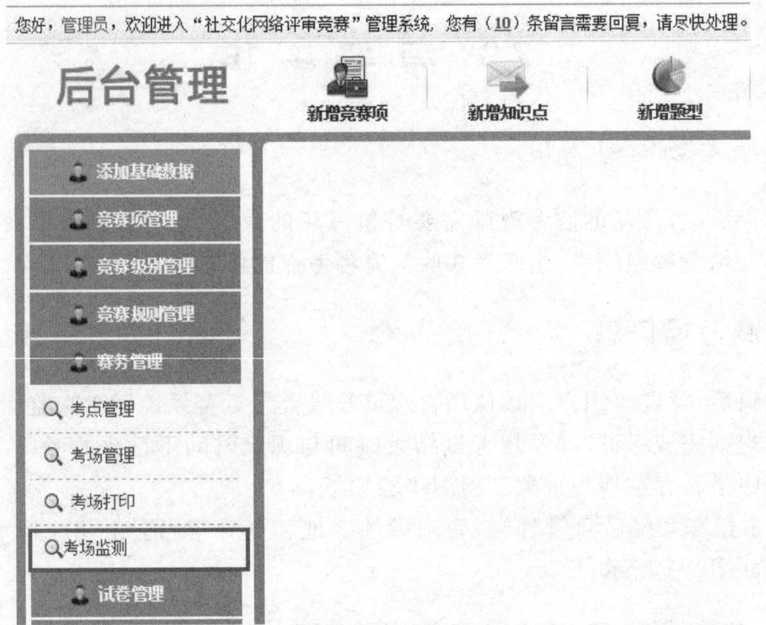

图 2-2　进入考场监测中心

所属赛点	结束考试时间
九江职业技术学院	
江西财经职业学院	
宜春学院	
宜春学院	
江西财经大学	2017-03-19 15:37:38.0
江西财经大学	
江西理工大学	
江西理工大学	
上饶师范学院	
华东交通大学	
华东交通大学	
华东交通大学	
华东交通大学	

图 2-3　考试结束时间

2.3.3　评审工作

考试结束后，监考教师将打包考场数据，并将各考场数据统一交送给组织者，组织者将会把所有考场的数据导入竞赛考试系统。

组织者此时应统计并分配好一批评审专家的名单，并在一定时间内将评审内容发送给各位评审专家，其中两门上机考试的基础题将由机器统一批改，移动商务知识赛的主观创意题和手机应用编程赛的编程题需要由评审专家批改。

2.3.4 评审要求

在遵守国家科学技术部颁发的《国家科技计划项目评审行为准则与督查办法》中明确定义的项目评审的标准基础上，考虑科技技能竞赛本身的特点，竞赛系统设计评审遵循如下基本原则：

（1）一道题目需要至少两位评审专家评审，评审结果作为参考。

（2）两位评审专家打分不公平，需要重新安排评审。

（3）评审专家不能评审本校的学生，且需要给出评分记录。

（4）所有参与评审的人都必须实名。

（5）存在疑义的评审结果，需要重新分配不同的两位以上的评审专家进行评审。

通过遵守上述原则，可以解决科技技能竞赛在传统评审过程中出现的评审任务最优化分配、评审专家打分差异大和评审任务退回再分配等问题。

2.3.5 评审流程

目前江西省大学生手机软件设计竞赛已使用该系统完成了两年竞赛的组织和评审工作，系统运行效果良好。在2013年度第二届江西省大学生科技创新与职业技能(手机软件设计赛)竞赛中，有来自全省15所高等院校报名，手机应用编程赛参赛总人数约500余人，需要评审的编程题有9道，每道题目被不同的两位评审专家评审，一共邀请了来自全省各地的9名指导教师作为网评专家；由于是第一次使用，通过代码输出评审分配结果到Excel中，并打印出来核对与真实上传情况是否一致，经验证发现所有分配结果均正确导入到不同评审专家，无差错高效地完成了网络匿名评审功能，其工作流程如图2-4所示。图2-5为手机应用编程赛机试答题评阅安排。

2.3.6 评审任务分配方法

该评审任务分配算法达到的目标：完成全部评审任务的分配；在最短的周期内快速完成评审，即参评的评审专家评审数量相近。

1. 确定分配评审任务方案

案例描述：某项竞赛评审员总数13人，需要评审的任务总量为1500份，任务种类为R1和R2。如果3个人分配评审R1类500份，10个人(只会评审该题型)分配R2类1000份。

第1种情况：任务总量下平均分配。

分配时，某一题型的评审量超出了评审员评审总数，平均下来，每个人的任务总数115份，因此就出现500份只评审了345份，而1000份中又不足，因此无法完成评审。故均分不可行，虽然大家的评审任务一致，但无法完成评审。

第2种情况：子任务总量下均分。

选择了R1的人需要评审167份/人(500/3＝166.6666667≈167)，选择R2则需要评

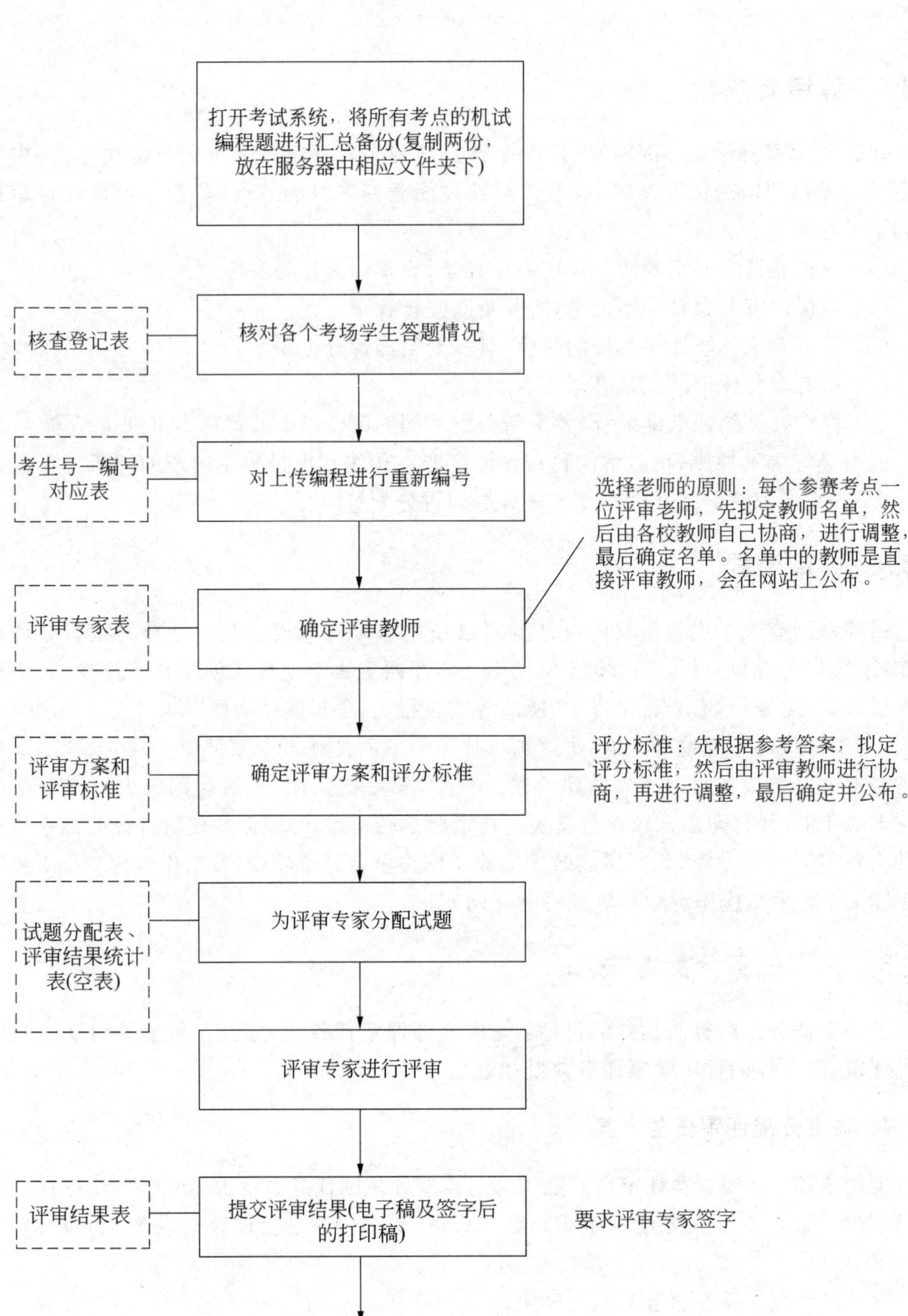

图 2-4　网络评审工作流程

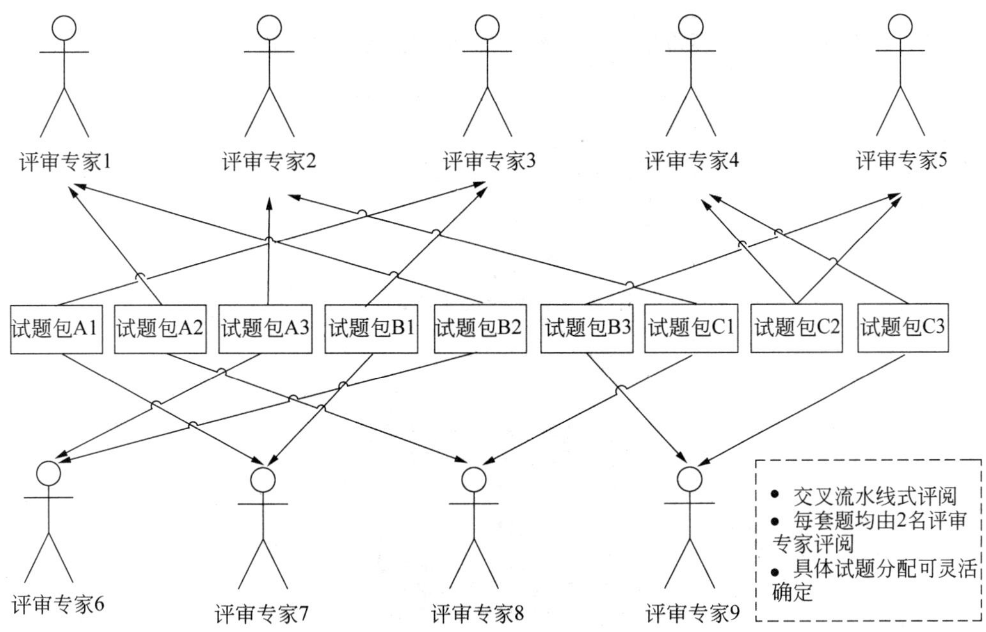

图 2-5 手机应用编程赛机试答题评阅安排

审 100 份/人(1000/10=100),虽然评审任务总量部分人均不相等,但可以完成评审。

因此,根据上述计算结果可以得出,不论在申请人员是否足够的情况下,采用子任务均分可以完成所有评审任务。而总任务均分,各个子任务申请人数和任务量相近时,才能正常评审。因此,为了使得分配任务更加平衡且能完成评审任务,本系统采用任务平均分配计算方案来计算。

竞赛评审流程如图 2-6 所示。

评审的基本原则是:每道题至少由两位评审专家评审,并且两个评审专家评审的答卷不能完全相同;尽量让评审专家评审相同的题目,即答卷数量虽多但涉及的题目较少,这样有助于评阅;评审专家不能评审本校考生的答卷;两位专家对同一答卷评审分值差距相差达到题目分值的 50%时,需分配给第 3 位评审专家进行评审。

2. 分配算法

(1) 筛选符合评审原则的任务集合。

为了避免评审过程中的徇私舞弊串通打分的特殊情况,在分配时根据文本相似度计算——Jaccard Similarity 算法,将作品上传者与评审专家条件相似的试卷进行过滤,过滤的结果如图 2-7 阴影部分所示。例如 100 道待评题要分配出去,首先会根据是否是相同学校进行筛选老师,第一位老师获取到评审任务后,为了防止评审专家之间的互相干扰,该老师所获取到的评审任务会被拆分成若干个子任务,再分配给其他学校的其他教师,而且每道题目如何分配,都是依靠随机算法随机抽取,就算有评审专家有这样的想法,而相互之间也不存在利益关联,所以可以最大程度上避免这种情况发生。

评审任务分配时则采用 Java 自带的随机算法对集合进行任意位置的随机抽取,最后

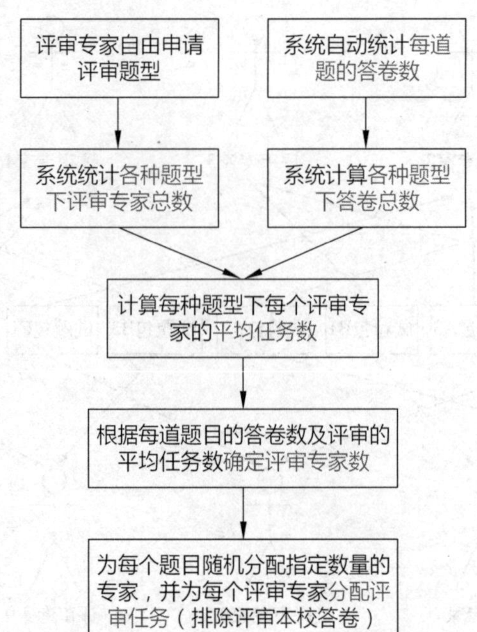

图 2-6 竞赛评审流程图

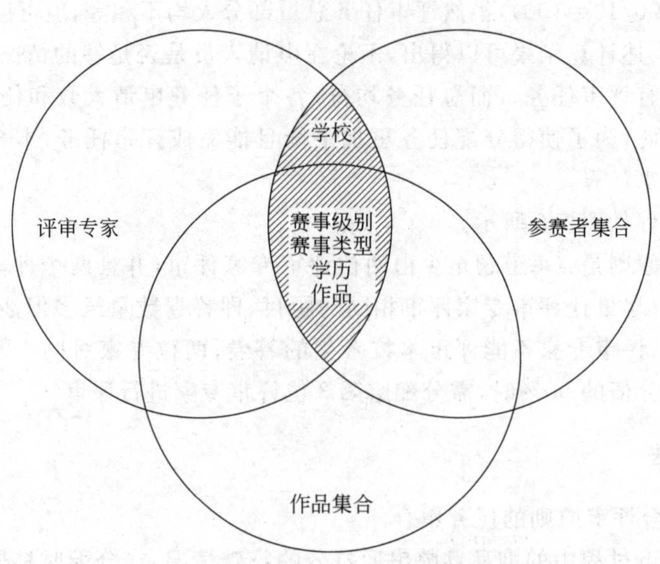

图 2-7 文本相似度计算筛选出符合评审基本原则的结果

分配完评审数量的组合后的结果即为该评审专家领取的评审任务。

题目类型的集合记为 $T=\{T_1, T_2, \cdots, T_i, \cdots, T_N\}$，表示包含 N 种题目类型。每种类型下又包含一定量的题目，第 i 种类型下所包含的题目集合记为 $Q_i=\{Q_{i1}, Q_{i2}, \cdots, Q_{ij}, \cdots, Q_{iM_i}\}$，表示第 i 种类型下有 M_i 个题目，不同类型下题目数量可能不同。每个具体题目的答卷数记为 CQ_{ij}，表示第 i 种题型下，第 j 个题目的答卷数，由于系统是为考生随机抽题，以及部分考生可能未提交相应答卷，所以每道题的答卷数是不同的。因此，第 i 种题型下

所有的答卷数 CT_i 的计算公式如下。

$$CT_i = \sum_{j=1}^{M_i} CQ_{ij} \tag{2.1}$$

评审时,先由评审专家根据自身特长选择评审的题型,然后对各题型下的评审专家人数进行统计,最后得到各题型下评审专家数量集合为 $CA=\{CA_1,CA_2,\cdots,CA_i,\cdots,CA_N\}$,其中 CA_i 表示第 i 种题型的评审专家数量。则第 i 种题型下,评审专家的平均评审任务数 Avg_i 的计算公式如下。

$$\text{Avg}_i = \frac{CT_i}{CA_i} \tag{2.2}$$

因此,第 i 种题型下第 j 个题目所需的评审专家数 CA_{ij} 的计算公式如下。

$$CA_{ij} = \frac{CQ_{ij}}{\text{Avg}_i} = \frac{CQ_{ij} * CA_i}{\sum_{j=1}^{M_i} CQ_{ij}} \tag{2.3}$$

每份答卷由两位专家进行评审,执行两次分配操作。对于每位专家来说,两次分配的题目必须不一致,避免对同一答卷重复评审。在第二次分配时,为每一题分配评审专家时先排除第一次已分配的专家。同时为了体现公平,在分配任务时应避免评审专家评审本校学生的答卷。

(2) 处理评审专家获取可评审集合数量不足的情况。

当评审员每人任务 100 份时,而不是本校的试卷数量 80(小于 100)时,则修改该名老师的评审数量为 80,将该未评任务调整均分给其他教师,依此循环,得出最终结果。

2.3.7 评审标准

1. 移动商务知识赛评审标准

移动商务知识赛评审标准如表 2-2 所示。

表 2-2 移动商务知识赛评审标准

项　目	评价指标	分值/分
创意与内容设计(30 分)	1. 主题鲜明、新颖、个性化	10
	2. 创意贴近生活、时尚、独特、具有明显的群体性	10
	3. 内容设计贴近生活、人性化	10
技术(30 分)	1. 流程设计人性化	10
	2. 操作方便	5
	3. 能突破现有模式	5
	4. 界面设计美观大方	10
实用性(15 分)	软件具有较好的实用性	15

续表

项目	评价指标	分值/分
推广策略(25分)	1. 推广渠道资源丰富	10
	2. 具备独特的推广策略	15
总分		100

2. 手机应用编程赛评审标准(本科组)

手机应用编程赛评审标准(本科组)如表2-3所示。

表2-3　手机应用编程赛评审标准(本科组)

评分名目	评分明细	分值/分
无语法错误(10分)	程序无语法错误,编译时未报错	10
正确运行(60分)	程序能正确运行,且运行结果或效果符合题目要求	60
可读性好(20分)	命名规范(10分)	5
	拥有必要的注释	5
	逻辑结构清晰	10
程序运行效率	时间复杂度	5
	空间复杂度	5

3. 手机应用编程赛评审标准(专科组)

手机应用编程赛评审标准(专科组)如表2-4所示。

表2-4　手机应用编程赛评审标准(专科组)

评分名目	评分明细	分值/分
无语法错误	程序无语法错误,编译时未报错	10
正确运行	程序能正确运行,且运行结果或效果符合题目要求	80
可读性好	命名规范	5
	逻辑结构清晰	5

4. 手机软件作品赛评审标准(本科组)

手机软件作品赛评审标准(本科组)如表2-5所示。

表 2-5 手机软件作品赛评审标准(本科组)

评分名目		评分明细	分值/分
软件程序(70分)	整体(10分)	作品完整(含程序、代码和相关材料)	1
		软件无明显漏洞和缺陷	1
		软件成功运行且无明显错误	2
		软件启动迅速,运行流畅	1
		软件操作简单,容易上手	1
		人机交互良好	2
		平台适应性良好	2
	界面(10分)	界面屏幕适应性良好	2
		界面简洁、友好、美观	2
		色彩搭配协调	2
		界面交互性良好,界面切换流畅	2
		界面包含软件主要功能	2
	功能(15分)	软件功能完整	6
		功能全部正常实现	6
		功能设计人性化	3
	技术(25分)	采用成熟的开发技术和开发模式	5
		代码简洁	2
		运用了较好的编程技巧	9
		技术创新	9
	创意(10分)	主题鲜明、新颖、风格显著	4
		软件在某一方面具有独特创意(如实用性、娱乐性)	6
作品设计报告(30分)		报告书写符合规范	1
		项目背景、功能、意义等介绍准确	1
		设计的功能在软件中已全部实现	2
		具有完整的系统需求分析部分(含功能、结构、流程、模型、图示等)	6
		具有完整的系统设计部分(含功能设计、架构设计、数据库设计、界面设计、测试等)	6
		具有完整的系统使用说明书	6
		系统需求分析与系统设计相吻合	1
		有系统实际运行界面或模拟运行界面	1
		结论、代码、参考文献等完整	1

续表

评 分 名 目	评 分 明 细		分值/分
作品设计报告（30 分）		项目创新性突出	2
		项目市场定位明确	1
		项目具有良好的市场推广前景	2
合计：			

5．手机软件作品赛评审标准（专科组）

手机软件作品赛评审标准（专科组）如表 2-6 所示。

表 2-6　手机软件作品赛评审标准（专科组）

评 分 名 目	评 分 明 细		分值/分
软件程序（65 分）	整体（15 分）	作品完整（含程序、代码和相关材料）	3
		软件无明显漏洞和缺陷	2
		软件成功运行且无明显错误	2
		软件启动迅速，运行流畅	2
		软件操作简单，容易上手	2
		人机交互良好	2
		平台适应性良好	2
	界面（10 分）	界面屏幕适应性良好	2
		界面简洁、友好、美观	2
		色彩搭配协调	2
		界面交互性良好，界面切换流畅	2
		界面包含软件主要功能	2
	功能（20 分）	软件功能完整	10
		功能全部正常实现	10
	技术（10 分）	采用成熟的开发技术和开发模式	8
		代码简洁	2
	创意（10 分）	主题鲜明、新颖、风格显著	4
		软件在某一方面具有独特创意（如实用性、娱乐性）	6

续表

评分名目	评分明细		分值/分
作品设计报告（35分）		报告书写符合规范	3
		项目背景、功能、意义等介绍准确	2
		设计的功能在软件中已全部实现	4
		具有完整的系统需求分析部分（含功能、结构、流程、模型、图示等）	6
		具有完整的系统设计部分（含功能设计、架构设计、数据库设计、界面设计、测试等）	6
		具有完整的系统使用说明书	6
		系统需求分析与系统设计相吻合	2
		有系统实际运行界面或模拟运行界面	2
		结论、代码、参考文献等完整	1
		项目创新性突出	1
		项目市场定位明确	1
		项目具有良好的市场推广前景	1
合计：			100

第3章 chapter 3

参赛指南

3.1 赛点指南

3.1.1 硬件环境要求

客户端计算机：最低配置不低于 i3 处理器，2GB 内存，80GB 硬盘，其余外设功能正常。

服务器计算机：最低配置不低于 i5 处理器，4GB 内存，10GB 硬盘，其余外设功能正常。

3.1.2 赛项环境要求

移动商务知识赛：浏览器 + Microsoft Office 2003 及以上 + RAR 压缩工具。

手机应用编程赛：浏览器 + Android 开发工具(ADT 4.2)+ JDK + RAR 压缩工具；一般机房可能不存在 Android 开发环境，所以需要提前配置，配置方法请参考【手机应用编程赛考场环境配置说明】。

3.1.3 监考要求

竞赛现场至少包含 1～2 位监考教师，如果考场超过 3 个以上，需要安排一位巡考人员负责监控各个考场的纪律。

3.1.4 竞赛系统下载

各赛点负责人应该在距离竞赛开始 10 个工作日之前访问竞赛网站 http://xs360.cn/jxmsd/ncmsd/Page_index.action 进行登录，并下载好竞赛系统以及相关配置材料(手机应用编程赛环境)。并于 5 个工作日之前将竞赛系统布置到本考点的各个考场内。

下载流程如下：

(1) 打开浏览器，输入网址 http://xs360.cn/jxmsd/ncmsd/Page_index.action 进入全国大学生手机软件邀请赛门户网站。将角色设置为“考点负责人”，并输入之前由组织者发放的账号和密码，如图 3-1 所示。

图 3-1 访问竞赛网站

(2) 登录成功后,进入竞赛中心页面,选择"竞赛下载/上传"—"竞赛系统下载"来下载竞赛系统和相关环境,如图 3-2 所示。

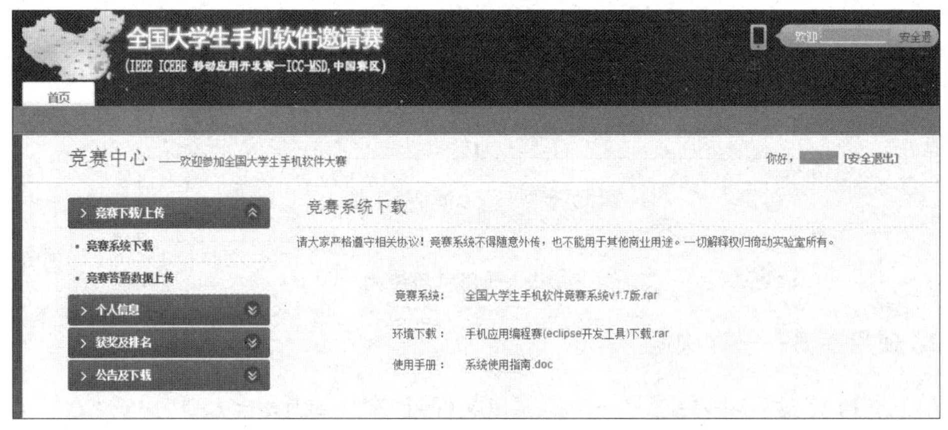

图 3-2 下载竞赛系统

3.1.5 服务器搭建使用手册

服务器搭建使用手册有流程版和详细版两种。

1. 使用手册——流程版

使用手册——流程版如图 3-3 所示。

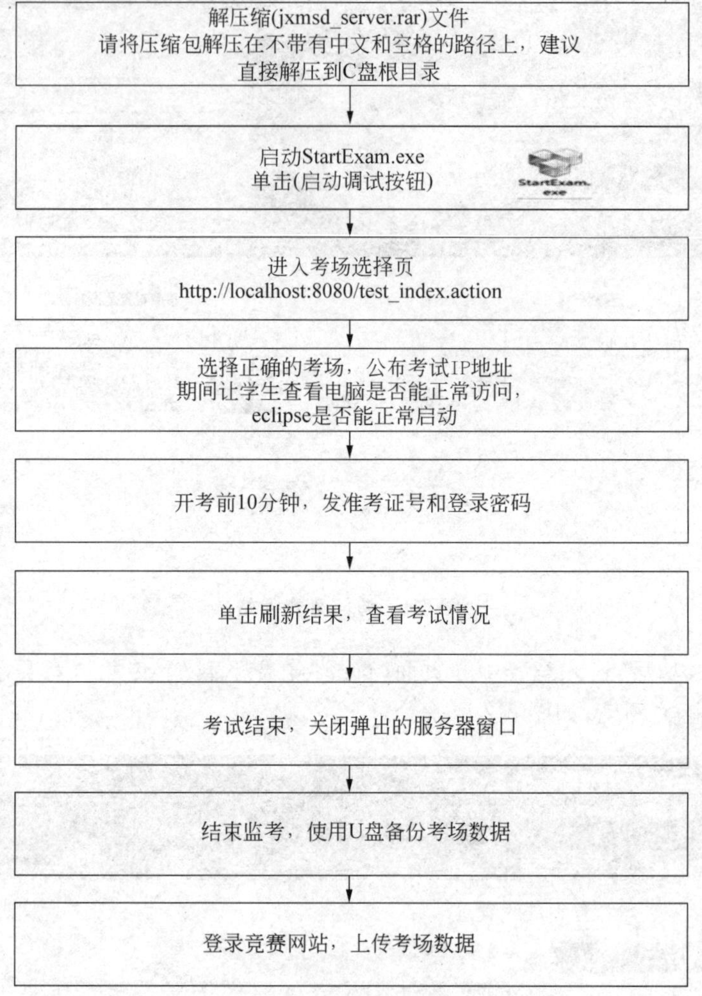

图 3-3　使用手册流程

2. 使用手册——详细版

(1) 拿到 U 盘后，你会看到一个压缩包文件，如图 3-4 所示。

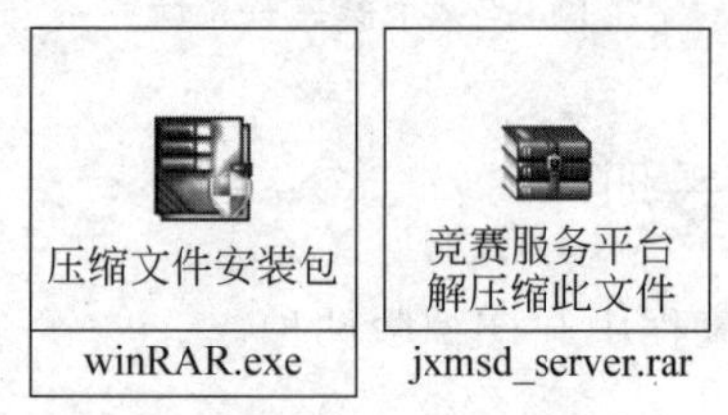

图 3-4　压缩包文件

(2) 将压缩包 jxmsd_server.rar 文件,复制并解压在不带有中文和空格的路径上(建议直接解压到 C 盘根目录)。结果如图 3-5 所示。

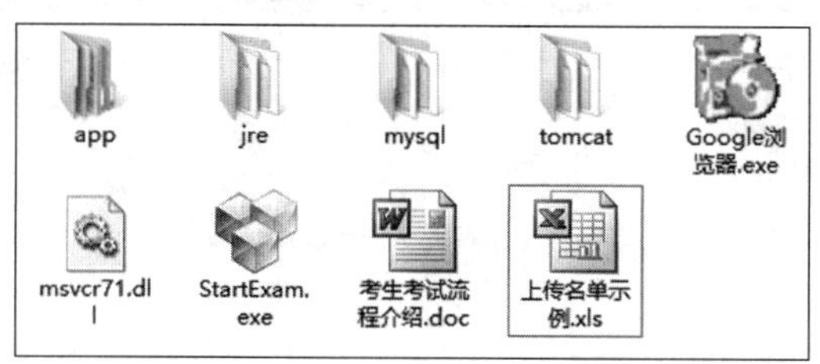

图 3-5　复制并解压压缩包的结果

(3) 双击启动 StartExam.exe 文件,启动后的效果如图 3-6 所示。

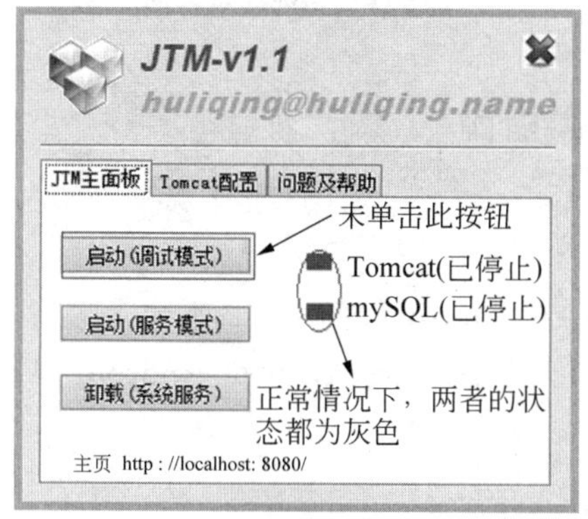

图 3-6　启动 StartExam.exe 文件的效果

单击"启动(调试模式)"按钮,正常启动后的界面如图 3-7 所示。同时会打开默认浏览器,打开竞赛登录页面。登录页面效果如图 3-8 所示。

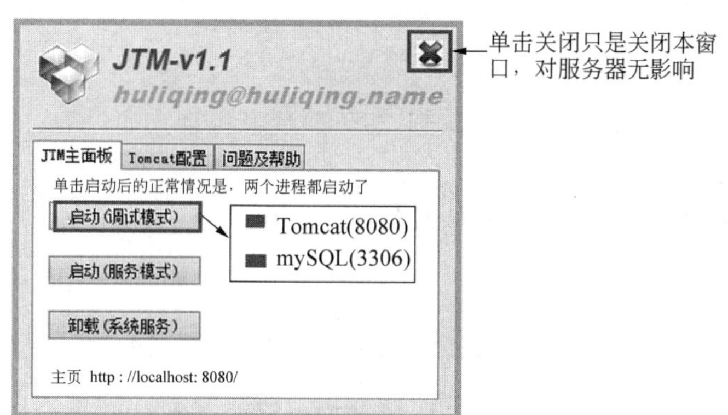

图 3-7　正常启动后的界面

(4) 至此说明 Tomcat+Java 服务器已经搭建成功。

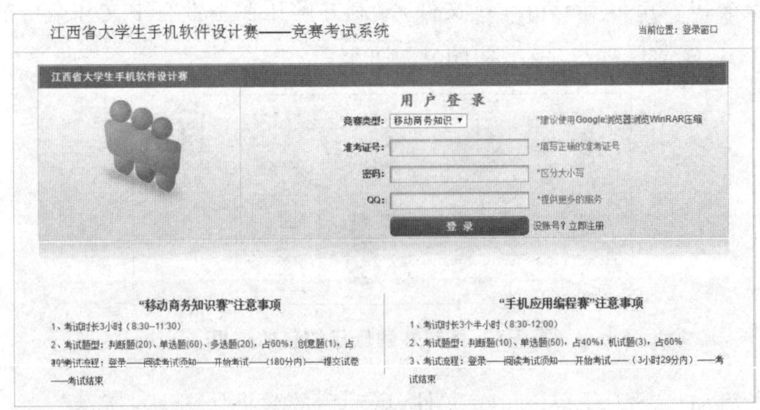

图 3-8　竞赛登录页面

3.1.6　编程赛环境配置指南

1. 开发平台说明

目前竞赛评审专家统一在 Android SDK 4.2 平台上进行运行测试打分，所以建议各个赛点将考场 Android 开发环境统一成 ADT 和 Android SDK 4.2(API 17)，不要使用 Android Studio 开发工具。

2. 集成开发平台使用说明

(1) 下载集成开发工具 jxmsd_android，为了便于各个赛点准备开发环境，已将 JRE 集成到 ADT 中。

Android 开发工具下载地址：http://pan.baidu.com/share/link?shareid=231860368&uk=1443969594。

(2) 集成开发环境使用说明。

将 jxmsd_android.rar 工具包解压到 C 或 D 盘根目录。如：C:\jxmsd_android，如图 3-9 所示。

jxmsd_android 文件夹内容说明见图 3-10。

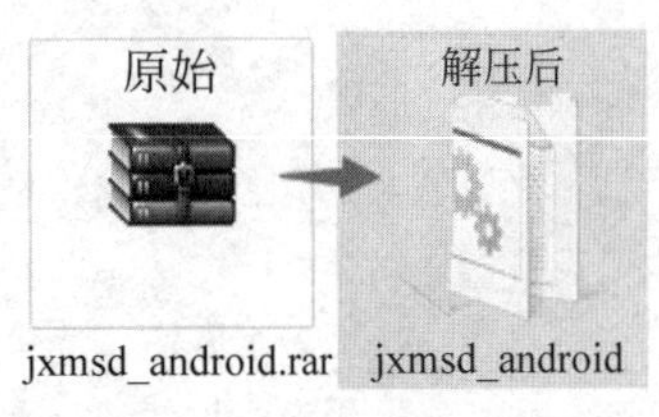

图 3-9　ADT 工具压缩包

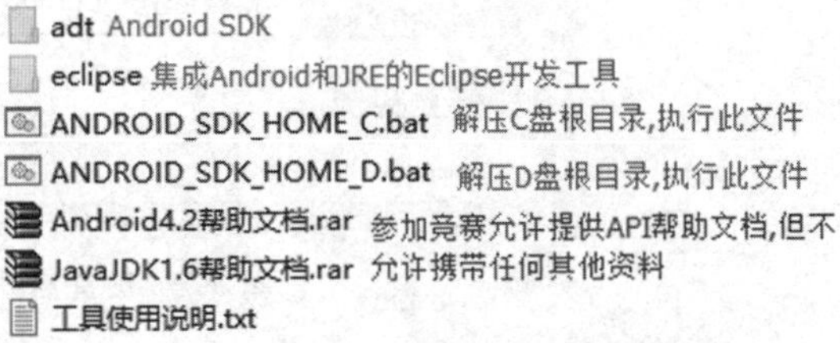

adt Android SDK
eclipse 集成Android和JRE的Eclipse开发工具
ANDROID_SDK_HOME_C.bat 解压C盘根目录,执行此文件
ANDROID_SDK_HOME_D.bat 解压D盘根目录,执行此文件
Android4.2帮助文档.rar 参加竞赛允许提供API帮助文档,但不
JavaJDK1.6帮助文档.rar 允许携带任何其他资料
工具使用说明.txt

图 3-10　jxmsd_android 文件夹内容说明

Win7 及以上系统环境下，以管理员身份运行 ANDROID_SDK_HOME.bat 文件，设置 Android SDK 的路径，便于使用已经创建好的 AVD 模拟器。XP 系统环境下，直接

右键执行即可。(此步骤亦可省略,考生自己创建 AVD)

(3) 打开开发工具,进行 Android 开发。

进入 C:\jxmsd_android\eclipse 文件夹,执行 eclipse.exe 文件,如图 3-11 所示。

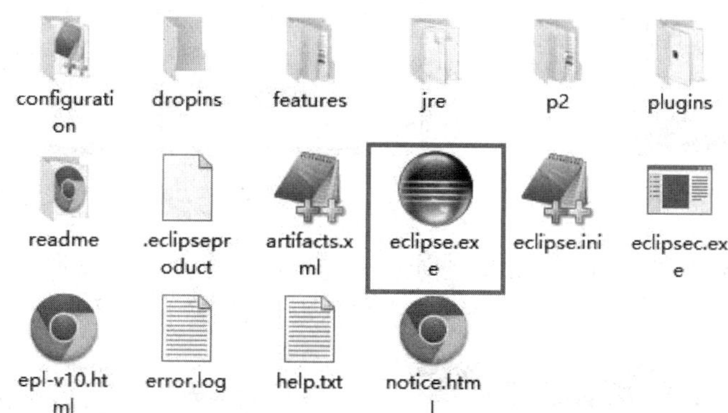

图 3-11 执行 eclipse.exe 文件

3.1.7 错误情况分类

(1) 未单击启动模式就出现 MySQL 启动标识,错误原因是因为之前这台计算机安装过 Mysql 软件,并把 mysql-d.exe 程序加入了自启动项,如图 3-12 所示。

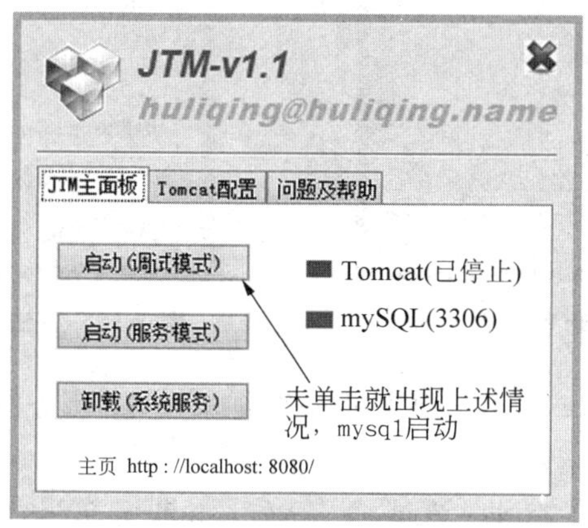

3-12 未单击启动模式就出现 MySQL 启动标识

解决办法:

① 打开任务管理器(快捷键 Ctrl+Alt+Delete 或者 Ctrl+Shift+Esc)。

启动方法:红圈是系统任务栏,单击系统任务栏,选中任务管理器(如图 3-13 所示),打开如图 3-13 所示界面。

或者使用命令提示符(cmd),输入命令 taskmgr,效果如图 3-14 所示。

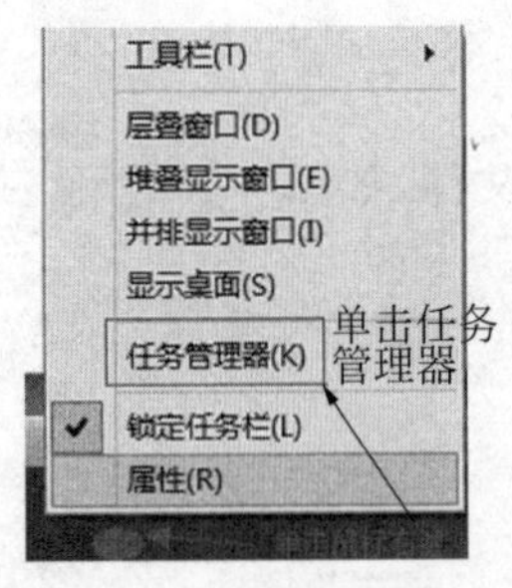

图 3-13　任务管理器位置

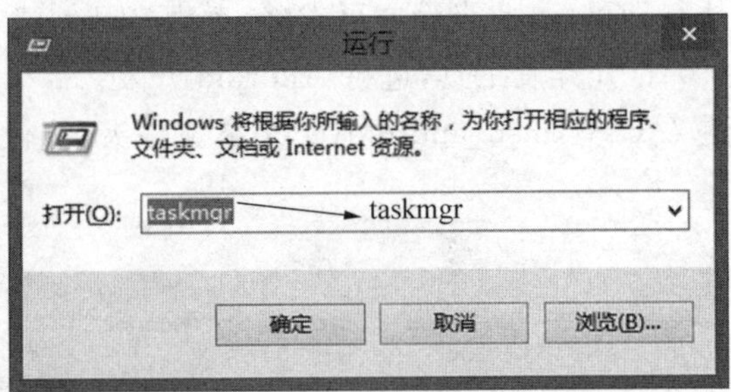

图 3-14　命令行窗口效果

② 打开任务管理器后，可以看到如图 3-15 所示的界面。按照图中箭头指示找到"mysqld_nt. exe"进程。选中后，单击底部的"结束任务"按钮。

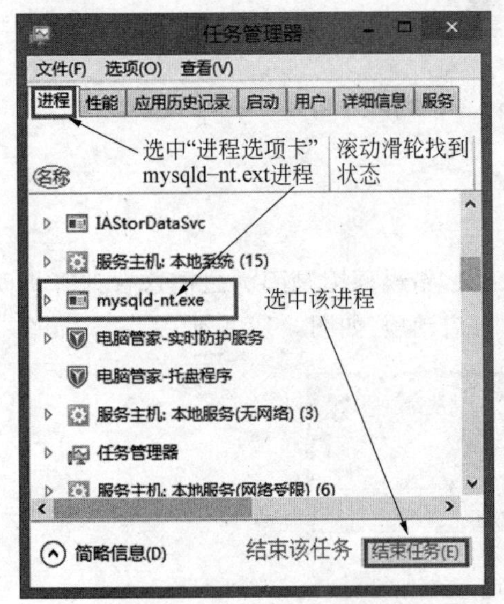

图 3-15　方法一：在进程里结束 mysql

图 3-16　方法二：在服务里结束 mysql

按照图 3-15 和图 3-16 所示的两步可以解决 MySQL 服务端口被占用或者服务已经启动的问题。

(2)［前提］在单击了启动(调试模式)后，如果仍然出现上述情况，这次就不是 MySQL 服务的问题导致的，而是 Tomcat 服务器未正常启动导致的。

解决办法：

这个问题是 Tomcat 服务器未正常启动导致的。解决办法基本跟上面一致，省略启动任务管理器的过程，如图 3-17 所示。

结束后，再关闭刚才启动的 MySQL 进程。再重启就可以正常启动了，如图 3-18 所示。

关闭后，又恢复到初始状态，如图 3-19 所示。

图 3-17 结束 Java(TM)进程

图 3-18 正常启动弹出的窗口

图 3-19 初始状态，窗口效果

单击启动后，就能正常启动了。

(3) 增加对意外情况下导致考试无法进行的解决办法：

① 打开监考管理页面的链接：形如 http://ip:8080/test_recover.action；其中 ip 为 1 具体服务器地址。

② 输入准考证号和密码，登录可以查看到之前保存的客观题答案，此时，不计时，此项功能只作为备用。

3.2 考生指南

3.2.1 考生报名

参赛考生应该在报名截止日期之前登录 http://xs360.cn/jxmsd/ncmsd/Page_index.action 进行网上报名，如图 3-20 所示。

图 3-20　全国大学生手机软件邀请赛注册页面

3.2.2 考试流程

1. 使用手册——流程版

使用手册——流程版如图 3-21 所示。

2. 考生考试详细步骤

(1) 查看计算机是否联通局域网，如果没有联网，请举手向监考教师示意，更换计算机或者帮忙解决问题。通过 Win+R 快捷键调出运行窗口。输入 cmd 进入命令行界面，再输入 ipconfig 查看 IP 地址是否和监考教师公布的 IP 地址类似，如图 3-22 所示。

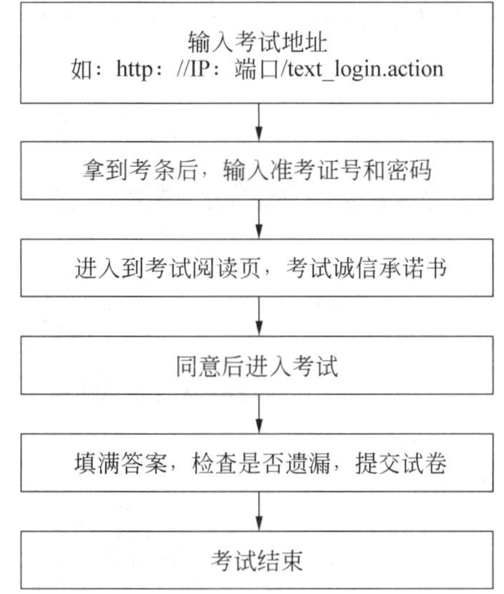

图 3-21 使用手册流程版

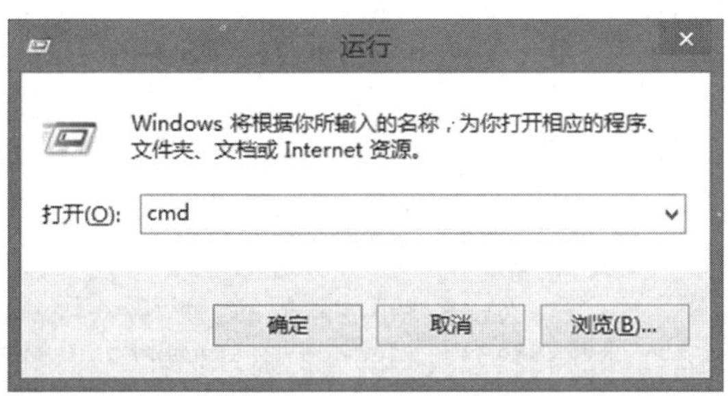

图 3-22 查看 IP 地址

（2）打开浏览器，等待教师提供考试 IP 地址。例如：http://172.20.75.224:8080/test_login.action 输入后，能看到如图 3-23 所示的登录界面。

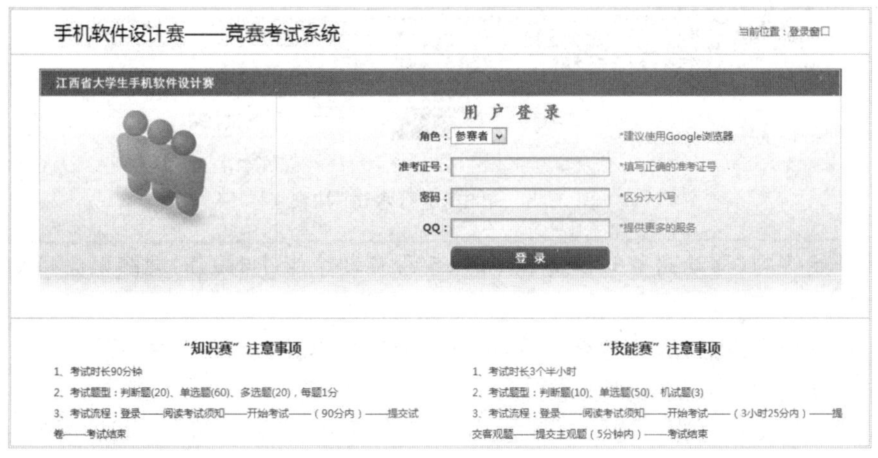

图 3-23 登录界面

(3) 拿到考条后,输入考条上的准考证号和密码,QQ 号按照实际填写即可,如图 3-24 所示。

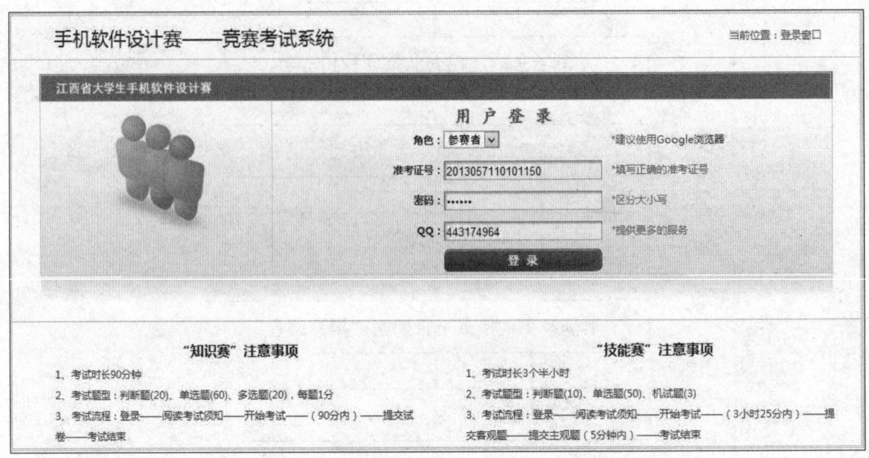

图 3-24　输入准考证号和密码

(4) 同意考试诚信承诺书,单击进入考试,如图 3-25 所示。

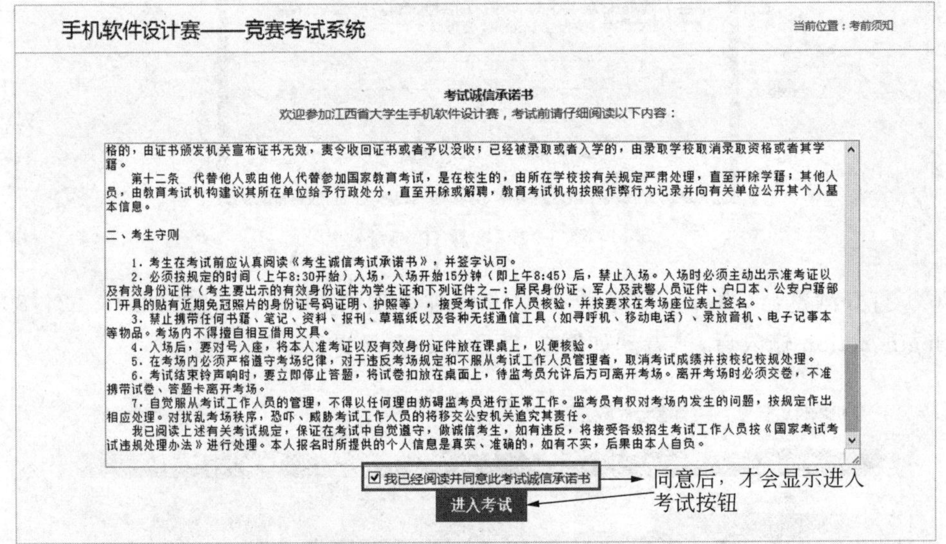

图 3-25　单击“进行考试”按钮

(5) 开始答题(移动商务知识赛 3 小时,编程赛 3 个半小时),时间结束会自动提示交卷,如图 3-26 所示。

(6) 在考题全部做完,且检查完后,可以提交试卷,如图 3-27 所示。图 3-28～图 3-30 为手机应用编程考试部分界面效果。

(7) 单击提交后会弹出确认对话框,确定提交时单击“离开此页”,反之“留在此页”,如图 3-31 所示。

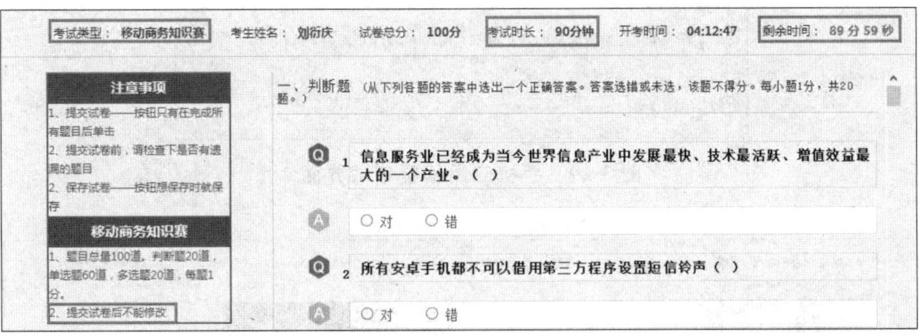

图 3-26　自动提示交卷

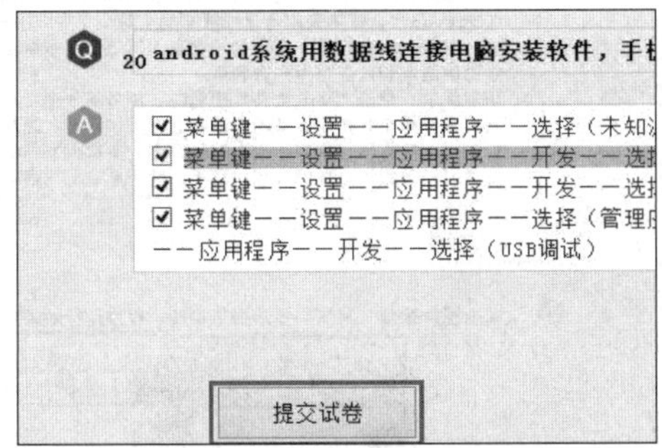

图 3-27　提交试卷界面效果

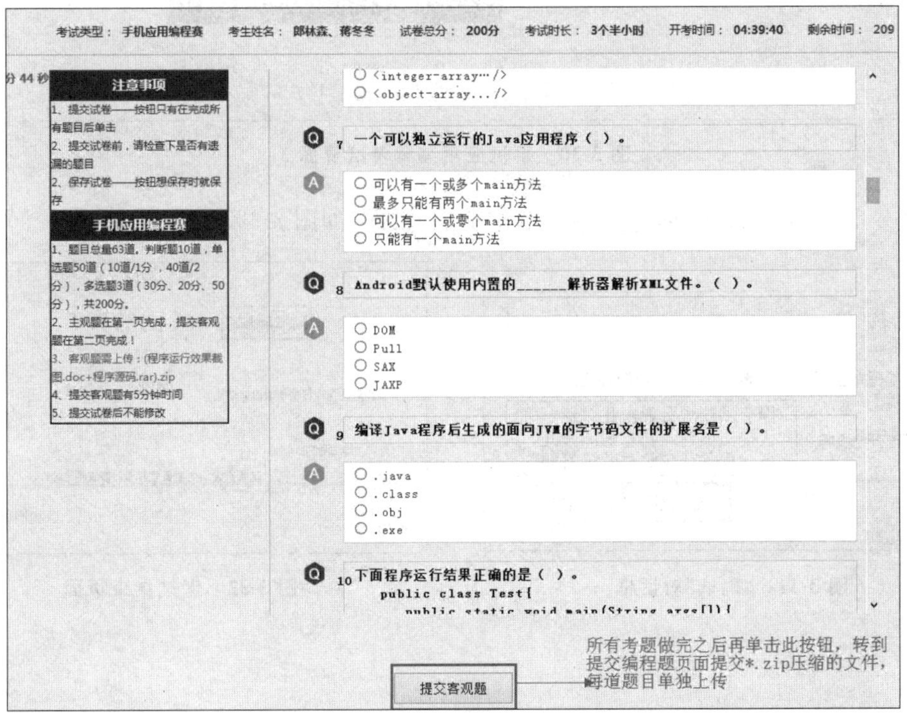

图 3-28　手机应用编程考试的界面 1

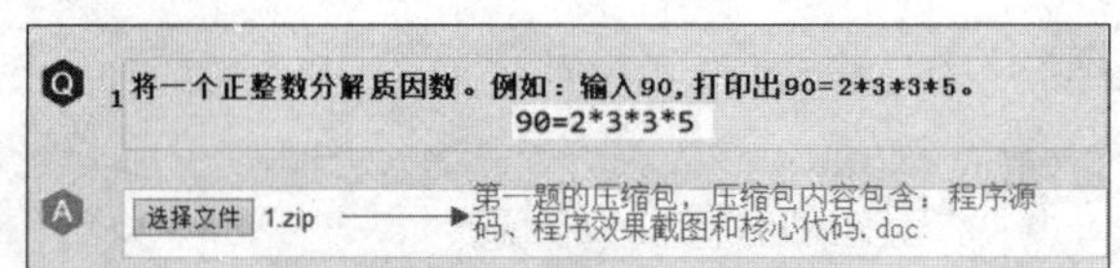

图 3-29 手机应用编程考试界面 2

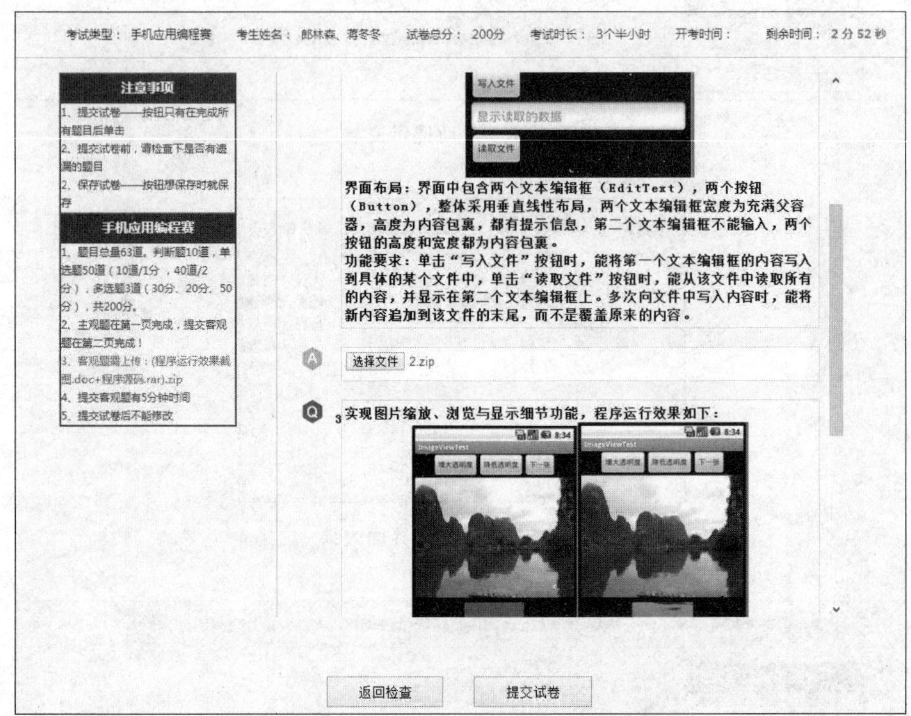

图 3-30 手机应用编程考试界面 3

（8）单击“离开此页”时，会转到“考试结束”页面，如图 3-32 所示。

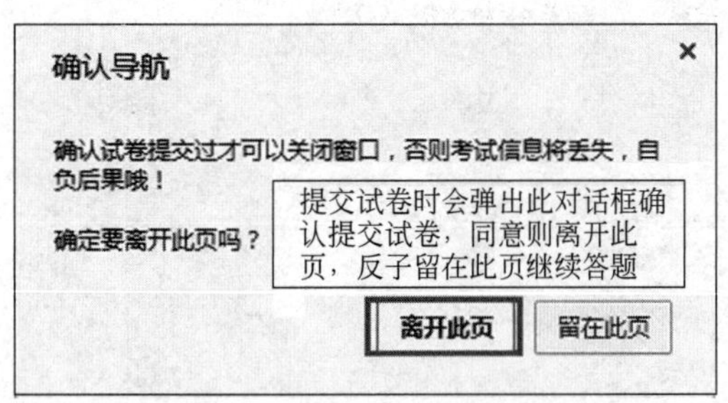

图 3-31 “确认”对话框

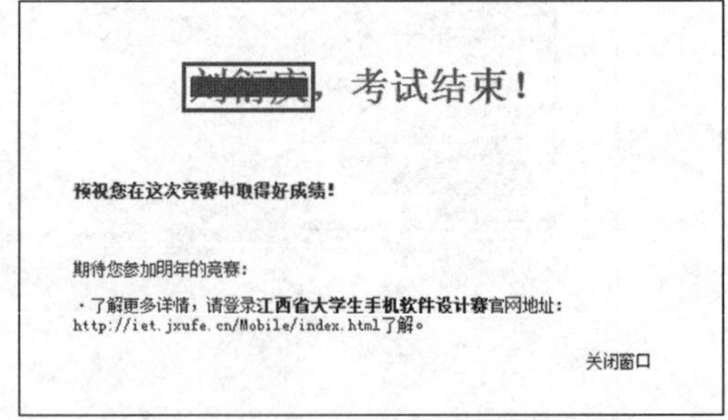

图 3-32 考试结束页面

3.3 监考教师监考操作指南

3.3.1 监考教师操作流程

监考教师的操作流程如图 3-33 所示。

图 3-33 监考老师操作流程

3.3.2 监考教师操作详细步骤

(1) 拿到 U 盘后，你会看到一个压缩包文件，如图 3-34 所示。

(2) 将压缩包 jxmsd_server. rar 文件，复制并解压在不带有中文和空格的路径上(建议直接解压到 C 盘根目录)。结果如图 3-35 所示。

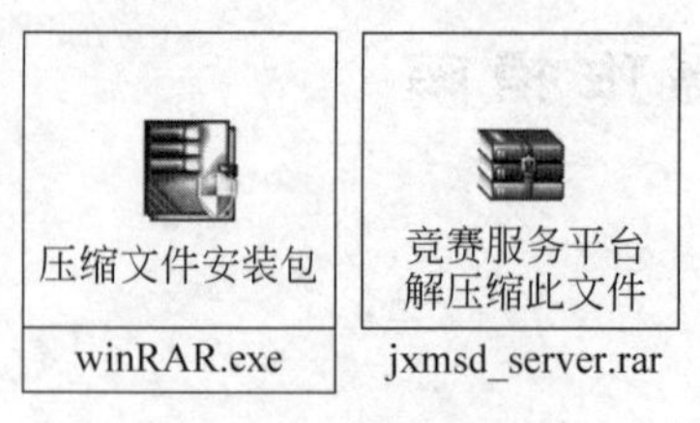

图 3-34　压缩包文件

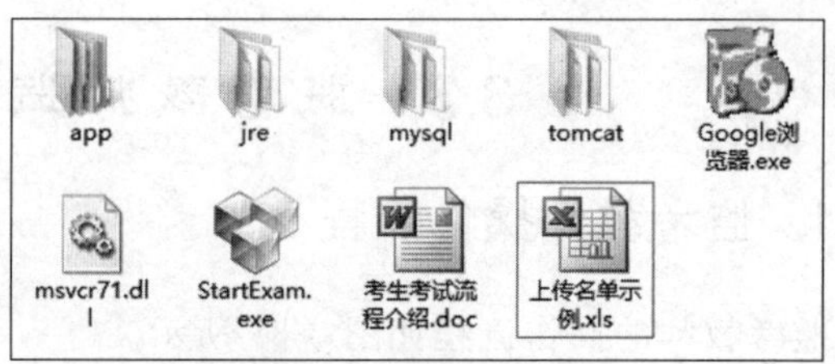

图 3-35　复制并解压压缩包

(3) 双击启动 StartExam. exe 文件,启动后效果如图 3-36 所示。

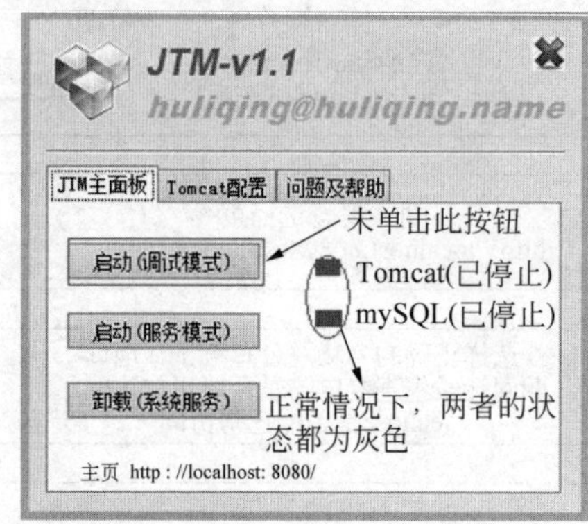

图 3-36　双击启动文件的效果

正常启动后的界面如图 3-37 所示。

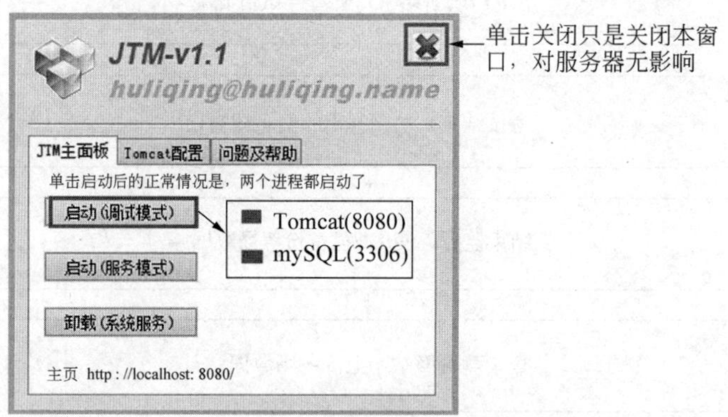

图 3-37　正常启动后的界面

同时会打开默认浏览器,打开竞赛登录界面。登录界面如图 3-38 所示.

(4) 进入监考页面,请将 test_login. action→替换成 test_index. action 即可。完整路径如: http://localhost:8080/test_index. action。监考教师管理页面如图 3-39 所示。

(5) 到这里说明 Tomcat+Java 服务器已经搭建成功! 成功后可以转入监考流程。

(6) 监考流程: 选择正确考场后,单击进入考场,就可以进入监考管理页面。此页面提供的信息如下。

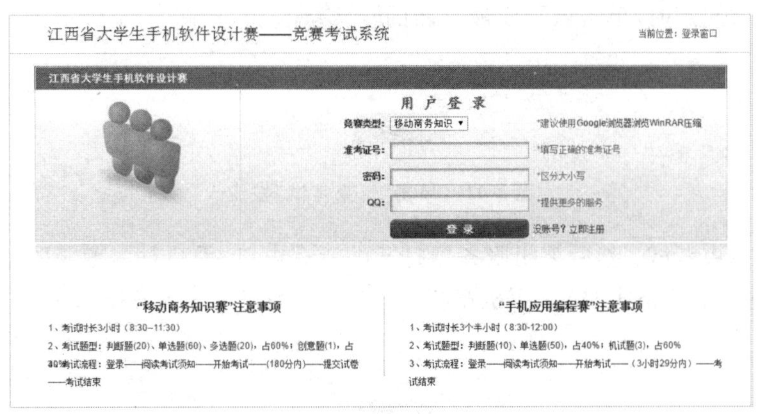

图 3-38　竞赛登录界面

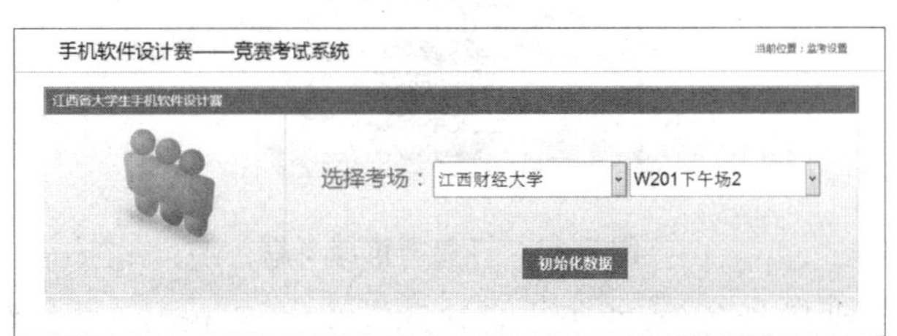

图 3-39　监考老师管理页面

① 考生考试的地址：http://172.20.75.224:8080/ces/Exam! login.action（172.20.75.224 表示局域网 IP 地址；8080 表示端口号）。

② 考试的剩余时间。

③ 考生在线状态、考生的试卷状态(是否创建、是否提交、提交内容是否存在)等。

效果如图 3-40 所示。

图 3-40　考生和试卷的动态状态

④ 考试时间到时，单击该页面最下面的结束考试按钮，如图 3-41 所示。

图 3-41　单击“结束考试”按钮

单击后，结束考试。然后关闭服务器打开的所有窗口，手动对本考场的考试服务器进行打包。打包的名称格式如下：手机竞赛——×××赛点×××考场，如图 3-42 所示。

图 3-42　打包考试服务器

(7) 将文件保存到 U 盘备份，并于当日访问 xs360.cn/jxmsd 进行登录，并将考场的相关信息上传到服务器中(可以在网站中进行上传，也可以发送到指定邮箱)。流程如下：

① 打开浏览器，输入网址 http://xs360.cn/jxmsd/ncmsd/Page_index.action 进入全国大学生手机软件邀请赛门户网站。将角色选择为“考点负责人”，并输入由组织者发放的账号密码登录竞赛中心，如图 3-43 所示。

图 3-43　登录竞赛中心

② 进入竞赛中心后，选择“竞赛下载/上传”—“竞赛答题数据上传”，分别输入考场名称，以及考场对应的监考老师名称并且上传考场附件。最后单击“提交”按钮即可。如果因为网络原因发现附件难以上传，也可以将附件发送往指定的邮箱，如图 3-44 和图 3-45 所示。

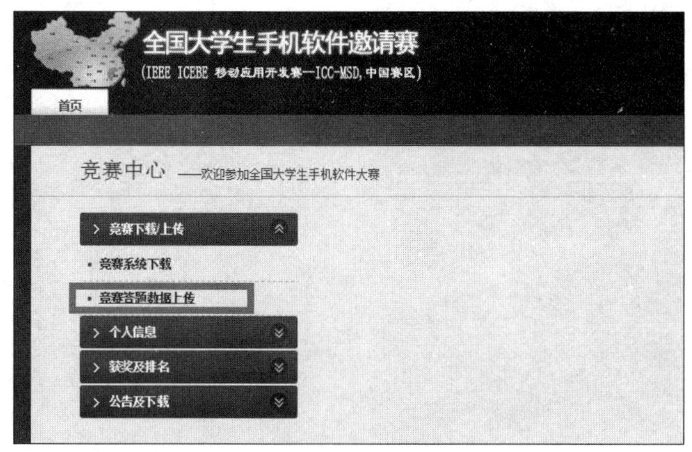

图 3-44　上传考场附件

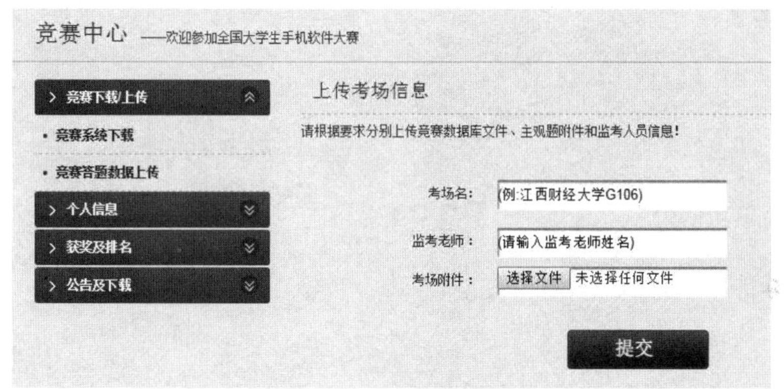

图 3-45　上传考场数据

下　　篇

竞赛题库

第 4 章 chapter 4

手机应用编程题

4.1 Java 编程模块

4.1.1 选择题

1. 在 Java 中,负责对字节码解释执行的是(　　)。
   A. 垃圾回收器　B. 虚拟机　C. 编译器　D. 多线程机制
2. 下列描述中,正确的是(　　)。
   A. Java 程序的 main()方法必须写在类里面
   B. Java 程序中可以有多个 main()方法
   C. Java 程序中类名必须与文件名一样
   D. Java 程序的 main()方法中如果只有一条语句,可以不用{}(大括号)括起来
3. 下列描述中,正确的是(　　)。
   A. Java 中的标识符是区分大小写的　B. 源文件名与 public 类名可以不相同
   C. Java 源文件扩展名为.jar　D. Java 源文件中 public 类的数目不限
4. 下列关于 Java 中变量命名规范的描述中,正确的是(　　)。
   A. 变量由字母、下画线、数字、$ 符号随意组成
   B. 变量不能以数字开头
   C. A 和 a 在 Java 中是同一个变量
   D. 不同类型的变量,可以起相同的名字
5. 以下选项中,不是 Java 合法标识符的是(　　)。
   A. VOID　B. x3x　C. final　D. abc $ def
6. 在 Java 中定义一个类时,所使用的关键字是(　　)。
   A. class　B. public　C. struct　D. class 或 struct
7. 下列关于运算符优先级别排序正确的是(　　)。
   A. 由高向低分别是:(　　)、!、算术运算符、关系运算符、逻辑运算符、赋值运算符
   B. 由高向低分别是:(　　)、关系运算符、算术运算符、赋值运算符、!、逻辑运算符

C. 由高向低分别是：(　　)、算术运算符、逻辑运算符、关系运算符、!、赋值运算符

D. 由高向低分别是：(　　)、!、关系运算符、赋值运算符、算术运算符、逻辑运算符

8. 表达式(15+3*8)/4%3 的值是(　　)。

A. 0　　B. 1　　C. 2　　D. 39

9. 已知字符 A 对应的 ASCII 码值是 65，那么表达式'A'+1 的值是(　　)。

A. 66　　B. B

C. A1　　D. 非法表达式，编译出错

10. 下列关于 boolean 类型的叙述中，正确的是(　　)。

A. 可以将 boolean 类型的数值转换为 int 类型的数值

B. 可以将 boolean 类型的数值转换为字符串

C. 可以将 boolean 类型的数值转换为 char 类型的数值

D. 不能将 boolean 类型的数值转换为其他基本数据类型

11. 下面关于 for 循环的描述正确的是(　　)。

A. for 循环体语句中，可以包含多条语句，但要用大括号括起来

B. for 循环只能用于循环次数已经确定的情况

C. 在 for 循环中，不能使用 break 语句跳出循环

D. for 循环是先执行循环体语句，后进行条件判断

12. 以下关于循环语句描述正确的是(　　)。

A. for 循环不可能产生死循环

B. while 循环不可能产生死循环

C. for 循环不能嵌套 while 循环

D. 即使条件不满足 do…while 循环体内的语句，也至少执行一次

13. 下列关于 Java 中自动类型转换说法正确的是(　　)。

A. 基本数据类型和 String 相加，结果一定是字符串型

B. char 类型和 char 类型相加，结果一定是 char 类型

C. double 类型可以自动转换为 int

D. char + int + double +""，结果一定是 double

14. 下列选项中，数组初始化形式正确的是(　　)。

A. int t1[][]={{1,2},{3,4},{5,6,7}};

B. int t2[3][2]={1,2,3,4,5,6};

C. int t3[3][]={1,2,3,4,5,6};

D. int t4[][2]={1,2,3,4,5,6};

15. 设 x 和 y 均为 int 类型变量，则语句"x=x+y; y=x-y; x=x-y;"的功能是(　　)。

A. 把 x 和 y 按从大到小排列　　B. 把 x 和 y 按从小到大排列

C. 无确定结果　　D. 交换 x 和 y 中的值

16. 以下语句中没有编译错误或警告提示信息的是(　　)。

A. byte b=300;　　B. double d=89L;

C. char c="c";　　D. short s=55L;

17. 假设定义"int a=9^3;"那么a的值是多少?(　　)

A. 3　　B. 10　　C. 12　　D. 27

18. 假设定义"int a=9&3;"那么a的值是多少?(　　)

A. 1　　B. 3　　C. 6　　D. 12

19. 阅读以下程序,并回答问题。

```
public class JavaTest {
    public static void changeStr(String str) {
        str +="welcome";
    }
    public static void main(String[] args) {
        String str="1234";
        changeStr(str);
        System.out.println(str);
    }
}
```

运行上面的程序后,控制台打印的信息是(　　)。

A. welcome　　B. welcome1234

C. 1234　　D. 1234welcome

20. 阅读以下程序,并回答问题。

```
public class JavaTest {
    public static void main(String[] args) {
        JavaTest test=new JavaTest();
        int i=0;
        test.add(i);
        i=i++;
        System.out.println(i);
    }
    void add(int i) {
        i++;
    }
}
```

执行以上程序,控制台打印的结果是(　　)。

A. 0　　B. 1

C. 2　　D. 程序运行出错

21. 阅读以下程序,并回答问题。

```
public class JavaTest {
```

```
    public static void main(String[] args) {
        int x=5;
        int y=2;
        System.out.println(x+y+"k"+x+y);
    }
}
```

执行上面的程序,控制台打印的结果是(　　)。

A. 52k52　　B. 52k7　　C. 7k52　　D. 7k7

22. 阅读以下程序,并回答问题。

```
public class JavaTest {
    public static void main(String[] args) {
        int x=1;
        int y=x=x+1;
        System.out.println("y is "+y);
    }
}
```

上面程序的执行结果是(　　)。

A. y is 0　　B. y is 1　　C. y is 2　　D. 程序报错

23. 阅读以下程序,并回答问题。

```
public class JavaTest {
    public static void main(String[] args) {
        System.out.printf("%5d",123456);
    }
}
```

上面程序的执行结果是(　　)。

A. 123456　　B. 23456　　C. 12345　　D. 程序运行时报错

24. 阅读以下程序,并回答问题。

```
public class JavaTest {
    public static void main(String[] args) {
        int a=365 * 24 * 60 * 60 * 1000;
        int b=365 * 24 * 60 * 60;
        int c=a/b;
        System.out.println(c);
    }
}
```

上面程序的执行结果是(　　)。

A. 1000　　B. 一个不等于 1000 的浮点数

C. 一个不等于 1000 的整数　　D. 程序编译通过,但运行时出错

25. 阅读以下程序,并回答问题。

```
class Base {
    public void method(){
        System.out.print ("Base method");
    }
}
class Child extends Base{
    public void methodB(){
        System.out.print ("Child methodB");
    }
}
class Sample {
    public static void main(String[] args) {
        Base base=new Child();
        base.methodB();
    }
}
```

编译运行以上程序 Java 代码,输出结果是(　　)。

A. Base method

B. Child methodB

C. Base method Child MethodB

D. 编译错误

26. 阅读以下程序,并回答问题。

```
public class JavaTest {
    public static void main(String[] args) {
        int a=3, b=4, x=5;
        if( ++a==b ) x=++a * x;
        System.out.println(x);
    }
}
```

执行下面的程序,打印出的 x 的值为(　　)。

A. 5　　B. 20　　C. 21　　D. 25

27. 阅读以下程序,并回答问题。

```
public class JavaTest {
    public static void main(String[] args) {
        for (int i=0;;) {
            System.out.println("这是 "+i);
            break;
        }
    }
}
```

执行上面程序代码的结果是(　　)。

A. 语法错误,缺少表达式 2 和表达式 3

B. 死循环

C. 程序什么都不输出

D. 输出:这是 0

28. 阅读以下程序,并回答问题。

```
public class Test {
    public static void main(String[] args) {
        int i=0, s=0;
        do {
            if (i %2==0) {
                i++;
                continue;
            }
            i++;
            s=s+i;
        } while (i <7);
        System.out.println(s);
    }
}
```

执行上面程序代码后,得到的结果是(　　)。

A. 9　　B. 12　　C. 16　　D. 28

29. 阅读以下程序,并回答问题。

```
public class JavaTest {
    int arr[]=new int[10];
    public static void main(String args[]) {
        System.out.println(arr[1]);
    }
}
```

对于以上代码描述正确的是(　　)。

A. 控制台打印出 0　　B. 控制台打印出 null

C. 编译时将产生错误　　D. 编译时正确,运行时将产生错误

30. 阅读以下程序,并回答问题。

```
public class JavaTest {
    String name="java";
    public JavaTest(String name) {
        name=name;
    }
    public static void main(String[] args) {
        JavaTest t=new JavaTest("android");
```

```
            System.out.println(t.name);
        }
    }
```

执行以上程序,控制台打印的结果是(　　)。

A. java　　B. android　　C. 编译出错　　D. 以上都不正确

31. 阅读以下程序,并回答问题。

```
    class Penguin {
        private String name=null;           //名字
        private int health=0;               //健康值
        private String sex=null;            //性别
        public void Penguin() {
            health=10;
            sex="雄";
            System.out.println("执行构造方法。");
        }
        public void print() {
            System.out.println("企鹅的名字是"+name+",健康值是"+health+",性别
            是"+sex  +"。");
        }
        public static void main(String[] args) {
            Penguin pgn=new Penguin();
            pgn.print();
        }
    }
```

执行以上程序,控制台打印的结果是(　　)。

A. 企鹅的名字是 null,健康值是 10,性别是雄

B. 执行构造方法

企鹅的名字是 null,健康值是 0,性别是 null

C. 企鹅的名字是 null,健康值是 0,性别是 null

D. 执行构造方法

企鹅的名字是 null,健康值是 10,性别是雄

32. 阅读以下程序,并回答问题。

```
    class Parent1 {
      Parent1(String s){
        System.out.println(s);
      }
    }
    class Parent2 extends Parent1{
      Parent2(){
        System.out.println("parent2");
      }
```

```
}
public class Child extends Parent2 {
  public static void main(String[] args) {
    Child child=new Child();
  }
}
```

关于以上程序,描述正确的是(　　)。

A. 编译错误:没有找到构造器 Child()

B. 编译错误:没有找到构造器 Parent1()

C. 正确运行,没有输出值

D. 正确运行,输出结果为:parent2

33. 阅读以下程序,并回答问题。

```
class Parent{
    public String name;
    public Parent(String pName){
        this.name=pName;
    }
}
public class Test extends Parent { //1
    public Test(String Name){      //2
        name="hello";             //3
        super("kitty");           //4
    }
}
```

关于上面的程序代码,下列选项中描述正确的是(　　)。

A. 第 2 行错误,Test 类的构造函数中参数名称应与其父类构造函数中的参数名相同

B. 第 3 行错误,应使用 super 关键字调用父类的 name 属性,改为 super. name ="hello"

C. 第 4 行错误,调用父类构造方法的语句必须放在子类构造方法中的第一行

D. 程序编译通过,无错误

34. 阅读以下程序,并回答问题。

```
public class JavaTest {
    public static void main(String[] args) {
        String s="ABCD";
        s.concat("E");
        s=s.replace('C','F');
        System.out.println(s);
    }
}
```

执行以上程序,控制台打印的结果是(　　)。

A. ABCD　　B. ABCDE　　C. ABFD　　D. ABFDE

35. 阅读以下程序,并回答问题。

```
public class JavaTest {
    public static void main(String[] args) {
        String str1="abc";
        String str2="abc";
        String str3=new String("abc");
        String str4=new String("abc");
        System.out.println(str1==str2);
        System.out.println(str3==str4);
    }
}
```

执行以上程序,控制台打印的结果是(　　)。

A. true false　　B. true　true

C. false　false　　D. false　true

36. 阅读以下程序,并回答问题。

```
public class Test{
    public static void main(String args[]){
        System.out.println(40<<1);
    }
}
```

执行以上程序,控制台打印的结果是(　　)。

A. 80　　B. 20　　C. 41　　D. 39

37. 阅读以下程序,并回答问题。

```
public class JavaTest {
    public static void main(String args[]){
        String s="android";
        switch(s){
            case "java":
                System.out.println("java");
            case "android":
                System.out.println("android");
            case "test":
                System.out.println("test");
                break;
        }
    }
}
```

执行以上程序(运行环境 Java JDK1.7),控制台打印的结果是(　　)。

A. android　　B. androidtest
C. 程序编译不通过　　D. 编译通过,运行时抛出异常

38. 阅读以下程序,并回答问题。

```
public class JavaTest {
    public int aMethod() {
        static int i=0;
        i++;
        return i;
    }
    public static void main(String args[]) {
        JavaTest test=new JavaTest();
        test.aMethod();
        int j=test.aMethod();
        System.out.println(j);
    }
}
```

执行以上程序,控制台打印结果是什么?(　　)

A. 0　　B. 1　　C. 2　　D. 程序编译不通过

39. 阅读以下程序,并回答问题。

```
public class JavaTest {
    public static void main(String[] args) {
        boolean m=false;
        if (m=true) {
            System.out.println("true");
        } else {
            System.out.println("false");
        }
    }
}
```

执行以上程序,控制台打印结果是什么?(　　)

A. true　　B. false
C. 编译出错　　D. 编译通过,运行时出错

40. 在 Java 中,下面关于构造方法的描述正确的是(　　)。
A. 类必须显式定义构造函数
B. 构造函数的返回类型是 void
C. 构造函数和类有相同的名称,并且不能带任何参数
D. 一个类可以定义多个构造函数

41. 在 Java 中,下面关于构造方法的说法正确的是(　　)。
A. 构造方法必须和类的名称相同
B. 每一个类都必须显式声明自己的构造方法

C. 构造方法不能进行重载

D. 子类不能调用父类的构造方法

42. 下列关于 Java 中的构造方法的描述错误的是(　　)。

A. 构造方法的名称必须与类名相同

B. 构造方法可以带参数

C. 构造方法不可以重载

D. 构造方法绝对不能有返回值

43. 下列关于 Java 中的构造方法的描述正确的是(　　)。

A. 类中构造方法不可省略

B. 类中构造方法必须与类名同名,而其他方法不能与类名同名

C. 构造方法只是在对象被创建时被调用,即只能通过 new 关键字来调用执行

D. 一个类只能定义一个构造方法

44. Java 中,在如下所示的 Test 类中,共有(　　)个构造方法。

```
public class Test{
private int x;
public Test(){
        x=35;
}
public void Test(double f){
        this.x=(int)f;
}
public Test(String s){}
}
```

A. 0　　B. 1　　C. 2　　D. 3

45. 下列选项中关于 Java 中封装的说法错误的是(　　)。

A. 封装就是将属性私有化,提供公有的方法访问私有属性

B. 属性的访问方法包括 setter()方法和 getter()方法

C. setter()方法用于赋值,getter()方法用于取值

D. 包含属性的类都必须封装属性,否则无法通过编译

46. 使用 Java 实现封装,第一步是修改属性可见性来限制对属性的访问,第二步是创建赋值和取值方法,用于对属性的访问,第三步应该是(　　)。

A. 使用赋值和取值方法访问属性

B. 编写常规方法访问属性

C. 在赋值和取值方法中,加入对属性的存取限制

D. 编写 main()方法创建对象,调用赋值和取值方法访问属性

47. 在 Java 语言中,下列关于类的继承的描述,正确的是(　　)。

A. 一个类可以有多个直接父类

B. 一个类可以具有多个子类

C. 子类可以使用父类的所有方法

D. 子类一定比父类有更多的成员方法

48. Java 中,以下关键字中(　　)不是访问修饰符。

A. public　　B. protected　　C. package　　D. private

49. 下列选项中关于 Java 中 this 关键字的描述正确的是(　　)。

A. this 关键字在对象内部指代自身的引用

B. this 关键字可以在类中引用父类的对象

C. this 关键字和类关联,而不是和特定的对象关联

D. 同一个类的不同对象共用一个 this

50. 下列关于 Java 中 super 关键字的描述正确的是(　　)。

A. super 关键字是在子类对象内部指代其父类对象的引用

B. super 关键字不仅可以指代子类的直接父类,还可以指代父类的父类

C. 子类通过 super 关键字只能调用父类的方法,而不能调用父类的属性

D. 子类通过 super 关键字只能调用父类的属性,而不能调用父类的方法

51. 下列描述中,正确的是(　　)。

A. final 可修饰类、属性、方法

B. abstract 可修饰类、属性、方法

C. 定义抽象方法需有方法的返回类型、名称、参数列表和方法体

D. 用 final 修饰的变量,在程序中可对这个变量的值进行更改

52. 为了区分一个类的多个重载的方法,下面对这些方法的描述正确的是(　　)。

A. 采用不同的参数列表

B. 返回值类型不同

C. 调用时用类名或对象名做前缀

D. 参数名不同

53. 关于 Java 中 static 关键字的说法错误的是(　　)。

A. static 可以修饰方法

B. static 可以修饰成员变量

C. static 可以修饰代码块

D. static 修饰的方法,在该方法内部可以访问非静态的类成员变量

54. 下列关于修饰符的说法错误的是(　　)。

A. abstract 不能与 final 并列修饰同一个类

B. abstract 类中不可以有 private 的成员

C. abstract 方法不能在普通类中,必须在 abstract 类中

D. static 方法中不能处理非 static 的属性

55. 下列关于抽象类的描述正确的是(　　)。

A. 抽象类中一定包含抽象方法,否则是错误

B. 包含抽象方法的类一定是抽象类

C. 抽象方法可以没有方法体,也可以有方法体

D. 抽象类的子类一定不是抽象类

56. 在 Java 中,关键字(   )使类不能派生出子类。

A. final　　B. public　　C. private　　D. protected

57. 下列程序片段中,能通过编译的是(   )。

A.
```
public abstract class Animal{
public void speak();
}
```

B.
```
public abstract class Animal{
public void speak(){}
}
```

C.
```
public class Animal{
public abstract void speak();
}
```

D.
```
public abstract class Animal{
public abstract void speak(){}
}
```

58. 以下关于抽象类和接口的说法错误的是(   )。

A. 抽象类在 Java 语言中表示的是一种继承关系,一个类只能有一个直接父类。但是一个类却可以实现多个接口

B. 在抽象类中可以没有抽象方法

C. 接口中的方法都必须加上 public 关键字

D. 接口中定义的变量默认是 public static final 型,且必须给其初值,所以实现类中不能重新定义,也不能改变其值

59. 关于接口、抽象类和普通类,下列说法错误的是(   )。

A. 抽象类可以有抽象方法,而普通类则不能有抽象方法

B. 抽象类中的方法,可以有部分实现,而接口中所有的方法都只有声明没有实现

C. 普通类可以在实现多个接口的同时继承一个抽象类

D. 接口不能定义变量

60. 关于抽象类与接口,下列说法正确的是(   )。

A. 接口就是抽象类,二者没有区别

B. 抽象类可以被声明使用,接口不可以被声明使用

C. 抽象类和接口都不能被实例化

D. 以上说法都不对

61. 下面关于 Java 接口的说法错误的是(   )。

A. 一个 Java 接口是一些方法特征的集合,但没有方法的实现

B. Java 接口中定义的方法在不同的地方被实现,可以具有完全不同的行为

C. Java 接口中可以声明私有成员

D. Java 接口不能被实例化

62. 在 Java 接口中定义常量，下面语法错误的是(　　)。

A. static int MALE = 1;

B. final int MALE = 1;

C. int MALE = 1;

D. private int MALE = 1;

63. 在 Java 类中，下面哪个声明语句可以定义公有的 int 型常量 MAX。(　　)

A. public int MAX = 100;

B. final int MAX = 100;

C. public static int MAX = 100;

D. public static final int MAX = 100;

64. 在 Java 中下列语句中，能把 MAX_LENGTH 定义为常量，并且赋值为 99.98 的是(　　)。

A. public final MAX_LENGTH = 99.98;

B. public final float MAX_LENGTH = 99.98;

C. public double MAX_LENGTH = 99.98;

D. public final double MAX_LENGTH = 99.98;

65. 下列关于内部类的描述中，错误的是(　　)。

A. 内部类的名称与定义它的类的名称可以相同

B. 内部类可用 abstract 修饰

C. 内部类可作为其他类的成员

D. 内部类可访问它所在类的成员

66. 阅读下面程序，程序运行后控制台输出结果为(　　)。

```
class Shape {
    Shape() {
        System.out.print ("Shape");
    }
}
class Circle extends Shape {
    Circle() {
        System.out.print ("Circle");
    }
    public static void main(String[] args) {
        Shape shape=new Circle();
    }
}
```

A. 程序运行过程中抛出异常　　B. CircleShape

C. Circle　　D. ShapeCircle

67. 使用 interface 声明一个接口时，以下修饰符可以修饰接口的有(　　)。

A. private　　B. protected　　C. public　　D. 以上所有

68. 关于被私有访问控制符 private 修饰的成员变量，以下说法正确的是(　　)。

A. 可以被该类自身、与它在同一个包中的其他类以及在其他包中的该类的子类访问

B. 只能被该类本身以及该类的所有子类访问

C. 只能被该类自身所访问和修改

D. 只能被同一个包中的类访问

69. 以下关于 Object 类说法错误的是(　　)。

A. 一切类都直接或间接继承自 Object 类

B. 接口亦继承 Object 类

C. Object 类中定义了 toString()方法

D. Object 类在 java. lang 包中

70. 在 Java 中，Object 类是所有类的父亲，用户自定义类默认扩展自 Object 类，下列方法中，哪个不是在 Object 类中定义的。(　　)

A. equals()　　B. getClass()　　C. toString()　　D. trim()

71. 设"String s = "story";"下列选项中的语句书写正确的是(　　)。

A. s += "books";　　B. char c = s[1];

C. int len = s . length;　　D. s = s − "books";

72. 假设 s1 和 s2 是两个字符串。下列语句在编译和运行时都没有错误的是(　　)。

A. String s3 = s1 +s2;

B. boolean b = s1. compareTo(s2);

C. char c = s1[0];

D. char c = s1. charAt(s1. length());

73. 语句"Compution". substring(2, 4)的返回值是(　　)。

A. mp　　B. mpu　　C. mput　　D. mpution

74. 下面方法中，哪个不是 String 类提供的合法的方法。(　　)

A. equals()　　B. trim()　　C. append()　　D. indexOf()

75. String、StringBuffer 都不能被继承，它们都是由哪个修饰符所修饰。(　　)

A. static　　B. final　　C. abstract　　D. private

76. 下列关于 String 和 StringBuffer 的说法正确的是(　　)。

A. String 操作字符串不改变原有字符串的内容

B. StringBuffer 连接字符串速度没有 String 快

C. String 可以使用 append 方法连接字符串

D. StringBuffer 在 java. util 包中

77. Math. round(15. 5)和 Math. round(−15. 5)分别等于多少？(　　)

A. 15，−15　　B. 15，−16　　C. 16，−15　　D. 16，−16

78. Math. floor(15. 5)和 Math. floor(−15. 5)分别等于多少？(　　)

A. 15，−15　　B. 15，−16　　C. 16，−15　　D. 16，−16

79. Math. ceil(15. 5)和 Math. ceil(−15. 5)分别等于多少？(　　)

A. 15,－15　　B. 15,－16　　C. 16,－15　　D. 16,－16

80. 以下哪个方法不是 System 的方法。(　　)

A. exit()　　B. getTime()

C. gc()　　D. currentTimeMillis()

81. 在 Java 中,创建日期类 Date 对象,需要在程序中用导入的包是(　　)。

A. java. text. * ; B. java. date. * ;

C. java. util. * ; D. 不需要额外导入包,它存在于默认的包 java. lang 中

82. 在 Java 中,下列选项中哪个类的对象是以键-值的方式存储数据的。(　　)

A. java. util. List　　B. java. util. ArrayList

C. java. util. HashMap　　D. java. util. LinkedList

83. 在 Java 中,LinkedList 类和 ArrayList 类同属于集合框架类,下列选项中的方法哪个是 LinkedList 类有而 ArrayList 类没有的。(　　)

A. add(Object o)　　B. add(int index,Object o)

C. remove(Object o)　　D. removeLast()

84. 下列有关事件监听器的描述正确的是(　　)。

A. 多个监听器可以被附加到一个组件

B. 只有一个监听器可以被附加到一个组件上

C. 一个监听器只能接受一个组件产生的事件

D. 以上描述都不对

85. 下列选项中属于过滤流 FilterInputStream 的子类的是(　　)。

A. DataInputStream　　B. DataOutputStream

C. PrintStream　　D. BufferedOutputStream

86. 使用 Java 中 Graphics 类的 drawRect(10,10,20,20)绘制矩形,此矩形的面积是(　　)。

A. 100　　B. 200　　C. 300　　D. 400

87. 下列关于线程调度的叙述中,错误的是(　　)。

A. 调用线程的 sleep()方法,可以使比当前线程优先级低的线程获得运行机会

B. 调用线程的 yield()方法,只会使与当前线程相同优先级的线程获得运行机会

C. 当有比当前线程的优先级高的线程出现时,高优先级线程将抢占 CPU 并运行

D. 具有相同优先级的多个线程的调度一定是分时的

88. 下列 Java 常见事件类中,属于窗体事件类的是(　　)。

A. InputEvent　　B. WindowEvent

C. MouseEvent　　D. KeyEvent

89. 下面哪个类可以向文本文件中写入数据。(　　)

A. File　　B. PrintWriter　　C. Scanner　　D. System

90. Java 中,设置某一容器的布局时,可调用 setLayout()方法,该方法传入的参数类型是(　　)。

A. Graphics B. Container C. LayoutManager D. Layout

91. 在 Thread 类中能运行线程体的方法是( )。

A. start() B. resume() C. init() D. run()

92. 在 Java 中,通过 JDBC 操作数据库,其中用于表示数据库连接的对象是( )。

A. Statement B. Connection

C. DriverManager D. PreparedStatement

93. 以下关于异常的说法正确的是( )。

A. 一旦出现异常,程序运行就终止了

B. 如果一个方法声明将抛出某个异常,那它必须要抛出那个异常

C. 在 catch 子句中匹配异常是一种精确匹配

D. 如果一个方法可能抛出系统异常,在方法声明时,可以不声明抛出异常

94. Java 中 BorderLayout 的布局策略是( )。

A. 按添加的顺序由左至右将组件排列在容器中

B. 按设定的行数和列数以网格的形式排列组件

C. 将窗口划分成五个区域,在这五个区域中添加组件

D. 组件相互叠加排列在容器中

95. Java 中所有事件类的根类是( )。

A. java. util. EventObject B. javax. swing. event

C. java. awt. event. AWTEvent D. java. event. ActionEvent

96. 事件类 MouseEvent 和 KeyEvent 是哪个事件类的子类( )。

A. ContainerEvent B. FocusEvent

C. InputEvent D. PaintEvent

97. ScrollPane 组件的默认布局管理器是哪一项( )。

A. GridLayout B. CardLayout

C. BorderLayout D. FlowLayour

98. 下列哪种异常是检查型异常,需要在编写程序时声明或捕获( )。

A. NullPointerException B. ClassCastException

C. FileNotFoundException D. IndexOutOfBoundsException

99. 在 Java 中新建一个流对象,以下哪个选项的代码是错误的?( )

A. new BufferedWriter(new FileWriter("test. txt"));

B. new BufferedReader(new FileInputStream("test. dat"));

C. new GZIPOutputStream(new FileOutputStream("test. zip"));

D. new ObjectInputStream(new FileInputStream("test. dat"));

100. Java 的集合框架中重要的接口 java. util. Collection 定义了许多方法。下列选项中哪个方法不是 Collection 接口所定义的。( )

A. int size() B. boolean containsAll(Collection c)

C. compareTo(Object obj) D. boolean remove(Object obj)

4.1.2 判断题

1. 在 Java 中，一个源文件中能且只能包含一个 Java 类，并且文件名必须与类名一致。(　　)

2. 在 Java 中，数组有一个 length()方法可获取数组中所包含的元素的个数，例如 array. length()表示数组 array 中元素的个数。(　　)

3. 在 Java 中，定义一个类后，不管有没有为该类提供构造方法，该类都默认有一个无参的构造方法。(　　)

4. 在 Java 中，static 修饰的方法不能访问非 static 修饰的成员，同时在 static 修饰的方法中不能使用 this 引用。(　　)

5. 在 Java 中，允许定义形参长度可变的参数，从而允许为方法指定数量不确定的形参，但长度可变的形参只能处于形参列表的最后，并且一个方法中最多只能包含一个长度可变的形参。(　　)

6. 在 Java 中，可以在一个类中定义多个同名的方法构成方法的重载，这些方法构成重载的条件是方法名必须相同，但是参数类型、参数个数、返回值类型三者至少有一个不同。(　　)

7. 在 Java 中，一个 Java 源程序最多只能包含一个 package 语句，但可以包含多个 import 语句，并且 package 语句位于第一个非注释行。(　　)

8. 在 Java 中，不管我们是否使用 super 调用来执行父类的构造方法的初始化代码，子类构造方法总会调用父类的构造方法一次。(　　)

9. 与普通成员变量不同的是，final 成员变量必须由程序员显示初始化，即系统不会对 final 成员进行隐式初始化。(　　)

10. 在 Java 中，抽象类通过 abstract 来修饰，包含抽象方法的类一定是抽象类，抽象类不能实例化，抽象类中不能包含构造方法。(　　)

11. 在 Java 中，一个接口可以有多个直接父接口，但是接口只能继承接口，不能继承类，一个接口继承多个接口时，多个接口排在 implements 关键字之后，并以英文逗号隔开。(　　)

12. 在 Java 中，接口和抽象类很像，都不能实例化、都没有构造方法、都不能定义静态方法。(　　)

13. 在 Java 中，Set 集合中不允许包含相同的元素，如果试图把两个相同元素加入同一个 Set 集合中，则添加操作失败，add 方法返回 false，Set 判断两个对象是否相同时，使用==运算符而不是 equals()方法。(　　)

14. 在 Java 中，异常处理语法结构中只有 try 块是必需的，如果没有 try 块，则不能有后面的 catch 块和 finally 块，catch 块和 finally 块都是可选的，但两者至少出现其中之一。(　　)

15. 在Java中，如果在try块中包含return语句，则当程序运行到return语句时，将会直接返回而不再去执行finally块中的代码。(　　)

16. 声明异常的关键字是throws，抛出异常的关键字是throw。(　　)

17. 一旦通过new关键字创建一个线程对象，该对象即进入就绪态，等待系统分配资源，一旦获取资源即可执行线程体。(　　)

18. File类是对文件信息的封装，可以通过该类获取文件名、大小、最后修改时间等信息，但如果需要对文件进行读写操作，则需要借助于相应的I/O流。(　　)

19. 在Java的图形化界面编程中，不可以同时设置按钮上的文本和图标。(　　)

20. Frame和Panel的默认布局管理器都是FlowLayout。(　　)

21. 在Java中，所有的类至少有一个构造方法，构造方法用来初始化类的对象，构造方法与类同名，返回类型为void。(　　)

22. 无论Java源程序包含几个类的定义，若该源程序文件以Test.java命名，编译后生成的都只有一个名为Test的字节码文件。(　　)

23. 抽象方法只能存在于抽象类中，抽象类中一定有抽象方法。(　　)

24. Java多线程的程序不论在什么计算机上运行，其结果始终是一样的。(　　)

25. 对象可以赋值，只要使用赋值号(等号)即可，相当于生成了一个各属性与赋值对象相同的新对象。(　　)

26. 类中的实例方法能引用类变量和实例变量，而类方法只能引用类变量。(　　)

4.1.3 编程题

1. 编写一个程序，实现对数组a[]={20,10,50,40,30,70,60,80,90,100}从小到大的排序。程序运行结果如下。

```
10  20  30  40  50  60  70  80  90  100
```

2. 打印出所有的"水仙花数"，所谓"水仙花数"是指一个三位数，其各位数字立方和等于该数本身。例如：153是一个水仙花数，因为$153=1^3+5^3+3^3$。程序运行结果如下。

```
153     370     371     407
```

3. 编写一个小程序，计算1!+2!+3!+…+20!的和，程序运行结果如下。

```
1!+2!+3!+…+20!=2561327494111820313
```

4. 将一个正整数分解质因数。例如：输入90，打印出90=2*3*3*5。程序运行结果如下。

```
90=2*3*3*5
```

5. 输入两个正整数m和n，求其最大公约数和最小公倍数，例如12和18的最大公约数为6，最小公倍数为36。程序运行结果如下。

```
12,18最大公约数为：6
12,18最小公倍数为：36
```

6. 输出 100 以内所有素数之和。程序执行时，控制台打印的结果如下。

```
100以内的所有素数之和为：sum=1060
```

7. 打印出 101 到 200 之间的所有素数，每行 5 个，程序运行控制台打印结果如下。

```
101~200的素数有：
101     103     107     109     113
127     131     137     139     149
151     157     163     167     173
179     181     191     193     197
199
```

8. 编写一个小程序，打印出 1000 以内的所有完全数。所谓完全数是指一个数它所有的真因子(即除了自身以外的约数)的和恰好等于它本身。例如 6＝1＋2＋3。程序运行结果如下。

```
1000以内的完全数有：
6=1+2+3
28=1+2+4+7+14
496=1+2+4+8+16+31+62+124+248
```

9. 打印出下图所示的数字金字塔，要求打印 10 行。程序执行时，控制台打印的结果如下图所示。

```
                  1
                1 2 1
              1 2 3 2 1
            1 2 3 4 3 2 1
          1 2 3 4 5 4 3 2 1
        1 2 3 4 5 6 5 4 3 2 1
      1 2 3 4 5 6 7 6 5 4 3 2 1
    1 2 3 4 5 6 7 8 7 6 5 4 3 2 1
  1 2 3 4 5 6 7 8 9 8 7 6 5 4 3 2 1
1 2 3 4 5 6 7 8 9 10 9 8 7 6 5 4 3 2 1
```

10. 打印出杨辉三角形，要求打印 10 行，每个数字占两位，每次换行空一行。程序运行结果如下。

杨辉三角形的规律：

(1) 每行数字左右对称，由 1 开始逐渐变大，然后变小，回到 1。

(2) 第 n 行的数字个数为 n 个。

(3) 每个数字等于上一行的左右两个数字之和。

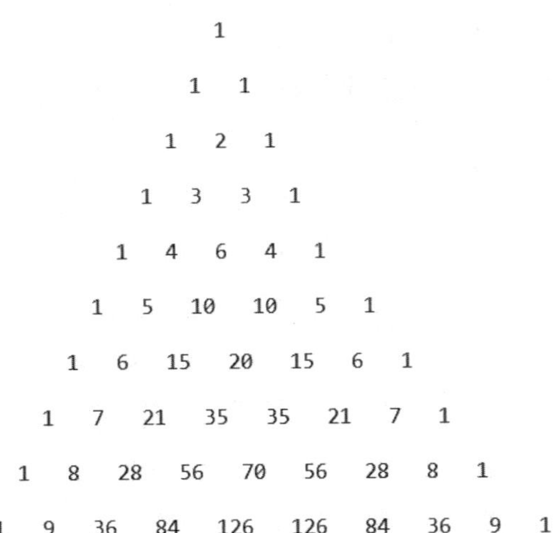

11. 编写一个程序，打印出 V 形 A 字符效果，程序运行效果如下所示，首先提示用户输入一个数字，然后根据用户输入的数据打印出相应的行数，除最后一行包含一个字符外，其他行都包含两个字符，并且左右对称。例如用户输入 6，则打印出 6 行，用户输入 8，则打印出 8 行。

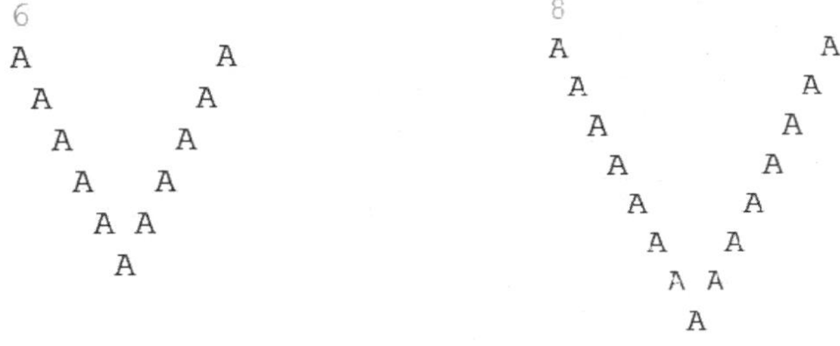

12. 编写一个程序，打印出实心菱形效果，程序运行效果如下图所示。首先提示用户输入一个数字，然后根据用户输入的数字打印出对应的菱形，例如输入 6 时，菱形一共包含 11 行，上下对称，第 6 行为对称轴。

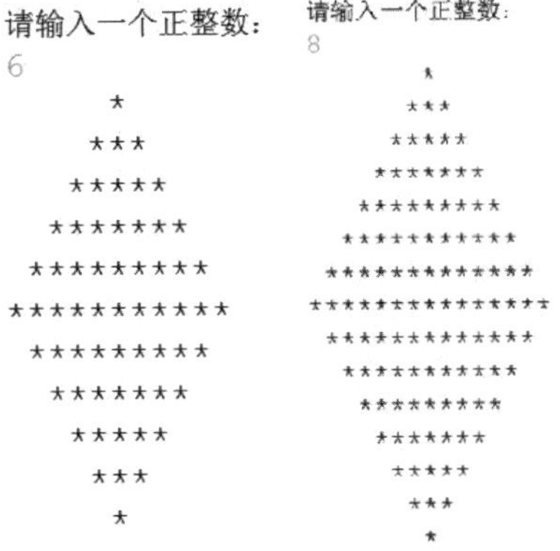

13. 编写一个程序，实现如下功能，有 20 个人围坐一圈，从 1 到 20 按顺序编号，从第

1个人开始循环报数，凡报到7的倍数或者数字中包含7的人就退出(如7,14,17,21,27,28……)，请按照顺序输出退出人的编号，程序运行结果如下。

```
第1 次退出的人的编号为: 7,报的数为: 7
第2 次退出的人的编号为: 14,报的数为: 14
第3 次退出的人的编号为: 17,报的数为: 17
第4 次退出的人的编号为: 1,报的数为: 21
第5 次退出的人的编号为: 8,报的数为: 27
第6 次退出的人的编号为: 9,报的数为: 28
第7 次退出的人的编号为: 18,报的数为: 35
第8 次退出的人的编号为: 20,报的数为: 37
第9 次退出的人的编号为: 6,报的数为: 42
第10 次退出的人的编号为: 15,报的数为: 47
第11 次退出的人的编号为: 19,报的数为: 49
第12 次退出的人的编号为: 12,报的数为: 56
第13 次退出的人的编号为: 13,报的数为: 57
第14 次退出的人的编号为: 10,报的数为: 63
第15 次退出的人的编号为: 3,报的数为: 67
第16 次退出的人的编号为: 11,报的数为: 70
第17 次退出的人的编号为: 4,报的数为: 77
第18 次退出的人的编号为: 5,报的数为: 84
第19 次退出的人的编号为: 16,报的数为: 87
第20 次退出的人的编号为: 2,报的数为: 91
```

14. 编写一个程序，求 $s=a+aa+aaa+aaaa+aa\cdots a$ 的值，其中 a 是一个数字。例如 2＋22＋222＋2222＋22222(此时共有5个数相加)，具体的数字 a 以及 a 的个数 num 由用户键盘输入，程序运行结果如下：

```
请输入数字a，取值范围为1-9：
2
请输入一个数字num，表示个数：
5
2+22+222+2222+22222=24690
请输入数字a，取值范围为1-9：
3
请输入一个数字num，表示个数：
6
3+33+333+3333+33333+333333=370368
```

15. 编写一个程序，随机生成 n 个$[a,b]$之间的不重复的数字，其中 $a<b$，并且 $b-a>n$，a、b、n 的值由用户键盘输入，当输入数字不合法时要求重新输入，例如 $b<a$ 时，会提示重新输入，$n>b-a$ 时，也会提示不合法。程序运行结果如下：(每次运行时结果不一样)。

```
请输入第一个数a：
10
请输入第二个数b：
50
请输入产生的随机数的个数，取值范围：[1,40]：
8
随机生成的 8个[10,50]之间的数为：
39  43  30  15  27  14  41  48
```

```
请输入第一个数a:
30
请输入第二个数b:
20
输入的数字不符合要求，请重新输入:
40
请输入产生的随机数的个数，取值范围: [1,10]:
12
输入的数字不符合要求，请重新输入:
6
随机生成的6个[30,40]之间的数为:
32  33  30  36  31  38
```

16. 有 2、5、7、8 这四个数字，能组成多少个互不相同且无重复数字的三位数？输出这些数，要求每 5 个换一行。程序执行结果如下。

```
2,5,7,8这四个数字，一共可以组成24个互不相同且无重复数字的三位数:
257  258  275  278  285
287  527  528  572  578
582  587  725  728  752
758  782  785  825  827
852  857  872  875
```

17. 猜年龄。

美国数学家维纳(N. Wiener)智力早熟，11 岁就上了大学。他曾在 1935—1936 年应邀来中国清华大学讲学。一次，他参加某个重要会议，年轻的面孔引人注目。于是有人询问他的年龄，他回答说："我年龄的立方是个 4 位数。我年龄的 4 次方是个 6 位数。这 10 个数字正好包含了从 0 到 9 这 10 个数字，每个都恰好出现 1 次。"请编写程序求出维纳的年龄，打印出对应的数，程序运行最终结果如下。

```
18*18*18=5832   18*18*18*18=104976
```

18. 猜年份。

小明和他的表弟一起去看电影，有人问他们的年龄。小明说：今年是我们的幸运年啊。我出生年份的四位数字加起来刚好是我的年龄。表弟的也是如此。已知今年是 2016 年。请编写程序打印出小明与小明表弟的出生年份。程序运行最终结果如下。

```
1989    2007
```

19. 观察下面的现象，某个数字的立方，按位累加仍然等于自身。

1^3 = 1

8^3 = 512 5+1+2=8

17^3 = 4913 4+9+1+3=17

请编写程序打印出所有符合要求的正整数，程序运行最终结果如下。

```
1^3=1  1=1
8^3=512  5+1+2=8
17^3=4913  4+9+1+3=17
18^3=5832  5+8+3+2=18
26^3=17576  1+7+5+7+6=26
27^3=19683  1+9+6+8+3=27
```

20. 猜数字：小明发现了一个奇妙的数字。它的平方和立方正好把 0～9 的 10 个数字每个用且只用了一次。请编写程序求出这个数,程序运行最终结果如下。

```
69*69=4761        69*69*69=328509
```

4.2 Android 编程模块

4.2.1 选择题

1. Android 中启动模拟机(Android Virtual Device)的命令是(　　)。

   A. adb　　B. android　　C. avd　　D. emulator

2. Android 中完成模拟器文件与计算机文件的相互复制以及安装应用程序的命令是(　　)。

   A. adb　　B. android　　C. avd　　D. emulator

3. Android 中创建模拟器的命令是(　　)。

   A. android create avd -n (模拟器的名称) -t (android 版本)

   B. adb create avd -n (模拟器的名称) -t (android 版本)

   C. avd create avd -n (模拟器的名称) -t (android 版本)

   D. emulator create avd -n (模拟器的名称) -t (android 版本)

4. 下面关于 Android 项目下的 assets 目录和 res 目录的描述不正确的是(　　)。

   A. assets 目录下可任意建立子文件夹,存放在这里的资源都会原封不动地保存在安装包中,不会被编译成二进制

   B. res 目录下的资源会在打包时判断是否被使用,未使用的资源将不会打包到安装包中

   C. assets 目录和 res 目录下的资源都会在 R.java 中生成资源标记

   D. res 目录下只包括一些固定的子文件夹,不能任意创建子文件夹

5. 关于 Android 项目下的 res/raw 目录说法正确的是(　　)。

   A. 该目录下的文件将原封不动地存储到设备上,不会转换为二进制的格式

   B. 该目录下的文件将原封不动地存储到设备上,会转换为二进制的格式

   C. 该目录下的文件不管有没有使用,都会原封不动地保存在安装包中

   D. 该目录下的文件不会在 R.java 中生成资源标记

6. AndroidManifest 的文件扩展名是(　　)。

   A. .jar　　B. .xml　　C. .apk　　D. .java

7. 下列关于 Android 项目中的 AndroidManifest 清单文件说法不正确的是(　　)。

   A. AndroidManifest 清单文件是每个 Android 项目所必需的,它是整个 Android 应用的全局描述文件

   B. AndroidManifest 清单文件说明了该应用的名称、所使用的图标以及包含的组件等

   C. AndroidManifest 清单文件中包含了应用程序使用系统所需的权限声明,也包

含了其他程序访问该程序所需的权限声明

D. AndroidManifest 清单文件的根元素是<application>，所包含的组件如 Activity、Service 等都包含在<application>元素内

8. 下列关于 AndroidManifest 清单文件内容描述正确的是(　　)。

A. 声明应用程序本身所需要的权限应放在<application>元素之内

B. 声明调用该应用程序所需的权限应放在<application>元素之外

C. 通过功能键，可查看手机上的应用软件，功能清单中应用的标签可通过<application>元素的 android:label 属性进行设置

D. 通过功能键，可查看手机上的应用软件，手机功能清单中应用的标签可通过主 Activity 的 android:label 属性进行设置

9. Android 中的四大组件通常都会在 AndroidManifest 清单文件中进行注册，以下哪一个组件可以不在清单文件中注册也可以使用。(　　)

A. Activity　　B. Service

D. ContentProvider　　D. BroadcastReceiver

10. 下列描述中，不正确的是(　　)。

A. Android 应用的 gen 目录下的 R.java 被删除后会自动生成

B. Android 项目中的 res 目录是一个特殊目录，用于存放应用中的各种资源，命名规则可以支持大小写字母(a～z, A～Z)、数字(0～9)以及下画线(_)

C. AndroidManifest 清单文件是每个 Android 项目必须有的，是项目的全局描述，通过包名+组件名可以指定组件的完整路径

D. Android 项目的 assets 和 res 目录都能存放资源文件，但是与 res 不同的是 assets 支持任意深度的子目录，在它里面的文件不会在 R.java 里生成任何资源 ID

11. 下面哪一个不属于 Android 体系结构中的应用程序层？(　　)

A. 电话簿　　B. 日历　　C. SQLite　　D. SMS 程序

12. 在清单文件中注册组件时，以下配置不正确的是(　　)。

A.
```
<activity android:name=".MyActivity">
<intent-filter>
    <action android:name="iet.jxufe.cn.action.View"/>
</intent-filter>
</activity>
```

B.
```
<service android:name=".MyService"></service>
```

C.
```
<provider android:name=".MyProvider"></provider>
```

D.
```
<receiver android:name=".MyReceiver">
<intent-filter>
    <action android:name="iet.jxufe.cn.receiver.myReceiver"/>
</intent-filter>
</receiver>
```

13. 以下控件中，不是直接或间接继承自 ViewGroup 类的是(　　)。

A. GridView　B. ListView　C. ImageView　D. ImageSwitcher

14. 以下不属于 Android 中的布局管理器的是(　　)。

A. FrameLayout　B. GridLayout　C. BorderLayout　D. TableLayout

15. Android 中设置文本大小推荐使用的单位是(　　)。

A. px　B. dp　C. sp　D. pt

16. 下列关于 TextView 和 ImageView 的说法正确的是(　　)。

A. TextView 主要用于显示文字，可对文字大小、颜色等进行设置，TextView 除了设置背景图片外，不能在其上显示图片

B. ImageView 主要用于显示图片，可设置图片的来源、缩放类型等，ImageView 上不能显示文字

C. ImageView 从 TextView 继承而来，是对 TextView 的扩展

D. 在 ImageView 标签中设置 android:text 属性时，会直接报错

17. 下列选项中，前后两个类不存在继承关系的是(　　)。

A. TextView、AutoCompleteTextView　B. TextView、Button

C. ImageView、ImageSwitcher　D. ImageView、ImageButton

18. 在水平线性布局中，通过设置控件的哪个属性可以使得它们的宽度成一定的比例。(　　)

A. android:layout_width　B. android:layout_weight

C. android: layout_margin　D. android:layout_gravity

19. 下列属性中，不属于 EditText 文本编辑框的属性的是(　　)。

A. android:inputType　B. android:hint

C. android:scaleType　D. android:minLines

20. 下列关于线性布局的描述正确的是(　　)。

A. 水平线性布局中所有的控件都是按照水平方向一个挨着一个排列的，超出屏幕的宽度后，将会自动生成水平滚动条，拖动滚动条可查看其他控件

B. 水平线性布局中所有的控件都是按照水平方向一个挨着一个排列的，超出屏幕的宽度后，将会自动换行显示其他控件

C. 水平线性布局中所有的控件都是按照水平方向一个挨着一个排列的，超出屏幕的宽度后，将不会显示多余的控件

D. 水平线性布局中所有的控件都是按照水平方向一个挨着一个排列的，超出屏幕的宽度后，再添加控件，程序运行时报错

21. 下列关于表格布局的描述不正确的是(　　)。

A. 表格布局从线性布局继承而来

B. 表格布局中可明确指定包含多少行多少列

C. 表格布局中，可设置某一控件可占多列

D. 如果直接向表格布局中添加控件，而不是在 TableRow 中添加，则该控件将单独占一行

22. 表格布局中,设置某一列为可收缩列的正确做法是(　　)。

A. 设置 TableLayout 的属性: android:stretchColumns="x",x 表示列的序号

B. 设置 TableLayout 的属性: android:shrinkColumns="x",x 表示列的序号

C. 设置具体列的属性: android:stretchable="true"

D. 设置具体列的属性: android:shrinkable="true"

23. 在相对布局中,如果想让一个控件居中显示,则可设置该控件的(　　)。

A. android:gravity="center"

B. android:layout_gravity="center"

C. android:layout_centerInParent="true"

D. android:scaleType="center"

24. 相对布局中,下列属性的属性值只能为 true 或 false 的是(　　)。

A. android:layout_alignTop　　B. android:layout_alignParentTop

C. android:layout_toLeftOf　　D. android:layout_above

25. 在 FrameLayout 中有一个按钮(Button),如果要让该按钮在其父容器中居中显示,正确做法的设置是(　　)。

A. 设置按钮的属性: android:layout_gravity="center"

B. 设置按钮的属性: android:gravity="center"

C. 设置按钮父容器的属性: android:layout_gravity="center"

D. 设置按钮父容器的属性: android:gravity="center"

26. 以下方法中,可以成功将 ImageButton 的背景设为透明的是(　　)。

A. 设置 ImageButton 的 android:alpha 的属性值为 0

B. 设置 ImageButton 的 android:alpha 的属性值为 255

C. 设置 ImageButton 的 android:background 的属性值为#ffffffff

D. 设置 ImageButton 的 android:background 的属性值为#00000000

27. 假设某张图片的大小为 1200 * 1200,现需将其显示在一个 300 * 200 的 ImageView 上,如果设置该 ImageView 的 scaleType 属性的值为 fitCenter,则图片的缩放比例为(　　)。

A. 等比例缩放,缩放比例为 4

B. 等比例缩放,缩放比例为 6

C. 横轴缩放比例为 6,纵轴缩放比例为 4

D. 横轴缩放比例为 4,纵轴缩放比例为 6

28. 为下拉列表自定义 Adapter,即写一个类继承自 BaseAdapter 时,必须重写父类中的一些方法,以下哪个方法不是必需的。(　　)

A. getCount()　　B. getView()

C. getItem()　　D. getDropDownView

29. Android 中包含了很多 Adapter 相关类,下列选项中,哪一个类不是从 BaseAdapter 继承而来的?(　　)

A. ArrayAdapter　B. SimpleAdapter C. CursorAdapter D. PagerAdapter

30. 以下关于 SimpleAdapter 构造方法中参数的描述不正确的是(　　)。

A. 第一个参数为 Context 上下文对象,通常只需要传入当前的 Activity 对象即可

B. 第二个参数为列表的数据来源,既可以是一个数组,也可以是一个集合

C. 第三个参数为列表中每一项的布局文件,该布局中可以包含多个控件

D. 第四个参数与第五个参数之间存在一一对应的关系,根据第四个参数获取的数据,将会在第五个参数所指定的控件中显示,并且第五个参数中的元素必须在第三个参数指定的布局文件中

31. AutoCompleteTextView(自动完成输入)控件,可根据用户输入的内容,从指定的数据源中匹配出所有符合条件的数据,并以下拉列表的形式显示,从而可让用户进行选择。通过以下哪个属性,可以设置弹出列表所需要用户输入的最少字符数。(　　)

A. android:completionThrehold　　B. android:completionHint

C. android:dropDownVerticalOffset　　D. android:dropDownHorizontalOffset

32. 以下代表拖动条的控件是(　　)。

A. RatingBar　　B. ProgressBar　　C. SeekBar　　D. ScrollBar

33. RatingBar 星级评分条中不能通过属性直接设置的是(　　)。

A. 五角星个数　　B. 当前分数

C. 分数的增量　　D. 五角星的色彩

34. ScrollView 垂直滚动条中,最多可直接包含多少个子控件?(　　)

A. 0 个　　B. 1 个　　C. 2 个　　D. 无数个

35. 以下控件中,不是从 Button 继承而来的是(　　)。

A. ImageButton　　B. RadioButton　　C. CheckBox　　D. ToggleButton

36. 下列关于 AlertDialog 的描述不正确的是(　　)。

A. AlertDialog 的 show()方法可创建并显示对话框

B. AlertDialog.Builder 的 create() 和 show()方法都返回 AlertDialog 对象

C. AlertDialog 不能直接用 new 关键字构建对象,而必须使用其内部类 Builder

D. AlertDialog.Builder 的 show()方法可创建并显示对话框

37. 构建 AlertDialog 时需要借助其内部类 Builder,Builder 类中包含了很多方法,下列方法中,方法的返回类型与其他项不同的是(　　)。

A. create()　　B. setMessage()

C. setView()　　D. setAdapter()

38. AlertDialog 对话框中按钮的个数最多可以有多少个?(　　)

A. 1　　B. 2　　C. 3　　D. 无数个

39. 自定义对话框时,将 View 对象添加到当前对话框中的方法是(　　)。

A. setDrawable()　　B. setContent()

C. setAdapter()　　D. setView()

40. 在 Android 中如果需要创建选项菜单,则必须重写 Activity 的哪个方法?(　　)

A. onCreateOptionsMenu() B. onCreateContextMenu()
C. onOptionsCreateMenu() D. onContextCreateMenu()

41. 在菜单资源文件中,无法识别以下哪个标签?( )
A. <menu> B. <item> C. <submenu> D. <group>

42. 为某个菜单项创建子菜单的方法是( )。
A. add B. addMenu C. addSubMenu D. addMenuItem

43. 以下事件处理的方法,不适合于处理选项菜单项的单击事件的是( )。
A. 使用 onOptionsItemSelected(MenuItem item)方法处理
B. 使用 onContextItemSelected(MenuItem item)方法处理
C. 使用 OnMenuItemClickListener 的 onMenuItemClick(MenuItem item)方法处理
D. 使用 onMenuItemSelected(int featureld,MenuItem item)方法处理

44. Android 的事件处理机制中,基于监听的事件处理机制的基本思想应用了设计模式中的哪种设计模式?( )
A. 观察者模式 B. 代理模式 C. 策略模式 D. 装饰者模式

45. 为复选框 CheckBox 添加监听是否选中的事件监听器,使用的方法是( )。
A. setOnClickListener() B. setOnCheckedChangeListener()
C. setOnMenuItemSelectedListener() D. setOnCheckedListener()

46. 使用异步任务处理耗时操作时,Android 系统为我们提供了 AsyncTask 抽象类,继承该类时必须实现 AsyncTask 中的哪个方法?( )
A. onPreExecute() B. doInBackground()
C. onPostExecute() D. onProgressUpdate()

47. 使用异步任务处理耗时操作时,不能在以下方法中更改界面组件显示的是( )。
A. onPreExecute() B. doInBackground()
C. onPostExecute() D. onProgressUpdate()

48. 以下创建 Message 对象的语句中,不正确的是( )。
A. Message msg=new Message();
B. Message msg=Message. obtain();
C. Message msg=Message. obtain(Message message);
D. Message msg=Message. copyFrom(Message message);

49. 以下文件放入 Android 项目的 res/drawable 文件夹下,会直接报错或者不能在 R. java 文件中生成成员变量的是( )。
A. aaa. xml B. bbb. JPG C. CCC. jpg D. ddd. eee. jpg

50. 以下文件放入 Android 项目的 res/drawable 文件夹下,不会报错的是( )。
A. my_picture. PNG B. myDog. JPG
C. myCat. png D. 9_dog. jpg

51. 以下选项中,不能表示合法的颜色值的是( )。

A. ＃ggg　　B. ＃ffff　　C. ＃eeeeee　　D. ＃dddddddd

52. Android 应用中定义的一些资源常量通常是放在<resources>标签下，下列哪一项不属于<resource>标签的子标签。（　　）

A. <string>　　B. <color>

C. <drawable>　　D. <object－array>

53. 下面自定义 style 的方式正确的是（　　）。

A. <resources>
<style name＝"myStyle">
<item name＝"android:layout_width">match_parent</item>
</style>
</resources>

B. <style name＝"myStyle">
<item name＝"android:layout_width">match_parent </item>
</style>

C. <resources>
<item name＝"android:layout_width">match_parent </item>
</resources>

D. <resources>
<style name＝"android:layout_width">match_parent </style>
</resources>

54. 在 Android 中，ImageButton 按钮的图片不仅可以是 jpg、png 格式的图片文件，也可以是 xml 文件定义的图片，如果需要定义一个随着按钮状态变化的 xml 文件图片，则该文件的根元素是（　　）。

A. <animation-list>　　B. <layer-list>

C. <selector>　　D. <shape>

55. 下列哪一类 Drawable 对象可以实现图片徐徐展开的效果？（　　）

A. StateListDrawable　　B. LayerDrawable

C. ShapeDrawable　　D. ClipDrawable

56. 在 Android 中既可以在程序中定义动画，也可以在 XML 文件中定义动画，在 XML 文件中定义补间动画的根元素是（　　）。

A. <set>　　B. <animation-list>

C. <layer-list>　　D. <selector>

57. 下面是一个 XML 资源定义文件，下面关于这个文件的描述正确的是（　　）。

```
<? xml version="1.0" encoding="utf-8"? >
<shape xmlns:android="http://schemas.android.com/apk/res/android"
    android:shape="line">
<stroke
      android:color="@color/gray"
```

```
        android:dashWidth="5dp"
        android:dashGap="3dp" />
</shape>
```

A. 这个 shape 文件是画一个宽为 5dp、高为 3dp 的色块

B. 这个 shape 文件是画一个宽从 5dp 到 3dp 的等腰梯形

C. 这个 shape 文件是画一个底为 5dp 高为 3dp 的等腰三角形

D. 这个 shape 文件是画一条虚线，实线段 5dp，间隔 3dp

58. 下列不属于 Activity 的 launchMode 属性的属性值的是(　　)。

A. singleStack　　B. singleTop

C. singleTask　　D. singleInstance

59. 下列选项中，哪个不是 Activity 启动的方法？(　　)

A. startActivity　　B. goToActivity

C. startActivityForResult　　D. startActivityFromFragment

60. 假设设置 MainActivity 的 lauchMode 属性值为 singleInstance，并且 MainActivity 已经存在于栈中，此时当前的 Activity 跳转到 MainActivity，将会首先调用 MainActivity 的什么方法？(　　)

A. onCreate()　　B. onResume()

C. onNewIntent()　　D. onSaveInstanceState()

61. 下列方法中，哪个不是 Activity 生命周期里的方法。(　　)

A. onCreate()　　B. onStart()　　C. onStop()　　D. onFinish()

62. 配置 Activity 时，下列哪一项是必不可少的？(　　)

A. android:name　　B. <action…/>

C. <intent-filter…/>　　D. <category…/>

63. 下列关于应用程序的入口 Activity 的描述中，不正确的是(　　)。

A. 每个应用程序有且仅有一个入口 Activity，没有入口 Activity 的应用，运行时将会报错

B. 入口 Activity 的<intent-filter…/>元素中可以有多个<action…/>标签

C. 入口 Activity 的<intent-filter…/>元素中可以有多个<category…/>标签

D. 入口 Activity 的<intent-filter…/>元素中必须有一个<action android:name="android.intent.action.MAIN" />元素，并且有一个<category android:name="android.intent.category.LAUNCHER" />元素

64. 在清单文件中，配置 Activity 时，以下哪个标签无法在<intent-filter…/>标签下识别？(　　)

A. <action…>　　B. <category…/>

C. <data…/>　　D. <type…>

65. 下列关于<intent-filter…/>标签说法不正确的是(　　)。

A. 该标签内可以包含 0～N 个<action…/>子标签

B. 该标签内可以包含 0～N 个<category…/>子标签

C. 该标签内可以包含 0～N 个<data…/>子标签

D. 系统会根据该标签里的元素来判断何时启动该组件

66. 读取手机内置存储空间内文件内容时首先调用的方法是(　　)。

A. openFileOutput()　　B. read()

C. write()　　D. openFileInput()

67. SharedPreferences 保存文件的路径和扩展名是(　　)。

A. /data/data/shared_prefs/ *.txt

B. /data/data/package name/shared_prefs/ *.xml

C. /mnt/sdcard/指定文件夹指定扩展名

D. 任意路径/任意扩展名

68. 对于一个已经存在的 SharedPreferences 对象 userPreference,如果向其中存入一个字符串"name",userPreference 应该先调用什么方法(　　)。

A. edit()　　B. save()　　C. commit()　　D. putString()

69. 以下数据类型中,哪个不是 SQLite 内部支持的类型(　　)。

A. BLOB　　B. INTEGER　　C. VARCHAR　　D. REAL

70. 下列关于 SQLiteOpenHelper 的描述不正确的是(　　)。

A. SQLiteOpenHelper 是 Android 中提供的管理数据库的工具类,主要用于数据库的创建、打开、版本更新等,它是一个抽象类

B. 继承 SQLiteOpenHelper 的类,必须重写它的 onCreate()方法

C. 继承 SQLiteOpenHelper 的类,必须重写它的 onUpgrade()方法

D. 继承 SQLiteOpenHelper 的类,可以提供构造方法也可以不提供构造方法

71. SQLiteOpenHelper 是 Android 中提供的管理数据库的工具类,用于管理数据库的创建、版本更新、打开等,它是一个抽象类,如果创建一个该类的子类,以下方法中,哪个不是必须要包含在新创建的类中的?(　　)

A. 构造方法　　B. onCreate()

C. onUpgrade()　　D. getReadableDatabase()

72. ContentProvider 是 Android 中的四大组件之一,写好 ContentProvider 后,需要在清单文件中进行配置,配置<provider>标签时,以下哪个属性是必需的?(　　)

A. android:name　　B. android:authorities

C. android:exported　　D. A 和 B

73. 阅读以下程序:

```
UriMatcher myUri=new UriMatcher(UriMatcher.NO_MATCH);
    myUri.addURI("iet.jxufe.cn.providers.myprovider", "person", 1);
myUri.addURI("iet.jxufe.cn.providers.myprovider", "person/#", 2);
    int result=myUri.match(Uri.parse("content://iet.jxufe.cn.providers.
myprovider/person/10"));
```

程序执行结束后,result 的值为(　　)。

A. −1　　B. 1　　C. 2　　D. 10

74. ContentProvider 的作用是共享数据，暴露可供操作的接口，其他应用则通过(　　)来操作 ContentProvider 所暴露的数据。

A. ContentValues　　B. ContentResolver

C. URI　　D. Context

75. 如果一个应用通过 ContentProvider 共享数据后，那么其他应用都可以对该数据进行操作，读取数据时，可以使用 query()方法，该 query()方法是通过哪个对象调用的？(　　)

A. ContentResolver　　B. ContentProvider

C. SQLiteDatabase　　D. SQLiteHelper

76. 在开发 Android 应用程序时，如果希望在本地存储一些结构化的数据，可以使用数据库，Android 系统中内嵌了一个小型的关系型数据库是(　　)。

A. MySQL　　B. SQLite　　C. DB2　　D. Sybase

77. 下列不属于 Service 生命周期的回调方法是(　　)。

A. onCreate()　　B. onBind()　　C. onStart()　　D. onStop()

78. 通过以下哪个方法，可以提高 Service 的优先级(　　)。

A. setLevel()　　B. setPriority()

C. upgrade()　　D. startForeground()

79. 关于 ServiceConnection 接口的 onServiceConnected()方法的触发条件描述正确的是(　　)。

A. bindService()方法执行成功后

B. bindService()方法执行成功同时 onBind()方法返回非空 IBinder 对象

C. Service 的 onCreate()方法和 onBind()方法执行成功后

D. Service 的 onCreate()和 onStartCommand()方法启动成功后

80. 开发 Service 组件时，需要开发一个类使其继承系统提供的 Service 类，该类中必须实现 Service 中的哪个方法？(　　)

A. onCreate()　　B. onBind()

C. onStartCommand()　　D. onUnbind()

81. 以下关于通过 startService()与 bindService()运行 Service 的说法不正确的是(　　)。

A. startService()运行的 Service 启动后与访问者没有关联，而 bindService()运行的 Service 将与访问者共存亡

B. startService()运行的 Service 将回调 onStartCommand()方法，而 bindService()运行的 Service 将回调 onBind()方法

C. startService()运行的 Service 无法与访问者进行通信、数据传递，bindService()运行 Service 可在访问者与 Service 之间进行通信、数据传递

D. bindService()运行的 Service 必须实现 onBind()方法，而 startService()运行的 Service 则没有这个要求

82. 下列关于使用 AIDL 完成远程 Service()方法调用的说法不正确的是(　　)。

A. AIDL 定义接口的源代码必须以.aidl 结尾,接口名和 aidl 文件名可相同也可以不相同

B. aidl 的文件的内容类似 Java 代码

C. 创建一个 Service,在 Service 的 onBind()方法中返回实现了 aidl 接口的对象

D. AIDL 的接口和方法前不能加访问权限修饰符 public、private 等

83. Android 手机启动后,会发送一个广播,如果想让应用随开机而启动,只需要在应用中接收该广播然后启动服务即可。该广播的 Action 的值是(　　)。

A. Intent.ACTION_BOOT_COMPLETED

B. Intent.ACTION_MAIN

C. Intent.ACTION_PACKAGE_FIRST_LAUNCH

D. Intent.ACTION_POWER_CONNECTED

84. 关于广播接收器以下描述正确的是(　　)。

A. 广播接收器只能在清单文件中注册

B. 广播接收器注册后不能注销

C. 广播接收器只能接收自定义的广播消息

D. 广播接收器可以在 Activity 中单独注册与注销

85. 在 Android 中进行单元测试时,需要在清单文件中进行配置,以下说法错误的是(　　)。

A. 需要在 AndroidManifest 清单文件中<application>标签内配置 instrumentation

B. 需要在 AndroidManifest 清单文件<manifest>标签内配置 instrumentation

C. 需要在 AndroidManifest 清单文件<application>标签内配置 uses-library

D. 需要让测试类继承 AndroidTestCase 类

86. Logcat 视图中 Log 信息分为几个级别?(　　)

A. 3　　B. 4　　C. 5　　D. 6

87. 以下哪种 JSON 数据的写法是错误的(　　)。

A. ["java","android"]

B. [{"java"},{"android"}]

C. {"id":1,"name":"java"}

D. [{"id":1,"name":"java"},{"id":2,"name":"android"}]

88. MediaPlayer 播放音视频资源前,需要调用哪个方法完成准备工作?(　　)

A. setDataSource()　　B. prepare()

C. begin()　　D. ready()

89. 使用 MediaPlayer 播放存放在外部存储卡(sdcard)中的音乐文件的操作步骤是(　　)。

A. 使用 MediaPlayer.create()方法传入文件路径返回 MediaPlayer 对象,然后准备播放

B. 直接将音乐文件的路径传入 MediaPlayer()的构造方法中,然后准备播放

C. 先创建 MediaPlayer 对象,然后调用它的 setDataSource()方法设置文件源,

然后准备播放

D. A 和 C 都可以

90. Android VM 虚拟机中运行的文件的扩展名为(　　)。

A. class　　B. apk　　C. dex　　D. xml

91. 使用 Android 中 Canvas 类的 drawRect(10,10,20,20,new Paint())绘制矩形，此矩形的面积是(　　)。

A. 100　　B. 200　　C. 300　　D. 400

4.2.2 判断题

1. 在 Android 中，assets 目录和 res 目录都是用来存放资源的，并允许用户在这两个目录下随意地创建子文件夹以方便用户对资源进行归类。(　　)

2. Android 项目中 res 目录是一个特殊目录，用于存放应用中的各种资源，命名规则可以支持大小写字母(a～z, A～Z)、数字(0～9)以及下画线(_)，并且不能以数字开头。(　　)

3. AndroidManifest 清单文件的根元素是<application>，所包含的组件如 Activity、Service 等都包含在<application>元素内。(　　)

4. 在 Android 中，项目是以它的包名作为唯一标识，如果在同一台手机上安装两个包名相同的应用，后面安装的应用会覆盖前面安装的应用。(　　)

5. Android 中所有的布局管理器都直接或间接继承于 ViewGroup。(　　)

6. 如果在 XML 布局文件中默认选中了某个单选按钮，则必须为该组单选按钮的每个按钮指定 android:id 属性值，否则这组单选按钮不能正常工作。(　　)

7. ImageView 主要用于显示图片，可设置图片的来源、缩放类型等，ImageView 上不能显示文字。(　　)

8. 在 Android 中，AlertDialog. Builder 的 show()方法可创建并显示对话框。(　　)

9. 在 Android 中，开发选项菜单时，需要重写 Activity 的 onCreateOptionsMenu (Menu menu)方法，如果希望应用程序能响应菜单项的单击事件，需要重写 Activity 的 onOptionsItemSelected(MenuItem mi)方法即可。(　　)

10. 做 Android 开发时，可以在 LogCat 视图中查看程序运行时打印的日志信息，如果想测试程序是否执行到某处，只需要在该处通过 System. out. print()打印一条信息，然后在 LogCat 中查看是否有该信息即可。(　　)

11. 在 Android 清单文件中配置 Activity 时<intent-filter…>元素可以包含多个<data…>子元素。(　　)

12. 在 Android 中，调用 Activity 的 finish()方法时会立即调用 onDestory()方法，也就是说，如果在 onCreate()方法中调用 finish()方法，则不会调用 onStart()和 onResume()方法，而直接调用 onDestory()方法。(　　)

13. Service 是 Android 中的四大组件之一，它没有实际的界面显示，主要是在后台执行一些比较耗时的操作，Service 与启动它的组件不在同一线程，而是运行在独立的子线程中。(　　)

14. AIDL 定义接口的源代码必须以.aidl 结尾,接口名和 aidl 文件名可相同也可以不相同。(   )

15. BroadcastReceiver 是 Android 中的四大组件之一,与其他组件一样使用之前,一定要在清单文件中对其进行注册。(   )

16. 开发上下文菜单时,需要重写 Activity 的 onCreateOptionsMenu(Menu menu)方法,如果希望应用程序能响应菜单项的单击事件,还需要重写 Activity 的 onOptionsItemSelected(MenuItem mi)方法即可。(   )

17. 注册 ContentProvider 组件时,必须要指定 android:authorities 属性的值。(   )

18. 一个 Intent 对象最多只能包含一个 Action 属性。(   )

19. SQLite 允许把各种类型的数据保存到任何类型字段中,开发者不用关心声明该字段所使用的数据类型。(   )

4.2.3 Android 基础编程题

1. 实现简单图片浏览功能,程序运行效果如图 4-1 所示。

图 4-1 简单图片浏览

界面要求:该界面中包含一个图片显示框(ImageView)、两个按钮(Button),其中 ImageView 的宽为 320dp,高为 240dp,两个按钮水平并列排列,按钮的宽度和高度都能容纳其中的内容,所有控件水平居中摆放。

功能要求:题号所对应的文件夹中有一个 Images 目录,该目录下存放有五张图片 pic001.jpg、pic002.jpg、pic003.jpg、pic004.jpg、pic005.jpg,将这五张图片复制到你所建立的项目的 drawable 目录下。程序启动时,ImageView 默认显示第一张图片(pic001.jpg),单击"上一张"或"下一张"按钮时,能在 ImageView 中循环显示这五张图片。

2. 实现计算器界面设计,程序运行效果如图 4-2 所示。

界面要求:该界面中包含一个文本编辑框(EditText)、28 个按钮(Button),文本编辑框的宽度为填充父容器、高度为内容包裹,外边距为 10dp,不可编辑,行数最少为 2 行,显示内容默认为 0,位于右下角。28 个按钮中 26 个按钮的高度为 50dp,宽度为 60dp,"="

按钮高度为 100dp，宽度为 60dp，“0”按钮的高度为 50dp，宽度为 120dp。所有按钮的文本大小为 20sp，对齐方式为水平居中。(特殊符号：←、√、±)

3. 请设计并实现如图 4-3 所示的界面效果。

图 4-2 计算器界面

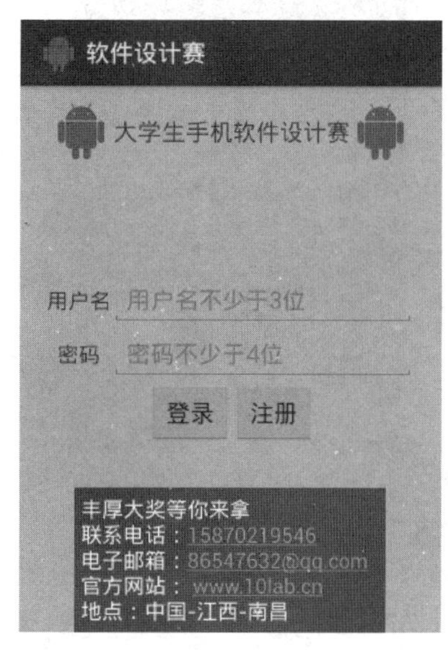

图 4-3 简单注册界面

界面要求：

(1) 页面背景颜色为：#aabbcc。最上面是一个 TextView 控件，用于显示标题信息，在标题文字的左边和右边各有一个图标，图标为应用图标，标题文字与图片居中显示。标题信息与顶部的边距为 10dp，标题文字为：大学生手机软件设计赛，标题文字大小为 18sp。

(2) 中间部分包含两个文本显示框 TextView、两个文本编辑框 EditText、两个按钮 Button。文本显示框的内容分别为：用户名、密码，文字大小为 16sp。第一个文本编辑框的提示信息为：用户名不少于 3 位；第二个文本编辑框是密码框，提示信息为：密码不少于 4 位；两个按钮的内容分别为：登录、注册；水平居中显示。

(3) 底部包含一个 TextView 控件，水平居中显示，文字内容为：丰厚大奖等你来拿\n 联系电话：15870219546\n 电子邮箱：86547632@qq. com \n 官方网站：www. 10lab. cn\n 地点：中国－江西－南昌。文字颜色为：白色(#ffffff)，文字大小为：16sp，背景颜色为：蓝色(#0000ff)，边距为 5dp，文字内容中的电话、邮箱、网址以超链接形式显示。

4. 请设计并实现如图 4-4 所示的界面效果。

界面要求：

(1) 界面中整体居中显示，背景颜色为：#aabbcc，最上方是一个 TextView，文字内容为：表格布局，居中显示，大小为：24sp，背景颜色为：#ccbbaa，边距为：10dp。

(2) 中间部分是 7 个按钮，三行三列显示，其中第一行第二列没有任何内容，第三列控件的内容会填充剩余部分，按钮八占两列。

(3) 最下面是一个 TextView，内容为：赛，大小为：30sp，在文字的上下左右各有一个图标。

5. 请设计并实现如图 4-5 所示的界面效果。

图 4-4　表格排列的按钮界面

图 4-5　上下两半特殊布局(一)

界面要求：

(1) 界面整体采用垂直线性布局,将屏幕平分为上下两部分,上下部分间距为 10dp,上部分的背景颜色为：#aabbcc,下部分的背景颜色为：#ccbbaa。

(2) 上半部分包含两个 TextView 控件,第一个 TextView 控件用于显示标题信息,在标题文字的左边和右边各有一个图标,图标为应用图标,标题文字与图片居中显示。标题信息与顶部的边距为 10dp,标题文字为：大学生手机软件设计赛,标题文字大小为 18sp。第二个 TextView 控件水平居中显示在上半部分的底端,文字内容为：丰厚大奖等你来拿\n 联系电话：15870219546\n 电子邮箱：86547632@qq. com \n 官方网站：www. 10lab. cn\n 地点：中国－江西－南昌。文字颜色为：白色(#ffffff),文字大小为：16sp,背景颜色为：蓝色(#0000ff),边距为 5dp,文字内容中的电话、邮箱、网址以超链接形式显示。

(3) 下半部分包含四个 TextView,大小分别为：160 * 160、120 * 120、80 * 80、40 * 40,单位 dp,颜色分别为：红色(#ff0000)、绿色(#00ff00)、蓝色(#0000ff)、白色(#ffffff),居中显示。

6. 请设计并实现如图 4-6 所示的界面效果。

界面要求：

(1) 界面整体采用垂直线性布局,将屏幕平分为上下两部分,上下部分间距为 10dp,上部分的背景颜色为：#aabbcc,下部分的背景颜色为：#ccbbaa。

(2) 上半部分包含两个 TextView 控件,第一个 TextView 控件用于显示标题信息,在标题文字的左边和右边各有一个图标,图标为应用图标,标题文字与图片居中显示。标题信息与顶部的边距为 10dp,标题文字为：大学生手机软件设计赛,标题文字大小为 18sp。第二个 TextView 控件水平居中显示在上半部分的底端,文字内容为：丰厚大奖等你来拿\n 联系电话：15870219546\n 电子邮箱：86547632@qq. com \n 官方网站：

www.10lab.cn\n 地点：中国—江西—南昌。文字颜色为：白色(#ffffff)，文字大小为：16sp，背景颜色为：蓝色(#0000ff)，边距为 5dp，文字内容中的电话、邮箱、网址以链接形式显示。

(3) 下半部分包含五个 ImageView，五个 ImageView 所显示的图片都为应用图标，以一个 ImageView 为中心，其他四个 ImageView 分别位于它的正上方、下方、左边、右边，整体处于下半部分的中间。

7. 实现等比例划分屏幕的效果，程序运行效果如图 4-7 所示。

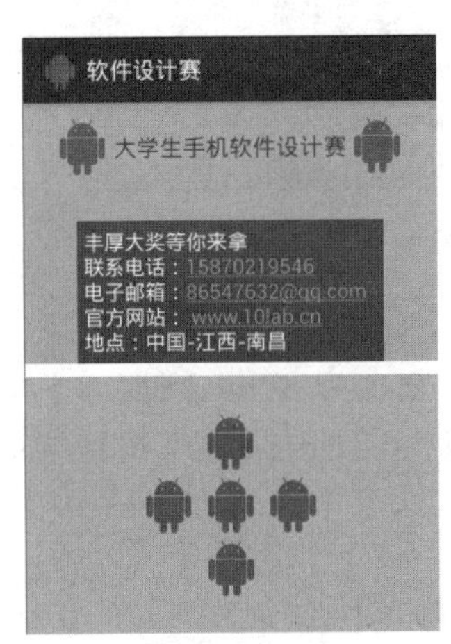

图 4-6 上下两半特殊布局(二)

图 4-7 用色块等比例划分屏幕

界面要求：

(1) 将手机屏幕分成左右两个部分，每部分的宽度为屏幕宽度的一半。

(2) 左半部分中，包含三个颜色块(TextView)，它们的宽度和高度都相等，并且宽度为屏幕的 1/2，高度为屏幕的 1/3；右半部分中，包含五个颜色块(TextView)，它们的宽度和高度都相等，并且宽度为屏幕的 1/2，高度为屏幕的 1/5。

(3) 各颜色值如下：

红色：#ff0000	绿色：#00ff00	蓝色：#0000ff
黄色：#ffff00	紫色：#9932cd	黑色：#000000
品红色：#ff00ff	青色：#00ffff	

8. 实现自定义渐变背景色效果。程序运行效果如图 4-8 所示。

界面要求：

界面中包含一个 TextView，宽为 200dp，高为 300dp，居中显示，为 TextView 设置背景图片，该背景图片是一个自定义的圆角矩形，圆角半径为 15dp，填充色为垂直的渐变色，从上到下依次为品红色(#ff00ff)→黄色(#ffff00)→青色(#00ffff)。内边距为 15dp，边框为虚线，虚线的颜色为蓝色(#0000ff)，每段虚线的宽度为 5dp，每段虚线的长度为 10dp，虚线与虚线之间的距离为 5dp。

9. 实现控件阶梯式摆放效果，程序运行效果如图 4-9 所示。

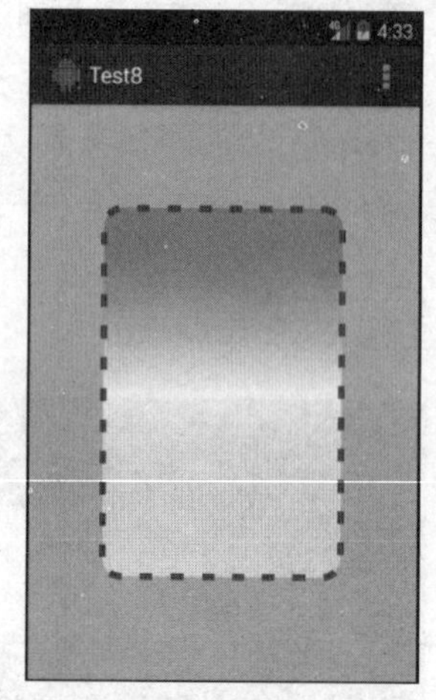

图 4-8 自定义渐变背景色效果

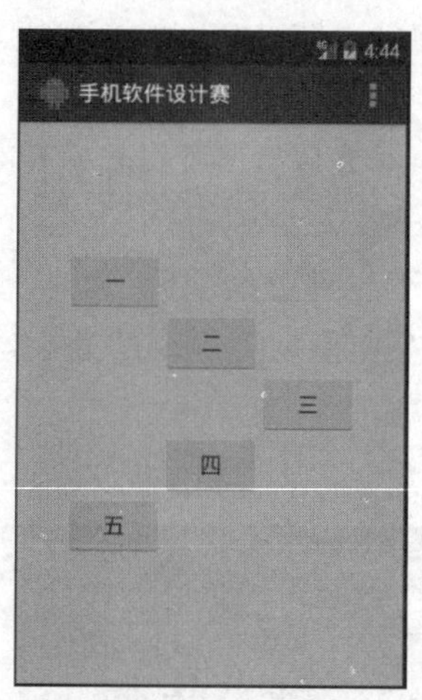

图 4-9 控件阶梯式摆放效果

界面要求：

该界面中包含五个按钮(Button)、每个按钮的宽度为 80dp，高度为 50dp，其中，按钮“二”在按钮“一”的右下方；按钮“三”在按钮“二”的右下方；按钮“四”在按钮“三”的左下方；按钮五在按钮“四”的左下方。并且这五个按钮作为一个整体居中显示在界面中。

10. 实现界面显示红十字效果，程序运行效果如图 4-10 所示。

界面要求：

界面整体背景色为#aabbcc，将界面等比例地划分为 3＊3 的单元格，将中间一行和中间一列的背景设置为红色，其他部分的背景保持为透明色。(提示：可在九个单元格中存放 TextView 或者 Button，然后设置背景颜色)

11. 读取手机上的文件。程序运行效果如图 4-11 所示。

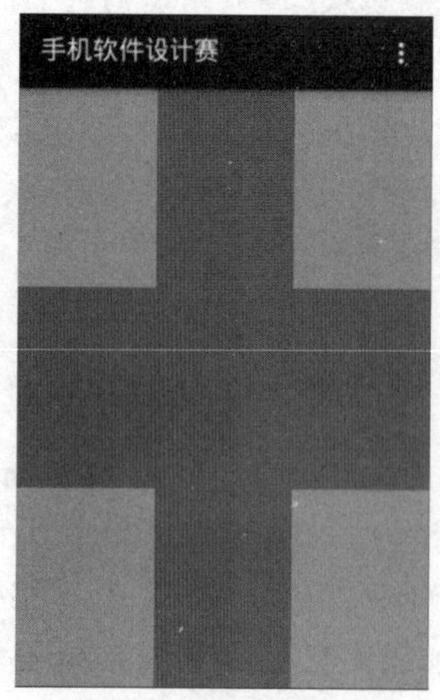

图 4-10 红十字效果

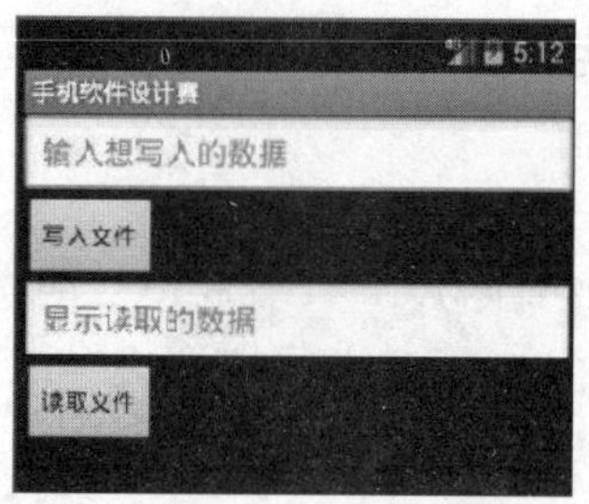

图 4-11 读写手机中文件内容

界面布局：界面中包含两个文本编辑框(EditText)、两个按钮(Button)，整体采用垂直线性布局。两个文本编辑框宽度为充满父容器，高度为内容包裹，都有提示信息。第二个文本编辑框不能输入，两个按钮的高度和宽度都为内容包裹。

功能要求：单击"写入文件"按钮时，能将第一个文本编辑框的内容写入具体的某个文件中，单击"读取文件"按钮时，能从该文件读取所有的内容，并显示在第二个文本编辑框上。多次向文件写入内容时，能将新内容追加到该文件的末尾，而不是覆盖原来的内容。

12. 请设计并实现如图4-12所示的界面效果。

界面要求：

(1) 界面中包含两个控件，文本显示框TextView和列表ListView。TextView用于显示标题信息，标题内容为：南昌景点介绍，文字大小为：24sp，背景颜色为：#ccbbaa，对齐方式为居中，边距为10dp。

(2) ListView显示所有景点信息，一项代表一个景点，每个景点包含三部分信息，景点图片、景点名称、景点简介。ListView的背景颜色为#aabbcc，项与项之间的分隔线大小为2dp，颜色为灰色(#aaaaaa)。

(3) 在ListView的每一项中包含三个控件：一个ImageView用于显示景点图片，两个TextView分别显示景点名称、景点简介。其中ImageView大小为：100 * 75，景点名称文字大小为：20sp，景点简介文字大小为：12sp，颜色为：#0000ee，单行显示。当内容超过宽度时，省略后面的文字，以点代替。图片和相关文字介绍已放在题号对应文件夹下。

13. 请设计并实现如图4-13所示的界面效果。

界面要求：

(1) 界面中包含两个控件，文本显示框TextView和下拉列表Spinner。二者水平摆放，其中Spinner的宽度为屏幕宽度减去TextView的宽度。文本显示框的内容为：选择联系人，文字大小为：20sp。

图4-12 列表景点介绍

图4-13 从下拉列表选择项目

(2) Spinner 控件默认情况下什么都不显示，单击右下角的三角弹出下拉列表，选中某一项后，将会在 Spinner 中显示该项。列表中每一项包含两部分，图标和姓名。其中图标大小为：30 * 30，姓名文字大小为 20sp，颜色为红色（# ff0000），图标与姓名之间的边距为 20dp。（项目所使用的图标存放在 images 文件夹下）

14. 实现功能清单列表效果，程序运行效果如图 4-14 所示。

界面要求：

该界面整体背景为 # aabbcc，里面包含 16 个子功能项，按照 4 * 4 矩阵形式显示在界面中央，每一个子功能项由图标和文字两部分组成，整体放在一个垂直的线性布局中，布局的背景颜色为 # eeeeee，并且有 10dp 的内间距，其中图片的宽和高都为 30dp，图标与文字水平居中对齐，并有 10dp 的间距。水平功能项之间以及垂直的功能项之间都有 2dp 的间距（提示所需小图标存放在题号所对应的文件夹中）。

15. 实现列表控制文本显示效果，程序运行效果如图 4-15 所示。当单击颜色列表时，可选择文本的颜色，有红色、蓝色、绿色、黄色；当单击大小列表时，可选择文本的大小，有 16、20、24、28、32。相应的文本显示将会随之变化。

界面要求：

界面中包含三个文本显示框（TextView）和两个下拉列表（Spinner）。界面上方有四个控件，分别是用于显示文本颜色的文本框、颜色下拉列表、用于显示文本大小的文本框、大小下拉列表，这些控件水平居中显示，其中文本框大小为 18sp，边距为 5dp。下方是一个测试文本，居中显示内容为：欢迎参加江西省手机软件设计赛，其中在江西省后面换行。

图 4-14 功能清单列表效果

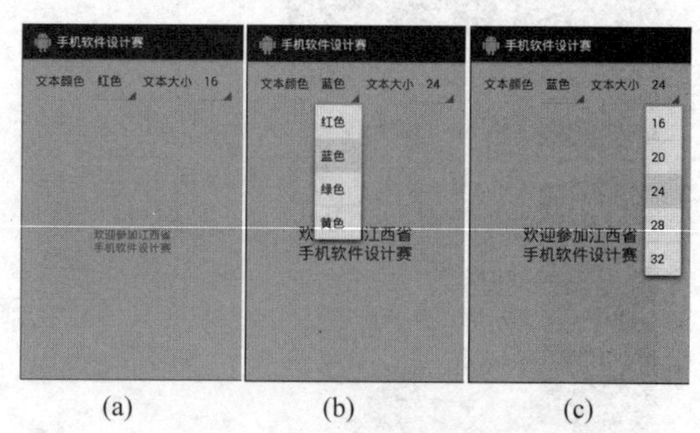

图 4-15 列表控制文本显示效果

功能要求：

为颜色下拉列表和大小下拉列表添加列表项选中事件处理，当选中某一种颜色时，将改变文本的颜色，当选中某一种字体大小时，将改变字体的大小。

16. 实现界面显示列表效果，程序运行效果如图4-16所示。

界面要求：

界面中包含两大控件，用于显示标题的TextView以及用于显示订阅号列表的ListView，标题大小24sp，背景颜色为：#ccbbaa，边距为10dp。每个列表项由四部分组成：订阅号的图标、订阅号名称、最新的文章内容以及未读信息条数。其中图标大小为50*50，边距为10dp；未读信息文本大小为25*25，文本大小为10sp，颜色为#ffffff，背景为红色的小圆圈，当未读信息数量为0时，则不显示，当未读信息数量超过99时，用…表示；订阅号标题大小为18sp；最新的文章内容大小为14sp，单行显示，超过部分用…替代，两个文本框之间有10dp的边距。（相关资源存放在BA1文件夹中，包括图片和相应的文字描述）

图4-16 界面显示列表效果

17. 实现图片切换浏览效果，程序运行效果如图4-17所示。

(a) (b)

图4-17 图片切换浏览效果

界面要求：

界面中包含一个图片切换器（ImageSwitcher）和若干个用于显示小圆圈的图片控件（ImageView）。ImageSwitcher控件的高度为240dp，宽度为填充父容器，小圆圈位于ImageSwitcher的底部，并且在其上方，水平居中摆放。

小圆圈与图片存在一一对应的关系，第一个小圆圈对应第一张图片，当图片显示时，对应的小圆圈为红色，否则为黄色。

为小圆圈添加单击事件处理，单击小圆圈后跳转到对应的图片，同时小圆圈的状态也发生变化。图片切换时有对应的切换动画，左进右出(调用系统资源中的：slide_in_left、slide_out_right)。(相关图片资源存放在 BA2 文件夹下)

18. 实现霓虹灯闪烁效果，程序运行效果如图 4-18 所示。

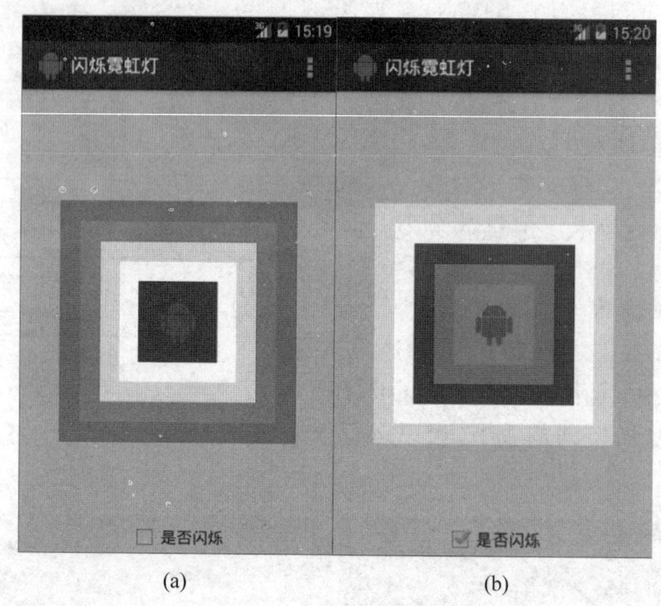

(a) (b)

图 4-18 霓虹灯闪烁效果

界面要求：

该界面中包含五个文本显示框(TextView)、一个图片显示框(ImageView)和一个复选框(CheckBox)，文本显示框的大小分别为：240 * 240、200 * 200、160 * 160、120 * 120、80 * 80，所有文本显示框都居中显示，最中间有一个 ImageView，ImageView 对应的图片为当前项目的图标；复选框位于屏幕的下方并且居中显示。

为复选框添加事件处理，当勾选复选框后，这五个文本显示框的颜色每隔 1 秒切换一次。如图 4-18 所示，右边的图片为左边图片两秒后的效果。取消勾选复选框后，停止颜色的切换。

19. 实现更改背景和退出应用功能效果，程序运行效果如图 4-19 所示。

界面要求：

该界面中仅包括一个相对布局(RelativeLayout)，默认显示一张图片作为背景，在标题栏上有两个菜单选项："更改背景"和"退出"。

为菜单项添加选中事件处理，当选中"更改背景"菜单项时，可以更改相对布局的背景图片；当选中"退出"菜单项时，弹出一个提示是否确定退出的对话框，用户单击取消按钮时不做任何处理，当用户单击确定按钮时退出当前应用。(提示背景图片放在题号所对应的文件夹中)

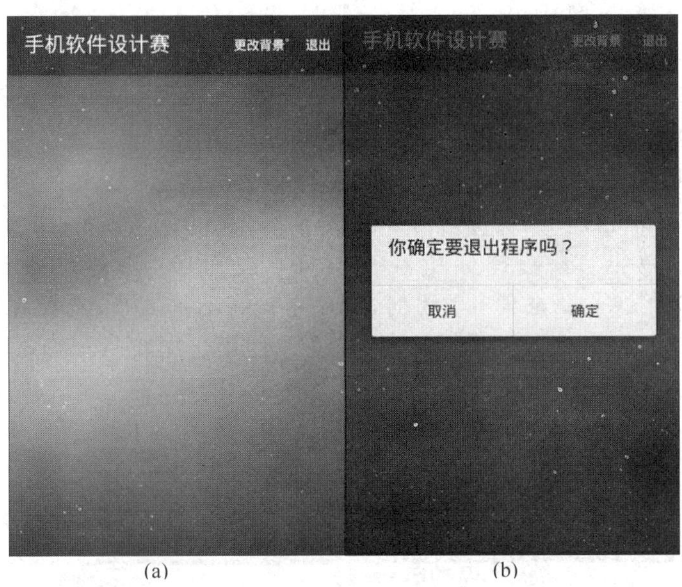

(a) (b)

图 4-19 更改背景和退出应用功能效果

4.2.4 Android 综合编程题

1. 实现注册功能，程序运行效果如图 4-20 所示。

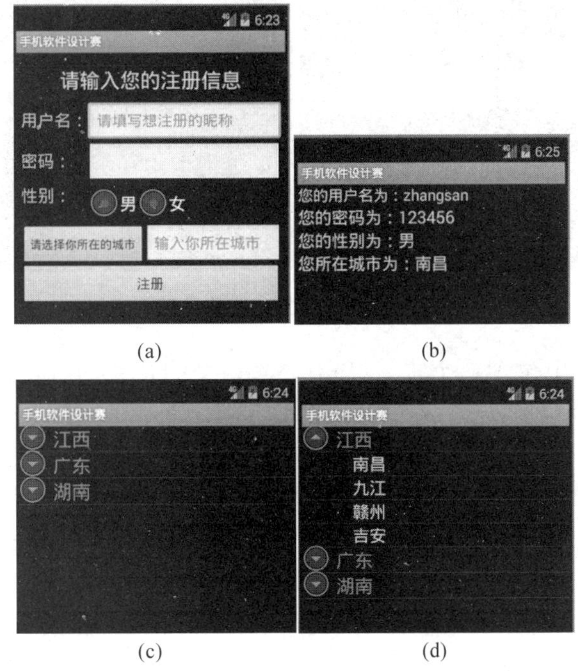

(a) (b)

(c) (d)

图 4-20 注册模块

界面要求：该界面中包含四个文本显示框（TextView）、三个文本编辑框（EditText）、两个单选按钮（RadioButton）、两个普通按钮（Button）。第一个文本显示框宽度为充满父容器，高度为内容包裹，内容水平居中，大小24sp，颜色绿色。另外三个文本显示框宽度和高度都为内容包裹，大小20sp。三个文本编辑框宽度为填充父容器，高度为内容包裹，其中第一个和第三个文本编辑框有提示信息，第二个文本编辑框为密码框。两个单选按钮，宽度和高度都为内容包裹，文字大小20sp(提示：采用表格布局)。

功能要求：单击“请选择你所在的城市”按钮时，能弹出省份的下拉列表（ExpandableListView），单击某一省份时，能显示该省下的城市，选择具体某一城市后，能将结果自动显示在注册页面的文本框中（提示：使用启动新Activity并返回结果知识点，调用startActivityForResult()方法启动新Activity，需在当前Activity中重写onActivityResult()方法，选择城市的扩展下拉列表已经在SelectCityActivity中给出，补充完整选择某个城市后，实现数据传递功能的代码）。

2. 实现图片缩放、浏览与显示细节功能，程序运行效果如图4-21所示。

图4-21　图片缩放、浏览与显示细节

界面布局：界面中包含三个按钮（Button）、两个图片视图（ImageView）。三个按钮高度和宽度都为内容包裹，水平居中并列摆放。第一个ImageView的宽度为320dp，高度为240dp。第二个ImageView的宽度为120dp，高度为120dp，背景颜色为蓝色，居中显示。第一个ImageView的图像缩放类型为fitCenter。

功能要求：单击增大透明度或降低透明度按钮，能使第一个ImageView图片的透明度相应地增大或降低（提示：通过设置图片的alpha属性值），单击下一张时，能切换到下一张图片，循环切换。题号所对应的文件夹中有一个Images目录，该目录下存放有五张图片（pic001.jpg、pic002.jpg、pic003.jpg、pic004.jpg、pic005.jpg），将这五张图片复制到你所建立的项目的drawable目录下即可。单击第一个ImageView中图片的某个位置，在第二个ImageView将会显示原图中以该点为顶点、长和宽都为120dp的正方形区域，从而达到显示该点所对应的细节的目的。

3. 利用 Android 自带数据库 SQLite 实现生词本管理。程序运行效果如图 4-22 所示。

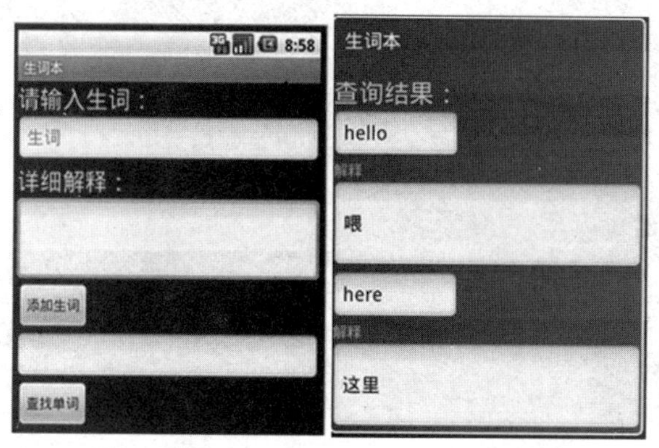

(a) 程序运行界面图　　(b) 查询结果显示图

图 4-22 Android 自带数据库 SQLite 实现生词本管理

部分功能已实现，代码放在 C3 文件夹下的 WordSQLTest 目录下。MainActivity 的布局文件为 main. xml，ResultActivity 的布局文件为 result. xml。MyDatabaseHelper 是数据库辅助类，用于初始化数据库的一些操作。list. xml 文件是每一条记录显示的布局文件。

界面要求：界面布局已实现，如图 4-22(a)所示。

功能要求：为 MainActivity 对应的界面中的"添加生词"和"查找单词"按钮添加事件处理器，分别实现将生词添加到数据库和从数据库中进行模糊查询功能，查询所有包含输入字母的单词。添加单词成功后，以 Toast 发送"单词添加成功"信息。

将查询结果传递给 ResultActivity，并在 ResultActivity 中以下拉列表的形式显示所有的记录(注意：每条记录都以 list. xml 布局文件显示)。显示结果如图 4-22(b)所示。(提示：可以使用 SQLiteDatabase 的 execSQL()方法进行添加，rawQuery()方法进行查询，单词的表结构在给出的 MyDatabaseHelper 类中有相关定义。)

4. 请设计并实现如图 4-23 所示的界面效果和功能。

界面要求：

(1) 界面中包含两个控件，文本显示框 TextView 和列表 ListView。TextView 用于显示标题信息，标题内容为：南昌景点介绍，文字大小为：24sp，背景颜色为：#ccbbaa，对齐方式为居中，边距为 10dp。

(2) ListView 显示所有景点信息，一项代表一个景点，每个景点包含三部分信息：景点图片、景点名称、景点简介。ListView 的背景颜色为#aabbcc，项与项之间的分隔线大小为 2dp，颜色为灰色(#aaaaaa)。

(3) 在 ListView 的每一项中包含三个控件：一个 ImageView 用于显示景点图片，两个 TextView 分别显示景点名称、景点简介。其中 ImageView 大小为：100 * 75，景点名称文字大小为：20sp，景点简介文字大小为：12sp，颜色为：#0000ee，单行显示。当内容

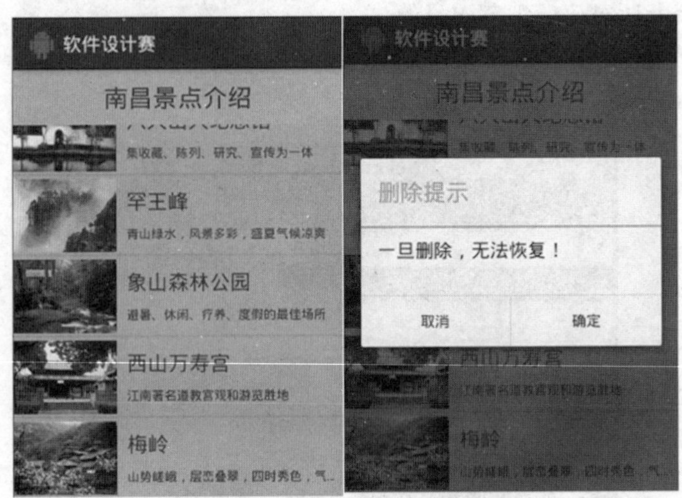

图 4-23 列表简单删除模块

超过宽度时，省略后面的文字，以点代替。图片和相关文字介绍已放在题号对应文件夹下。

功能要求：

长按列表中的某一项，弹出如图 4-23 所示的“删除提示”对话框，如果用户选择“确定”，则删除该项信息，并及时更新列表；如果用户选择“取消”，则不进行删除操作。

5. 实现图片浏览功能，程序运行效果如图 4-24 所示。

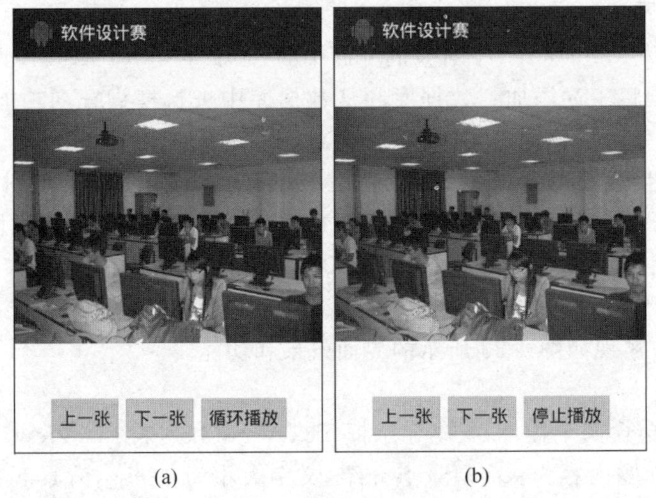

(a) (b)

图 4-24 图片浏览管理模块

界面要求：

界面中包含一个 ImageView 和三个 Button，ImageView 默认显示第一张图片，即 file1.jpg。三个按钮水平居中显示，按钮标签分别为“上一张”“下一张”“循环播放”。

功能要求：

(1) 为“上一张”“下一张”按钮添加事件处理，单击按钮后能够切换到上一张或下一张图片，事件处理方式不限，既可以使用绑定到标签也可以使用监听器。

(2) 为“循环播放”按钮添加事件处理，单击该按钮后，程序能够自动地在多张图片间进行循环显示，每隔 2 秒进行切换，并且按钮文字发生变化，显示“停止播放”，再次单击后，停止循环播放，按钮显示“循环播放”。相关图片资源已放在 ZC2 文件夹下。(关键：按钮在循环播放和停止播放之间切换、单击按钮能够循环播放和停止循环。)

6. 实现注册、登录功能，程序运行效果如图 4-25～图 4-28 所示。

程序运行主界面如图 4-25～图 4-28 所示，初始化时，输入任何账号和密码都不能登录，提示用户名和密码不正确，需要先注册然后才能登录。输入账号和密码后，单击注册按钮，即可向数据库中存放一条用户记录，然后输入该账号和密码后，从数据库中查询发现存在该账号，即可登录，如果数据库中不存在该账号，则提示登录失败信息。

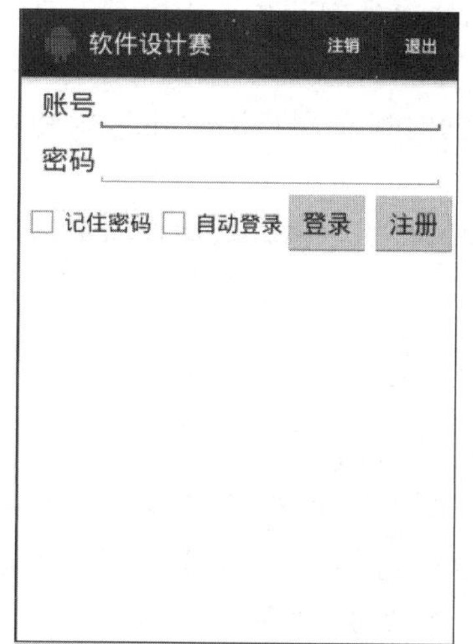

图 4-25 程序运行主界面

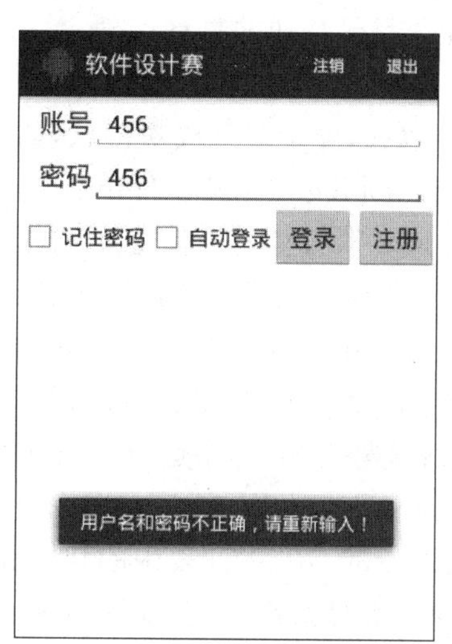

图 4-26 用户名和密码不正确时弹出提示信息

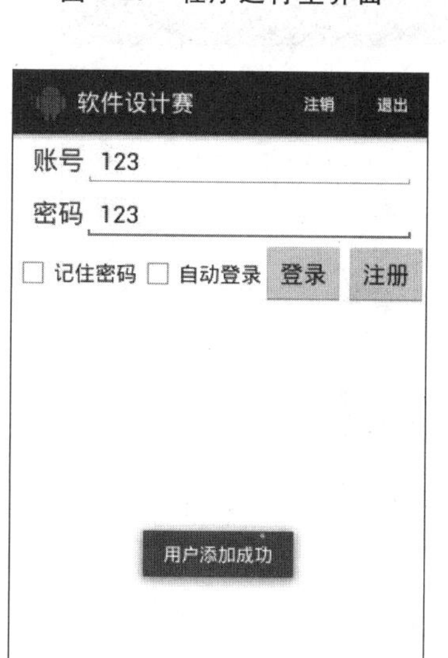

图 4-27 用户注册成功时弹出提示信息

图 4-28 用户登录成功后切换页面显示信息

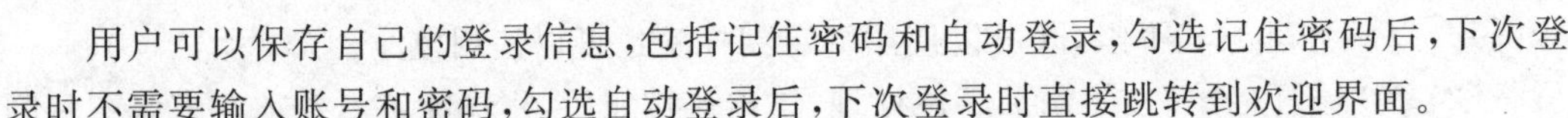

用户可以保存自己的登录信息，包括记住密码和自动登录，勾选记住密码后，下次登录时不需要输入账号和密码，勾选自动登录后，下次登录时直接跳转到欢迎界面。

界面要求：

此程序包含两个页面，一个是登录/注册主页面，一个是登录成功显示用户信息的页面，这两个页面都已提供，在 ZC3 文件夹下提供了一个可运行的不完整的应用程序，将其导入 Eclipse，在此基础上完善相关功能即可。

功能要求：

(1) 程序运行时，从 login. xml 文件中获取用户保存的相关信息，如果用户以前选择了自动登录，则直接显示欢迎登录页面，否则显示登录页面，然后判断是否记住密码，如果记住密码，则在相应的编辑框中显示上次输入的用户名和密码。

(2) 完成登录按钮的事件处理，单击"登录"按钮时，首先判断数据库中是否存在用户输入的用户名和密码，如果不存在，则提示登录失败信息，如图 4-26 所示。如果存在，则切换到欢迎界面，显示登录成功信息，如图 4-28 所示同时保存用户的记住密码和自动登录的相关信息到 login. xml 文件中。

(3) 完成注册按钮的事件处理，单击"注册"按钮时，将用户输入的用户名和密码保存到数据库中，并提示注册成功信息，如图 4-27 所示。

(4) 完成菜单项的选中事件处理，选中注销菜单项时，取消自动登录，页面切换到主界面，选中退出菜单项时，退出应用程序。

7. 实现拨号功能，程序运行效果如图 4-29～图 4-32 所示。

运行程序后，显示图 4-29，单击图 4-29 中的"选择联系人"按钮后，会跳转到联系人列表页面(见图 4-30)，选中列表中的某一联系人后，会返回到主页面，并显示用户所选择的联系人。单击拨号按钮后，会调用系统的拨号功能，开始拨号，如图 4-32 所示。

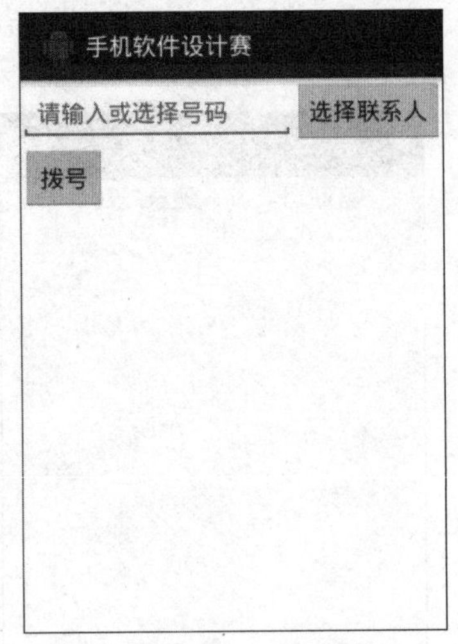

图 4-29 程序运行主界面

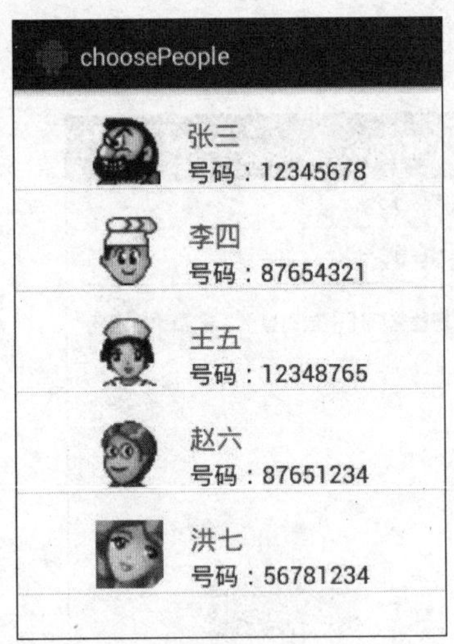

图 4-30 显示联系人列表页面

图 4-31 显示选中的联系人

图 4-32 显示现在拨号页面

界面要求：

首页中包含一个文本编辑框，两个按钮，其中文本编辑框和“选择联系人”按钮水平摆放，文本编辑框的宽度为屏幕的宽度减去选择联系人按钮的宽度。

选择联系人页面中包含一个 ListView 列表控件，列表中每一项包含三部分信息，图标、姓名、电话号码。其中图标大小为 50 * 50，姓名文字大小为：20sp，颜色为红色（#ff0000），电话号码文字大小为：18sp，颜色为蓝色（#0000ff）。

功能要求：

（1）单击选择联系人按钮后，跳转到联系人列表页面。

（2）选中联系人列表中的某一项后，会将联系人的姓名和号码返回给主页面。并显示在文本编辑框中，注意显示的内容为：姓名：号码。

（3）单击拨号按钮后即可调用系统功能，进行拨号。

（提示：调用系统拨号功能需要提供相应的权限，拨打电话的权限为：

<uses-permission android:name="android.permission.CALL_PHONE"/>。系统中拨打电话的 Action 为：Intent.ACTION_CALL），相关图片资源已放在 BC2 文件夹下。

8. 实现控制进度功能，程序运行效果如图 4-33 所示。

界面要求：

界面设计已实现，在 BC3 文件夹下提供了一个可运行的不完整的应用程序，将其导入 Eclipse，在此基础上完善相关功能即可。直接运行该程序，将得到图 4-33(a)所示的效果。

功能要求：

（1）完善开始按钮的事件处理方法，单击“开始”按钮后，进度条开始变化，在进度条上方的文字实时显示进度的信息，包括当前进度执行的百分比、进度递增的速度。

（2）完善“暂停”按钮的事件处理方法，单击“暂停”按钮后，界面不再发生变化，保持

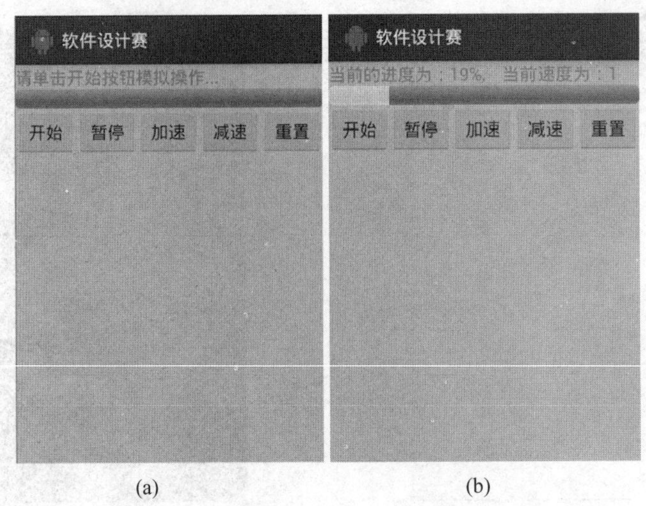

(a) (b)

图 4-33　控制进度模块

为前一次的状态，此时单击除"暂停"之外的按钮可以执行相关操作，进度可以变化。

(3) 完善"加速"按钮的事件处理方法，单击"加速"按钮后，在原有的速度之上加 5，显示的当前速度也随之发生变化。

(4) 完善"减速"按钮的事件处理方法，单击"减速"按钮后，在原有的速度之上减 5，但最低速度为 1，显示的当前速度也随之发生变化。

(5) 完善"重置"按钮的事件处理方法，单击"重置"按钮后，界面恢复到最开始的状态。

可在原有程序基础上进行完善，也可以完全自主实现，达到功能即可。

9. 实现我的课表功能，程序运行效果如图 4-34 所示。

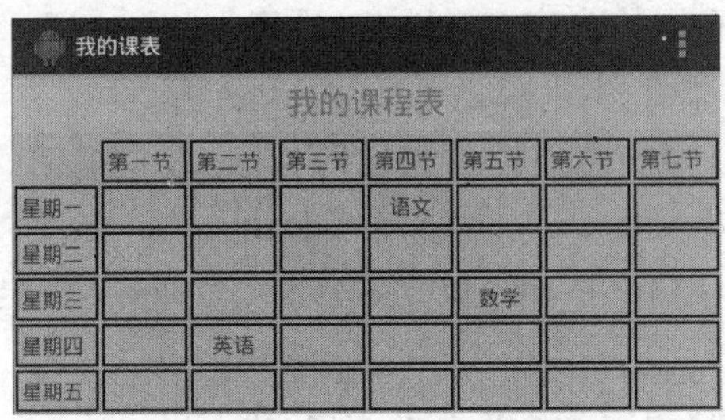

图 4-34　我的课程表模块

界面要求：

界面整体采用表格布局(TableLayout)，其中标题文本单独占一行，并居中显示。下面是规则的六行八列的表格，只不过第一行第一列为空白。在这些单元格中，第一行和第一列所有的单元格都是 TextView，用于显示星期和上课时间的提示，其他单元格都是按钮，用于显示具体的课程，单击按钮可以对课程进行设置和修改。表格中每个单元格的大小、宽度、高度等都一致，并且每个单元格都包含有黑色边框。(标题的背景色为：＃ccbbaa)

功能要求：

(1) 程序启动后，界面以横屏的方式显示。

(2) 单击具体的某个按钮后弹出对话框，提示用户输入相应的课程，确定后该课程将会显示在课程表中，如图 4-34 中所示。

10. 实现拖动拖动条控制颜色功能，程序运行效果如图 4-35 所示。

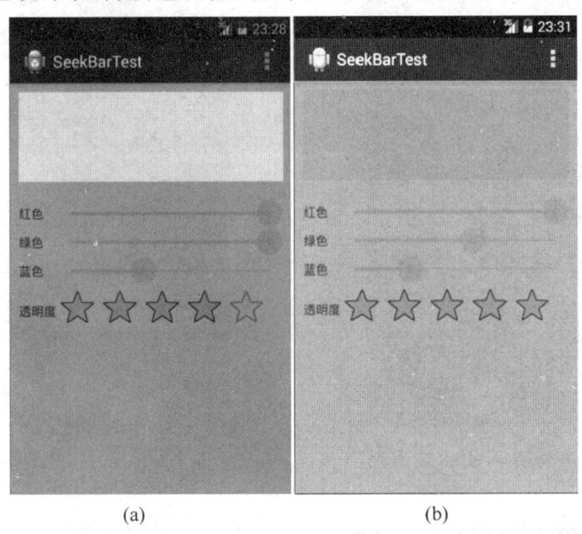

(a) (b)

图 4-35 拖动拖动条控制颜色功能

界面要求：

界面整体采用表格布局(TableLayout)，其中用于测试的颜色块单独占一行，接下来的三行，每行包括一个文本显示框(TextView)和一个拖动条(SeekBar)，最后一行包括一个文本显示框(TextView)和一个星级评分条(RatingBar)。

说明：颜色表示可采用 RGB(红色、绿色、蓝色三原色组合而成)。当红色为最大，其他两个为最小时，此时为纯红色。当红色、绿色、蓝色都为最大时，此时为白色。图 4-35 所示为三种颜色某一时刻混合的结果。

功能要求：

(1) 为红色拖动条添加拖动事件处理，拖动红色对应的拖动条，可以控制颜色块中红色部分的显示；

(2) 为绿色拖动条添加拖动事件处理，拖动绿色对应的拖动条，可以控制颜色块中绿色部分的显示；

(3) 为蓝色拖动条添加拖动事件处理，拖动蓝色对应的拖动条，可以控制颜色块中蓝色部分的显示；

(4) 为透明度星级评分条添加选中事件处理，选择透明度对应的星级评分条，可以控制颜色的透明度。

11. 利用 TabHost 实现页面切换效果，包含两个页面图片浏览和图片展开。程序运行效果如图 4-36～图 4-39 所示。

图 4-36 图片浏览界面初始效果图

图 4-37 图片展开界面初始效果

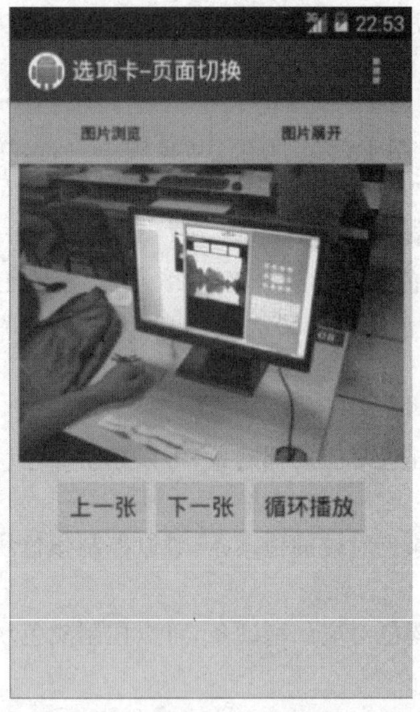

图 4-38 图片浏览界面最终效果图

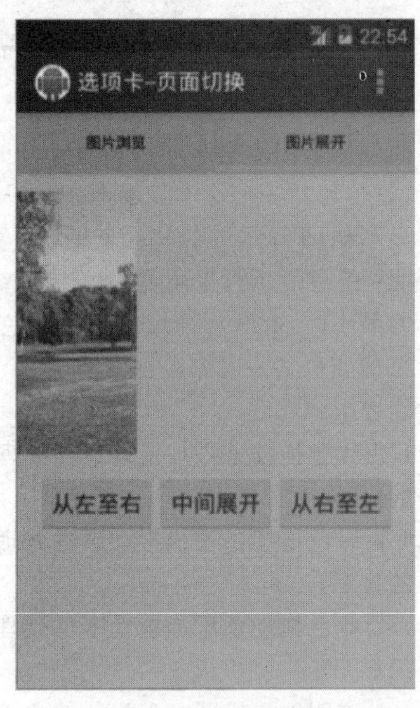

图 4-39 图片展开界面最终效果图

部分功能已实现,代码放在题号所对应的文件夹下。MainActivity 是程序执行的入口,主要实现页面之间的切换,该页面功能已实现,现在所需要做的就是完善图片浏览页面(ImageScanActivity)和图片展开页面(ClipActivity)。

图片浏览页面界面和功能要求如下：

(1) 界面布局如图 4-38 所示，包含一个 ImageView 和三个 Button，需要浏览的图片已经添加到项目中；

(2) 为三个 Button 分别添加事件处理，能够控制显示上一张、下一张以及循环播放图片功能，当单击循环播放后该按钮上将显示停止播放，单击停止播放后，停止循环播放图片，同时按钮上的文字恢复为循环播放。

图片展开页面界面和功能要求如下：

(1) 界面布局如图 4-39 所示，包含一个 ImageView 和三个 Button，需要展开的图片已经添加到项目中，即 drawable 文件夹下的 grass.jpg；

(2) 为三个 Button 分别添加事件处理，能够控制图片从左到右、从右到左以及从中间向两边展开，图中演示的是从左到右展开的效果。

12. 利用 TabHost 实现页面切换效果，包含两个页面：逐帧动画和闪烁霓虹灯。部分功能已实现，代码放在题号对应的文件夹下。导入提供的初始项目运行可得到图 4-40(a)和图 4-40(b)所示的效果。其中 MainActivity 是程序执行的入口，主要实现页面之间的切换，该页面功能已实现，现在所需要做的就是完善逐帧动画页面(AnimationActivity)和闪烁霓虹灯页面(FlashingActivity)。

逐帧动画页面界面和功能要求如下：

界面布局如图 4-40(c)所示，包含一个 ImageView 和两个 Button，ImageView 的背景图片为 grass.jpg，所显示的图片为奔腾的骏马的逐帧动画，马的各种状态的图片已放在 drawable 文件夹下。两个按钮水平居中显示在 ImageView 之下。为两个按钮添加单击事件处理，单击"开始"按钮时，马开始奔跑；单击"停止"按钮时，停止奔跑。

闪烁霓虹灯页面界面和功能要求如下：

界面布局如图 4-40(e)所示，包含六个文本显示框(TextView)和一个复选框(CheckBox)，文本显示框的大小分别为：240 * 240、200 * 200、160 * 160、120 * 120、80 * 80、40 * 40，所有文本显示框都居中显示；复选框位于屏幕的下方并且居中显示。所对应的六种颜色分别为：

为复选框添加事件处理，当勾选复选框后，这六个文本显示框的颜色每隔 1 秒切换一次。图 4-40(e)和图 4-40(f)为不同瞬间的效果，取消勾选复选框后，停止颜色的切换。

13. 实现简单的注册、登录功能，程序运行效果如图 4-41 所示。

部分功能已实现，代码放在题号对应的文件夹下。将 BC1 项目导入到 Eclipse 中，导入完成后，运行项目会得到如图 4-41(a)所示的主界面。此时登录按钮和注册按钮未添加相应的事件处理。补充完整 MainActivity.java、LoginActivity.java、RegisterActivity.java 以及 AndroidManifest.xml 文件中的相关内容。

功能要求：

(1) 登录按钮的事件处理，补充完整 MainActivity 中的 login()方法，单击登录按钮时，页面跳转到登录界面(LoginActivity)，补充完整 LoginActivity.java 文件，登录界面效果如图 4-41(b)所示。界面布局文件为 activity_login.xml(已给出)。单击登录界面中的"登录"按钮时会对用户输入进行简单判断，如果用户名为空或者用户密码少于三位，

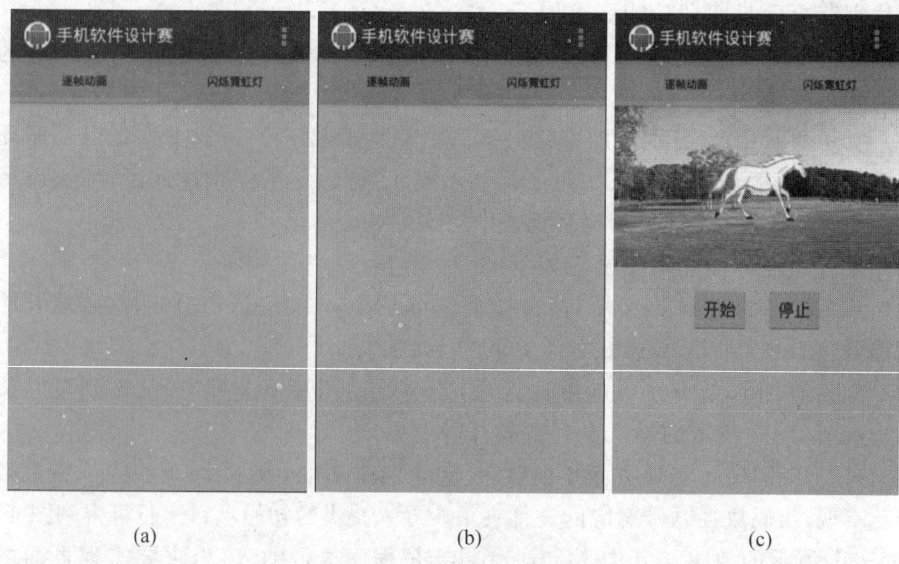

(a) (b) (c)

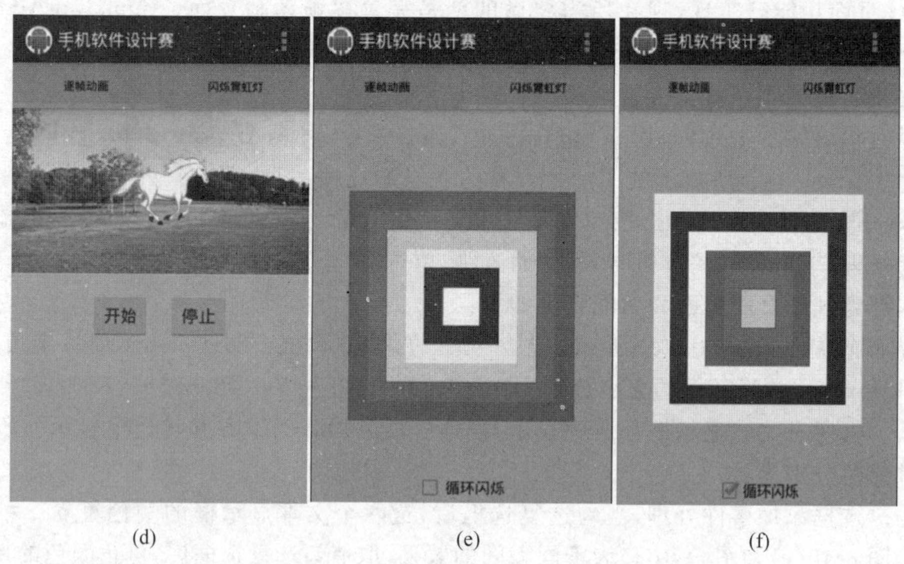

(d) (e) (f)

图 4-40 用 TabHost 在逐帧动画和闪烁霓虹灯间切换

则弹出对话框进行提示。如果用户输入合法,则查询本地数据库是否存在该用户名和密码,如果不存在;则通过 Toast 发送一条信息,如图 4-41(d)所示。登录成功后返回主界面,并显示"登录成功！欢迎您:XXX"。(提示在清单文件中配置 LoginActivity 时,将其设置为对话框样式)

(2) 注册按钮的事件处理,补充完整 MainActivity 中的 register()方法,单击"注册"按钮时,页面跳转到注册界面(RegisterActivity),注册界面效果如图 4-41(c)所示。界面布局文件为 activity_register. xml(已给出)。单击注册界面中的"注册"按钮时会对用户输入进行简单判断,如果用户名为空或者用户密码少于三位或者两次密码不一致,则弹出对话框进行提示,如图 4-41(e)所示。如果用户输入合法,则查询本地数据库该用户是

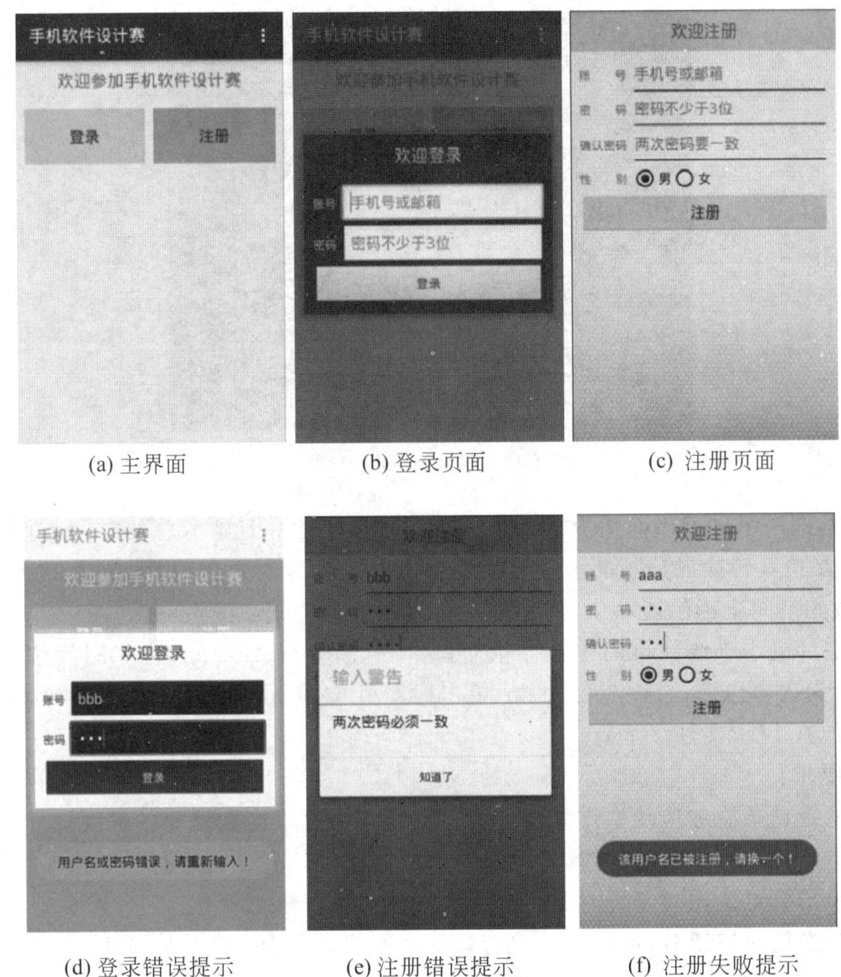

(a) 主界面　(b) 登录页面　(c) 注册页面

(d) 登录错误提示　(e) 注册错误提示　(f) 注册失败提示

图 4-41　简单注册、登录功能

否已注册，如果已注册，则通过 Toast 发送一条信息，如图 4-41(f)所示。注册成功后，返回主界面并显示“注册成功！欢迎您：XXX”。

(3) 用户信息保存在本地数据库 SQLite 中，注册时将用户信息插入数据库中，同一用户名不能重复注册，登录时从数据库中查找用户名和密码是否相匹配，数据库中只存在一张表 user_tb，该表中存在三个字段：name(用户名)、psd(密码)、gender(性别)。

14. 实现模拟音乐播放效果，程序运行效果如图 4-42 所示。

界面要求：

(1) 整体采用垂直的线性布局，里面嵌套水平的线性布局，背景图片为 bg. png。

(2) 标题文字为“最炫民族风”，大小为 24sp，宽度为 80dp，颜色为白色，水平居中，上下边距均为 20dp，并有循环滚动效果。

(3) 中间图片为 music. jpg，下边距为 20dp。

(4) 下方水平的线性布局中包含两个文本显示框 TextView 和一个拖动条 SeekBar，

图 4-42 模拟音乐播放效果

左边的文本框用于显示当前播放的时间，右边的文本框用于显示总的时间，总的时间为258秒，需要将其转换成分秒的形式显示。文本框宽度为内容包裹，大小为14sp，颜色为白色，剩余的空间全都给拖动条，拖动条左右边距均为20dp。

(5) 底部的水平线性布局中包含5个图片按钮 ImageButton，这些图片按钮背景为透明，大小为内容包裹，右边距为10dp，单击时图片按钮所显示的图片不同（所有的图片资源已存放在BC1文件夹下）。

功能要求：

(1) 给拖动条添加拖动事件处理，拖动滚动条时，可以控制播放的进度；

(2) 单击倒退到开始按钮时，拖动条回到最开始的位置，并且时间归零；

(3) 单击倒退按钮时，时间倒退5秒，拖动条的位置随之变化；

(4) 单击播放按钮时，可以在播放与暂停之间进行切换，如果是播放，则启动线程模拟音乐播放效果，每隔1秒更新一下界面显示。如果是暂停，则停止更新界面；

(5) 单击快进按钮时，时间向前进5秒，推动条的位置随之变化；

(6) 单击快进到结束按钮时，拖动条直接到最后的位置。

15. 自定义控件绘制一周天气的折线图，程序运行效果如图4-43所示。

界面要求：

整个界面中只有一个自定义控件，所有内容都是通过绘图API绘制上去的，具体要求如下：

(1) 绘制横坐标和纵坐标，横坐标的长度为整个控件的宽度减40（左右各留了20像素的空白），纵坐标的高度为整个控件的高度减100（上下各留了50像素的空白），坐标轴的颜色为红色，粗细为3。横坐标上的提示文字为“星期”，纵坐标上的提示文字为“温度”，文字大小为18像素。

(2) 将横坐标大致均分为7份，并在横坐标轴上绘制相关的坐标点，在点的下方显示相关的文字，表示周一、周二、……、周日。坐标点的半径为5，颜色为蓝色。

(3) 绘制最高温度与最低温度折线图，采用相对坐标系，首先计算出最高温度和最低温度，然后计算出中间值，以及最高值与最低值的差值。中间值对应纵坐标的中线，比中

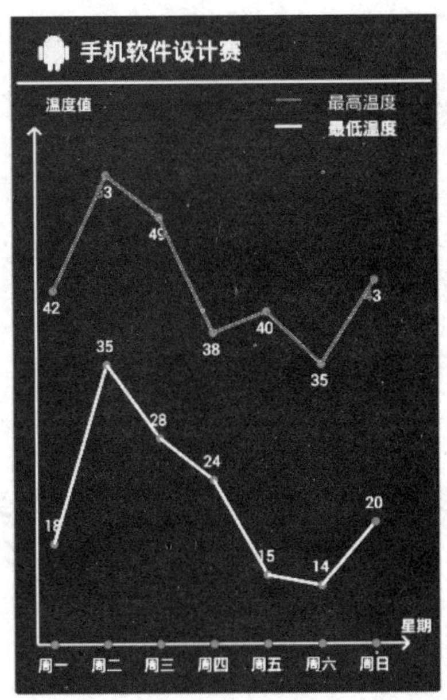

图 4-43 自定义控件绘制一周天气的折线图

间值大的在上方,比中间值小的在下方,那么具体与中线相距多少呢?则需要进一步计算。用控件的高度除以最高值与最低值的差值,则可以计算出纵向每隔1个单位对应的距离,从而可以确定每一个值相对中线的位置。最低温度对应的折线颜色为黄色,最高温度对应的折线颜色为紫色。最高温度数据为:42,53,49,38,40,35,43;最低温度数据为:18,35,28,24,15,14,20。

第 5 章 chapter 5

移动商务知识题

5.1 移动商务价值链与商业模式

5.1.1 单选题

1. 移动商务的真正价值实现是(　　)。

A. 技术　　B. 服务　　C. 创新　　D. 管理

2. 移动商务的主要特征是(　　)。

A. 商务　　B. 模式　　C. 技术　　D. 移动

3. 从出现的先后顺序来划分,出现了第五媒体的说法,指的是(　　)。

A. 电视　　B. 移动网络　　C. 互联网　　D. 报纸

4. 下列哪项不是移动商务的本质。(　　)

A. 移动商务主体的移动性　　B. 移动终端和商务主体的对应性

C. 抓住商机的及时性　　D. 客户资源不准确

5. 移动商务从本质上归属于(　　)的类别。

A. 电子商务　　B. 通信技术　　C. 无线通信　　D. 网络技术

6. 第三代无线通信系统简称 3G,是指将(　　)与互联网等多媒体通信结合的无线通信系统。

A. 移动梦网　　B. 电信网　　C. 固话网　　D. 无线通信网络

7. 移动商务在发展中和电子商务发展中的一个重要不同点是(　　)。

A. 发展快

B. 规模大

C. 商务模式多样化

D. 起步阶段就拥有一批具有自主知识产权的专利技术和专利产品

8. 移动通信是指通信的双方,至少有一方是在(　　)中进行信息的传输和交换。

A. 静止　　B. 移动　　C. 通话　　D. 利用手机

9. 移动商务在人类历史上第一次使现代网络技术和(　　)最大范围地走出高深,为大众所掌握。

A. 局域网技术　　B. 现代通信技术　　C. 卫星通信技术　　D. 互联网技术

10. 工业和信息化部于(　　)年发放5G商用牌照,此举标志着我国正式进入5G商用元年。

A. 1　　B. 2　　C. 3　　D. 4

11. 我国第一部移动电话是从(　　)售出的。

A. 北京　　B. 上海　　C. 广州　　D. 深圳

12. (　　)是移动商务发展的动力。

A. 应用　　B. 技术创新　　C. 互联网　　D. 网络平台

13. (　　)在人类历史上第一次使现代网络信息技术和现代通信技术最大范围地走出高深,为大众所掌握。

A. 电子商务　　B. 互联网　　C. 移动商务　　D. 手机的出现

14. MPS与IPS标准的不同在于(　　)。

A. 支付的金额不同

B. 用户使用的地点不同

C. 用户和知识水平不同

D. 用户接口的不同,即在手持设备和后台之间交换数据方式的不同

15. 世界上第一款能在固话和移动网络间自由转换的手机于2005年9月在(　　)投入试运营。

A. 美国　　B. 日本　　C. 韩国　　D. 英国

16. 下列(　　)不是按照商务实现的技术不同进行分类。

A. 基于移动通信网络(GSM/CDMA)的移动商务

B. 基于无线网络(WLAN)的移动商务

C. 基于其他技术(如超短距通信、卫星通信、集群通信等)的移动商务

D. 定位跟踪型移动商务

5.1.2 多选题

1. PHS无线系统(即小灵通)的缺点包括(　　)。

A. 高收费　　B. 覆盖面小

C. 室内盲区　　D. 高速移动信号切换频繁时易断线

2. 移动商务发展进程中的错误观点是(　　)。

A. 移动商务是移动技术+商务

B. 移动技术的特征就是移动商务的特征

C. 移动商务的特征等同于电子商务的特征

D. 移动商务具有很多电子商务没有或不具备的特征

3. 移动商务改变了(　　)的固有方式。

A. 合同签订、货款交割　　B. 库存的管理

C. 移动目标的追踪和查询方式　　D. 所有行业的经营模式

4. 下列各项中,属于移动商务本质特征的是(　　)。

A. 移动商务主体移动性　　B. 移动终端和商务主体对应性

C. 不能及时获取商机　　D. 客户资源准确性

5. 3G 的主流应用技术标准是(　　)。

A. 小灵通标准　B. CDMA2000　C. TD-SCDMA　D. WCDMA

6. 下列属于移动商务服务内容的是(　　)。

A. 流通业　　B. 金融业

C. 快速消费品行业　　D. 所有行业

7. 下列属于移动商务一般特征的是(　　)。

A. 即时性　B. 连通性　C. 便携性　D. 方便性

8. 特别是进入 2007 年以来,移动商务的发展出现了实质性的变化,其最显著的特点是(　　)。

A. 开始走出短信低俗化的围城

B. 开始走出小富即安的满足感

C. 开始走出一般性的模式探索

D. 开始了商务模式系统研发和价值开发的研究探索

9. 移动商务的一般特征包含(　　)。

A. 即时性　B. 连通性　C. 便携性　D. 可定位性

10. 我国移动商务发展经历了(　　)阶段。

A. 以短信充值支撑业务的起步阶段

B. 以彩信吸引业务的初级阶段

C. 以简单软件和解决方案支撑业务的探索阶段

D. 以开发移动商务价值为特色的资源开发和价值开发阶段

5.1.3 判断题

1. 目前互联网已经是 IPv6 的协议标准了。(　　)

2. 电子商务的成本要高于移动商务。(　　)

3. 大屏幕彩屏手机就是智能手机。(　　)

4. 电子商务不能实现基于位置的服务,很多情况下,电子商务也没有这方面需求的。(　　)

5. G3 和 3G 的含义是相同的。(　　)

6. 移动商务的移动性会形成一种交易主体的不可知性。(　　)

7. 美国虽然是世界第一强国,但其移动网络进程却落后于亚洲和欧洲发达国家。(　　)

8. 移动商务的应用,中国比日本要晚一些,但比欧美超前。(　　)

9. 电子商务较移动商务进入门槛低。(　　)

10. 移动商务仅在两个手机之间进行商务活动。(　　)

11. 移动商务是电子商务的简单延伸。(　　)

12. 移动商务的本质特征是"服务对象的移动性"。(　　)

13. 韩国在移动商务的发展中注重标准化工作。标准充电器就是韩国的三大电信公

司提出的。(　　)

14. 手机无线通信可以由同步通信卫星来实现。(　　)

15. 美国1995年颁布的电子签名法是全球最早的电子商务领域立法。(　　)

16. 移动商务的真正价值实现不在于技术,而在于服务。(　　)

17. 移动商务是一种管理模式的创新。(　　)

18. 移动商务的特征等同于电子商务。(　　)

19. 移动商务仅是一种便捷的商务活动。(　　)

20. 开发以移动商务价值为特色的资源开发和价值开发阶段,标志着中国移动商务开始进入健康发展历程。(　　)

5.2 移动商务技术基础

5.2.1 单选题

1. 二维条码基于(　　)技术。

A. 基于光学识读图像的编码　　B. 无线射频

C. 蓝牙　　D. 近距离非接触

2. 支持发送彩色图片的应用平台是(　　)。

A. MMS多媒体短信平台　　B. EMS增强型短信平台

C. 移动中间件　　D. 对象中间件

3. 通过一个(　　),用户可以使用各种移动终端访问互联网。

A. GPS网关　　B. WAP网关　　C. GSM网关　　D. 局域网网关

4. 20世纪80年代出现的微蜂窝技术、微微蜂窝技术、智能蜂窝技术是为了解决蜂窝网络中(　　)问题。

A. 盲点　　B. 热点　　C. 盲点和热点　　D. 以上都不对

5. 普通的无线网络用户使用最多的是(　　)。

A. 长距离无线网络　　B. 短距离无线网络

C. 中距离无线网络　　D. 有线网络

6. 二维条码在(　　)存储信息的条码。

A. 圆形图形中　　B. 方形图形中

C. 长方形图形中　　D. 水平和垂直方向的二维空间

7. GSM数字移动通信系统源于(　　)。

A. 亚洲　　B. 美洲　　C. 欧洲　　D. 非洲

8. 我们所熟知的GPRS(通用分组无线业务)是第几代移动通信技术。(　　)

A. 2.5G　　B. 3G　　C. 2G　　D. 4G

9. 目前中国最大的免费WAP门户网站是(　　)。

A. 中国互联网　　B. 移动梦网

C. 3G门户网　　D. 中国移动无限音乐门户

10. 目前3G存在四种标准,中国提出的标准是(　　)。

A. CDMA2000　　B. WCDMA　　C. TD-SCDMA　　D. WiMAX 20

11. 基于SMS的移动支付系统,费用是从(　　)中扣除的。

A. 银行卡　　B. 手机话费　　C. 手机钱包　　D. 网上银行

12. 短信网址是利用(　　)短信方式为手机及其他终端设备快捷访问无线互联网而建立的全新寻址方式。

A. MMS　　B. EMS　　C. SMS　　D. 以上三者均可

13. 最早应用蜂窝网技术的是(　　)。

A. 美国底特律市　　B. 美国圣路易斯城

C. 美国纽约　　D. 美国芝加哥

14. 用手机摄像头一拍,能立刻解码出丰富的信息内涵的是(　　)。

A. 一维条码　　B. 二维条码　　C. RFID　　D. NFC

15. 蜂窝网络中,某些区域用户数量巨大,通信业务繁忙,从而形成了(　　)。

A. 热点　　B. 盲点　　C. 亮点　　D. 暗点

16. WAP业务产业价值链的资源结构中,(　　)占的比例最大。

A. 资源下载　　B. 搜索引擎　　C. 网站导航　　D. 新闻资讯

17. (　　)是最早出现的移动信息平台。

A. SMS短信息服务平台　　B. EMS短信息服务平台

C. MMS短信息服务平台　　D. WAP短信息服务平台

18. 二维条码可存放的字符大小为(　　)。

A. 2KB　　B. 3KB　　C. 1KB　　D. 5MB

19. 第三代无线通信系统简称3G,是指将(　　)与互联网等多媒体通信结合的无线通信系统。

A. 移动梦网　　B. 电信网　　C. 固话网　　D. 无线通信网络

20. 了解一个无线移动通信系统最好的方式就是从(　　)着手分析。

A. 核心网络　　B. 无缝通信网络

C. 无线通信应用协议　　D. 服务机制与安全

21. 第三代通信技术出现在(　　)。

A. 20世纪80年代　　B. 20世纪90年代初

C. 20世纪90年代末　　D. 21世纪初期

22. 手机报有两种发行方式,一种是手机WAP报,另一种是(　　)。

A. 带阅读器的手机报　　B. 中文手机报

C. 手机彩信报　　D. 英文手机报

23. 移动商务的各种整合需要(　　)。

A. 柔化对接　　B. 资源放量　　C. 资本　　D. 信息

24. 根据技术的发展水平、使用成本以及使用习惯,(　　)这种生物识别技术应用前景最好。

A. 声音识别　　B. 指纹识别　　C. 虹膜识别　　D. 掌形识别

25. 用以实现客户机图形用户接口与已有服务器应用程序字符接口方式之间的互操作的是(　　)。

A. 数据访问中间件　　B. 远程过程调用中间件

C. 终端仿真/屏幕转换中间件　　D. 交易中间件

26. GPS 是英文全球定位系统 Global Positioning System 的简写,它是由(　　)国防部开发的。

A. 法国　　B. 美国　　C. 俄罗斯　　D. 中国

27. 至少(　　)颗同步卫星就可以实现全球除南北极之外地区的通信。

A. 3　　B. 4　　C. 6　　D. 8

28. 移动垂直搜索的特点是(　　)。

A. 专、精、深　　B. 简、精、深　　C. 专、精、全　　D. 专、精、简

29. 超宽带无线电(UWB)在(　　)方面显现巨大优势。

A. 货物运输　　B. 智能识别卡片　　C. 芯片集成　　D. 手机支付

30. 无线通信技术广义来说泛指无线通信终端(　　)。

A. 进行的数据交换

B. 连接服务平台之后进行的互动式行为

C. 卫星定位系统

D. 无线射频技术

31. 海事卫星系统技术覆盖范围属于(　　)。

A. 长距离移动　　B. 中距离通信网络

C. 短距离通信网络　　D. 近距离通信技术

32. 卫星通信系统的最大特点是(　　)。

A. 多址传输方式　　B. 容量大　　C. 距离远　　D. 覆盖面积广

33. 中国的卫星定位系统是(　　)。

A. GPS　　B. GLONASS　　C. GALILEO　　D. CNSS

34. (　　)用于实现无线通信设备标准化。

A. WAP 协议　　B. IPv4 协议　　C. IPv6 协议　　D. MAP 协议

35. IVR 是(　　)的应用平台。

A. 自动语音应答　　B. 短信服务平台

C. 固定电话声讯服务　　D. 视频传送平台

36. 制约 IVP 市场发展的主要因素是(　　)。

A. 资费过高且形式单一　　B. 资费不高但形式单一

C. 资费高但形式多样　　D. 资费不高形式多样

37. 2005 年,国际电信联盟宣布的“数字机会指数”全球之首是(　　)。

A. 亚洲　　B. 日本　　C. 韩国　　D. 新西兰

38. 蜂窝状无线通信技术产生于 20 世纪(　　)。

A. 60 年代　　B. 70 年代　　C. 50 年代　　D. 80 年代

5.2.2 多选题

1. 推动无线通信技术创新发展的主要代表性技术有(　　)。
   A. 无线应用协议(WAP)　　B. 光纤技术
   C. 3G 无线通信系统　　D. 移动 IP 技术
2. 移动中间件技术是(　　)。
   A. 融合传统行业与固网、互联网的关键性纽带
   B. 实现多网之间相关要素结合的纽带
   C. 是客户机服务器的操作系统之一
   D. 是新型的通信技术
3. 整个无线网络系统通常由哪几个重要的部分组成,分别是(　　)。
   A. 通信网络　　B. 服务器　　C. 移动终端　　D. 服务平台
4. 卫星定位系统的优点有(　　)。
   A. 支持全球性业务扩展　　B. 支持高精度定位
   C. 可以快速定位　　D. 易普及
5. 无线通信技术包含哪几类。(　　)
   A. 全球性　　B. 地区性　　C. 小范围　　D. 任何范围
6. 目前应用生物特征识别技术主要有(　　)。
   A. 掌形识别　　B. 指纹识别　　C. 声音识别　　D. 虹膜识别
7. 手机定位高度服务管理平台的特点有(　　)。
   A. 技术先进　　B. 成本低廉
   C. 具有广阔的开发价值　　D. 维护费用高
8. 目前经常被人们提及的三网融合是指(　　)三个网络之间的融合。
   A. 计算机网　　B. 有线电视网　　C. 电信网　　D. 移动网
9. WPKI 技术在移动商务中的应用主要有(　　)。
   A. 电子支付　　B. 公安领域　　C. 销售管理　　D. 任何领域
10. 短距离通信网络的代表技术有(　　)。
    A. RFID　　B. 无线局域网
    C. 红外技术　　D. 超宽带无线技术
11. 目前比较成熟的移动通信制式有(　　)。
    A. 泛欧的 GSM　　B. 美国的 ADC　　C. 日本的 JDC　　D. 以上都对
12. 卫星通信的缺点:会遭遇(　　)天象影响。
    A. 日食　　B. 地星食　　C. 日凌　　D. 以上都是
13. 目前主要的移动服务平台有哪几类。(　　)
    A. 短消息平台　　B. 移动网接入平台
    C. IVR 平台　　D. 以上都是
14. 移动商务 WAP 平台的功能主要有(　　)。
    A. 展示功能　　B. 导购功能　　C. 移动办公功能

D. 营销功能　　E. 支付功能

15. 目前应用在手机上的操作系统主要有(　　)。

A. PalmOS　　B. Symbian　　C. Windows CE　　D. DOS

16. 自从 20 世纪 80 年代中期移动技术出现以来,移动技术主要经历了三次重要的变革,它们分别是(　　)。

A. 模拟技术　　B. 数字技术

C. 无线网络高速数据传输技术　　D. 有线网络高速传输技术

17. 下列(　　)新的移动商务技术为移动商务模式的构建提供了新的机遇和可能。

A. 卫星通信技术及短频通信技术　　B. 移动视频技术

C. 移动定位技术　　D. 移动及嵌入式技术

18. 用户使用手机邮件需要满足(　　)条件。

A. 手机具备邮件功能

B. 开通 GPRS 上网或拨号上网

C. 正确设置手机邮箱服务器的参数及其他相关参数

D. 任意手机都可以

19. 中距离通信网络的代表技术有(　　)。

A. 第一代通信技术　　B. 第二代通信技术

C. 第 2.5 通信技术　　D. 超宽带无线技术

20. 蜂窝概念真正解决了(　　)。

A. 小区使用不同频率　　B. 发射频率在不相邻的小区可以重用

C. 避免频率冲突　　D. 节省频率资源

21. 推动无线通信技术创新发展的主要代表性技术有(　　)。

A. 无线应用协议(WAP)　　B. 移动 IP 技术

C. 3G 无线通信系统　　D. 无线局域网技术

22. 卫星通信的业务范围包括(　　)。

A. 卫星无线通信　　B. 卫星有线通信

C. 卫星电视直播/数字多媒体广播　　D. 卫星宽带

23. "蓝牙技术"的应用范围有(　　)。

A. 无线设备　　B. 图像处理设备　　C. 安全产品　　D. 消费娱乐

24. 二维条码具有(　　)优点。

A. 存储量大　　B. 性价比高

C. 数据采集与识读方便　　D. 信息容量小

25. 手机二维码可以应用在(　　)。

A. 移动支付　　B. 电子票务　　C. 发布企业信息　　D. 了解产品信息

26. 支持文字发送的移动消息应用平台有(　　)。

A. SMS 短信息服务　　B. EMS 增强性信息服务

C. MMS 多媒体信息服务　　D. WAP 应用平台

27. WAP 在技术上的局限有(　　)。

A. 屏幕小,数据输入能力有限　　B. 只能承载低功率的网络

C. 使用带宽大,可降低制造成本　　D. 高延时,网络响应快

28. WAP 的特点是(　　)。

A. 全球无线协议标准　　B. 全球通信协议标准

C. 提供开放、统一的技术平台　　D. 定义无线标记语言

29. IVR 业务分类有(　　)。

A. 聊天交友类　　B. 语音短信类　　C. 游戏娱乐类　　D. 公共服务类

5.2.3 判断题

1. 在固话和移动网络转换的技术实现上,2005 年世界上第一款能在固话和移动网络间自由转换的手机在美国投入试运营。(　　)

2. 目前为止全球最大、最先进的商用卫星是第四代卫星。(　　)

3. RFID 技术根据频率的不同可应用在不同的场所。其中与我们生活最贴近的门禁控制、校园卡、货物跟踪、高速公路收费等服务利用的是低频技术。(　　)

4. 二维条码的可读性非常高,安全级别也非常高,损污 50%时仍可以读取完全信息。(　　)

5. 移动中间件处于操作系统软件与用户的应用软件之上。(　　)

6. 移动商务技术决定移动商务模式,它是移动商务模式的关键。(　　)

7. GPS 的含义即全球定位系统。(　　)

8. 移动商务只要有技术支撑,就能快速发展。(　　)

9. 从宏观的角度看,移动商务中的外部整合是技术拉动的,企业是在技术的拉动下做着被动改变。(　　)

10. 蜂窝网络中,漫游和越区切换是完全相同的概念。(　　)

11. 移动商务的主要特征不是服务对象的移动性,而是服务主体的移动性。(　　)

12. RFID 的中文含义是射频识别,俗称电子标签。(　　)

13. 中间件是一种独立的系统软件和服务程序。(　　)

14. 蜂窝网络中,由于电波受阻,会使某些区域信号极弱,我们称之为“盲点”。(　　)

15. 红外通信,通过红外线传输数据,红外线对障碍物的衍射能力非常强,能穿透大部分的障碍物。(　　)

16. 借助移动垂直搜索技术,可让客户找到你。(　　)

17. RFID 的工作原理是利用射频信号和空间耦合传输特性实现对被识别物体的自动识别。(　　)

18. IVR,自动语音应答,实际上是一种自动的业务代理。(　　)

19. 从目前的情况看,二维码应用最好的地区是欧美。(　　)

20. 移动商务技术的发展特点是跳跃式的。(　　)

21. RFID 的理念是实现物与物的通信,它的发展经过了物品识别、跟踪记录、环境感知阶段,正向着物物通信和实时控制方向演进。(　　)

22. FMC的目的是让用户在一个终端、一个账单的前提下，在固定网络和移动网络之间进行无缝漫游。(　　)

23. 一维和二维条码的原理相同，二维条码存储的数据是一维条码的二倍。(　　)

24. IPv4 采用 32 位地址长度，而 IPv6 则采用 128 位地址长度，所以 IPv6 协议是 IPv4 可容纳的入网终端的 4 倍。(　　)

25. 移动中间件技术的发展已经成为融合传统行业与固网、互联网的关键性纽带，成为实现多网之间相关要素结合的纽带。(　　)

26. 移动用户与移动网络之间通过安全参数协商确定会话密钥，只能单独由一方确定，保证一次一密。(　　)

27. 智能手机就是 3G 手机。(　　)

5.3 移动电子商务概述

5.3.1 单选题

1. 移动商务价值链必须以(　　)为基础。
   A. 诚信　　B. 技术　　C. 网络　　D. 资源
2. 价值链其实如同自然界系统的生物链，应是一条(　　)。
   A. 生态链　　B. 诚信链　　C. 增值链　　D. 以上都不对
3. "e动商网"从商务模式上讲，属于(　　)商务模式。
   A. B2B　　B. B2C　　C. C2C　　D. 以上都不对
4. 短信息模仿了(　　)。
   A. 电子邮件系统　　B. 传统的邮递
   C. 快递　　D. 电报
5. 在中国移动音乐产业中，(　　)成为最主要的CP，负责音乐的提供，并协调与乐曲版权所有者的利益分配。
   A. 音乐制作人　　B. 唱片公司　　C. 移动公司　　D. 电信运营商
6. (　　)为用户提供"数字实名"的互联网数字搜索服务。
   A. Google　　B. loboo　　C. uucun　　D. minfo
7. 移动服务提供商一般(　　)到达最终用户。
   A. 通过多接入点　　B. 通过特定接入点
   C. 通过垂直接入点　　D. 通过扁平接入点
8. (　　)决定了商务活动的内容和范围，决定了我们能做什么和不能做什么。
   A. 顾客喜好　　B. 价值特性　　C. 技术特性　　D. 服务商能力
9. 在微支付系统中，交易的费用是从(　　)扣除的。
   A. 银行　　B. 手机话费　　C. 手机钱包　　D. 现金
10. 香港非常普及的"八达通卡"属于(　　)支付系统。
    A. 基于 SMS 的支付系统　　B. 基于 WAP 的支付系统

C. 基于J2ME移动支付系统　　　　D. 非接触式移动支付系统

11. 认证中心(Certification Authority,CA)的主要功能之一是(　　)。

A. 发放数字证书　　　　B. 发出产品质量保证书

C. 签发货物提单　　　　D. 发放经营许可

12. 在移动商务价值开发实现的四种形态中,(　　)是一种值得提倡的、应该追求的理想形态。

A. 显在性效益　　　　B. 潜在性效益

C. 待开发效益　　　　D. 整合增值效益

13. m.cn的独特之处在于整合了传统文化中的(　　)。

A. 九宫格　　B. 八卦图　　C. 连环掌　　D. 太极图

14. 下列不属于价值链上的价值活动的是(　　)。

A. 供应商　　B. 采购商　　C. 分销商　　D. 消费者

15. 移动商务模式构建中的主导要素是(　　)。

A. 内容提供商　　　　B. 电信资源提供商

C. 服务提供商　　　　D. 支付方式提供商

16. 移动商务的价值链构成应该包括双向研发机构,既应该包括基础的技术研发机构,又应该包括(　　)。

A. 软件研发机构　　　　B. 移动支付平台研发机构

C. 市场研发机构　　　　D. 以上都不对

17. 移动位置服务是从(　　)开始的。

A. 美国　　B. 英国　　C. 日本　　D. 中国

18. (　　)开发的多语种移动信息服务系统直接服务于2008年奥运会和2010年世博会。

A. 北京首都信息发展股份有限公司　B. 德国人工智能研究中心

C. 中国联通　　　　D. A+B

19. (　　)是移动商务的撒手锏应用。

A. 基于位置的服务　　　　B. 随时随地的访问

C. 紧急访问　　　　D. 无线游戏的服务

20. 信息服务合同是指以提供信息服务为标的的合同,信息服务包括信息访问、(　　)、交易平台服务等。

A. 音乐下载　　B. 软件下载　　C. 在线支付　　D. 认证服务

21. 我国短信网址采用(　　)的管理原则。

A. 先拥有,后注册,争议后置

B. 先注册,再争议,最后拥有

C. 无争议,后注册,再拥有

D. 先注册,后拥有,争议后置

22. 一个移动商务价值链必须具有构成移动商务的(　　)特征。

A. 静态　　B. 动态　　C. 低廉　　D. 以上都不对

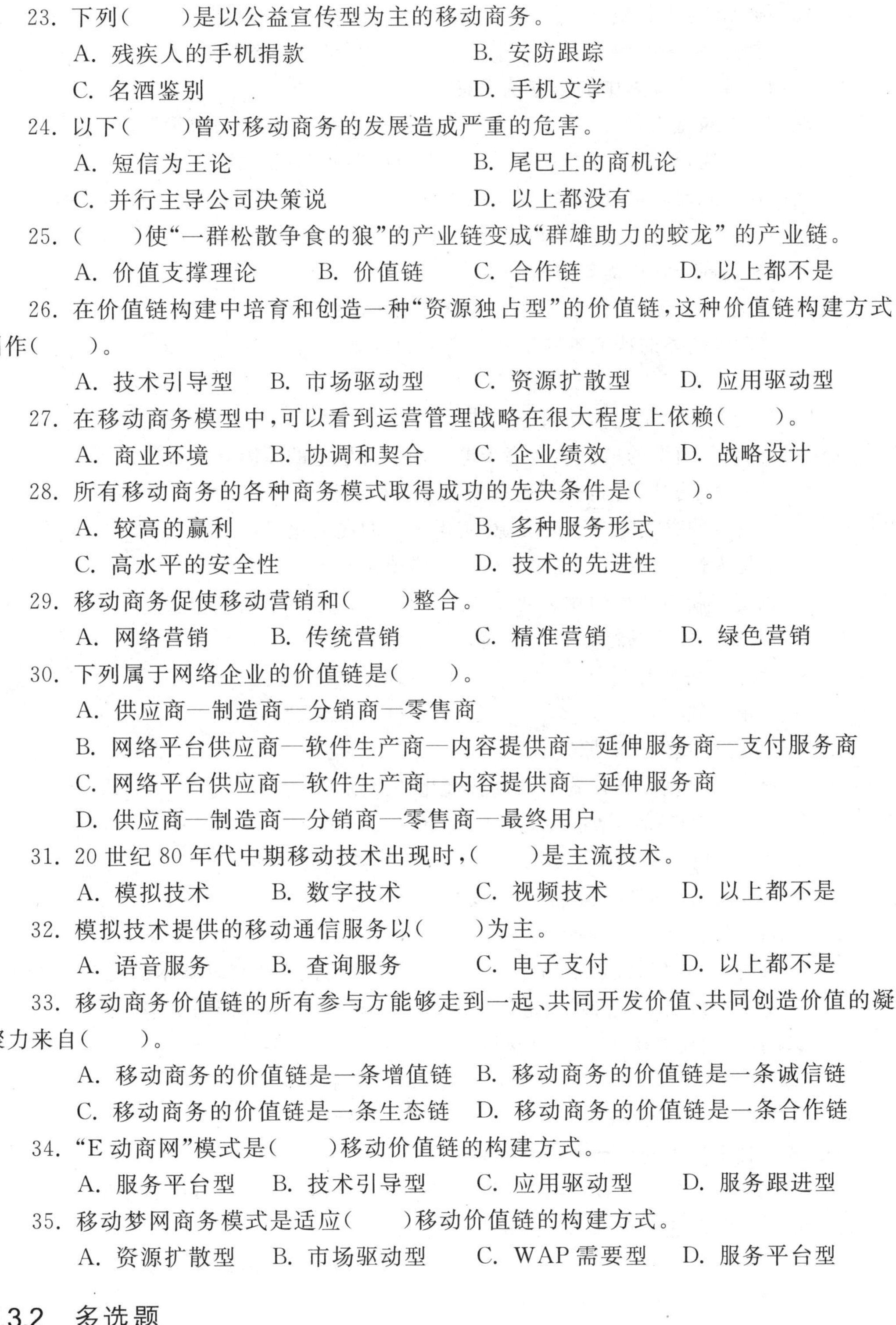

23. 下列(　　)是以公益宣传型为主的移动商务。

A. 残疾人的手机捐款　　B. 安防跟踪

C. 名酒鉴别　　D. 手机文学

24. 以下(　　)曾对移动商务的发展造成严重的危害。

A. 短信为王论　　B. 尾巴上的商机论

C. 并行主导公司决策说　　D. 以上都没有

25. (　　)使"一群松散争食的狼"的产业链变成"群雄助力的蛟龙"的产业链。

A. 价值支撑理论　　B. 价值链　　C. 合作链　　D. 以上都不是

26. 在价值链构建中培育和创造一种"资源独占型"的价值链,这种价值链构建方式叫作(　　)。

A. 技术引导型　　B. 市场驱动型　　C. 资源扩散型　　D. 应用驱动型

27. 在移动商务模型中,可以看到运营管理战略在很大程度上依赖(　　)。

A. 商业环境　　B. 协调和契合　　C. 企业绩效　　D. 战略设计

28. 所有移动商务的各种商务模式取得成功的先决条件是(　　)。

A. 较高的赢利　　B. 多种服务形式

C. 高水平的安全性　　D. 技术的先进性

29. 移动商务促使移动营销和(　　)整合。

A. 网络营销　　B. 传统营销　　C. 精准营销　　D. 绿色营销

30. 下列属于网络企业的价值链是(　　)。

A. 供应商—制造商—分销商—零售商

B. 网络平台供应商—软件生产商—内容提供商—延伸服务商—支付服务商

C. 网络平台供应商—软件生产商—内容提供商—延伸服务商

D. 供应商—制造商—分销商—零售商—最终用户

31. 20世纪80年代中期移动技术出现时,(　　)是主流技术。

A. 模拟技术　　B. 数字技术　　C. 视频技术　　D. 以上都不是

32. 模拟技术提供的移动通信服务以(　　)为主。

A. 语音服务　　B. 查询服务　　C. 电子支付　　D. 以上都不是

33. 移动商务价值链的所有参与方能够走到一起、共同开发价值、共同创造价值的凝聚力来自(　　)。

A. 移动商务的价值链是一条增值链　　B. 移动商务的价值链是一条诚信链

C. 移动商务的价值链是一条生态链　　D. 移动商务的价值链是一条合作链

34. "E动商网"模式是(　　)移动价值链的构建方式。

A. 服务平台型　　B. 技术引导型　　C. 应用驱动型　　D. 服务跟进型

35. 移动梦网商务模式是适应(　　)移动价值链的构建方式。

A. 资源扩散型　　B. 市场驱动型　　C. WAP需要型　　D. 服务平台型

5.3.2 多选题

1. 移动商务价值链的动态特征表现为(　　)。

A. 信息的动态传输　　B. 网络的动态浏览
C. 资源的动态应用　　D. 延伸的动态服务

2. 移动商务模式探索中的模糊认识有(　　)。
A. "流程描述"说　　B. "并行主导公司决策"说
C. "技术决定"说　　D. "短信为王"说

3. 从产业链来看,音乐的销售在无线领域是以(　　)等移动增值方式实现的。
A. 彩铃　　B. 手机铃音　　C. 无线歌曲点播　　D. 全曲音乐盒

4. 把握移动商务特征需要澄清的模糊认识是(　　)。
A. 移动技术的特征等同于或替代移动商务的特征
B. 移动＋商务的特征等同于移动商务的特征
C. 移动商务特征等同于电子商务特征
D. 移动商务应用是移动商务主体

5. 移动商务价值链的增值能力高于电子商务价值链的原因是(　　)。
A. 范围大、方式灵活,吸引更多的参与者构建价值链
B. 以灵活的方式整合增值资源,实现价值的最大化
C. 以更人性化、更个性化的手段提供增值服务
D. 以更创新的技术构建扩展型群组,更大规模地吸纳商业智慧

6. "联通商务"模式的特点有(　　)。
A. 多个网络平台融合　　B. 一根专线接入
C. 一单受理　　D. 一站式服务

7. 移动商务模式优化的原则有(　　)。
A. 坚持对移动商务模式不断创新优化的原则
B. 坚持培育能持续增值生态环境的原则
C. 坚持不断健全移动商务参与方价值分享体系的原则
D. 坚持传统的商务模式是不能改变的

8. 我国移动搜索市场的特点是(　　)。
A. 多方介入移动搜索市场　　B. 移动搜索是移动技术的延伸
C. 手机搜索技术取得重要进展　　D. 移动搜索产业逐渐成形

9. 移动技术主要经历了(　　)变革。
A. 模拟技术　　B. 数字技术
C. 无线网络高速数据传输技术　　D. 语音技术

10. 数字技术提供的移动通信服务有(　　)。
A. 语音服务　　B. 查询服务　　C. 移动支付　　D. 数据服务

11. 第二代移动通信技术的特点是(　　)。
A. 数字化　　B. 保密性强、频谱利用率高
C. 能提供丰富的业务　　D. 标准化程度高

12. 第三代移动通信技术的最大特点表现在(　　)。
A. 通信效率高

B. 语音质量高

C. 有害辐射少、容量大

D. 进行多媒体通信，同时语音通信的质量将大为提高

13. 移动商务价值链的通用构成要素是(　　)。

A. 经济要素　　B. 社会趋势　　C. 技术要素　　D. 商业需求要素

14. (　　)使经济要素成为移动商务价值链的通用构成要素。

A. 移动通信传输技术的发展，价格降低

B. 创新服务的推陈出新成为可能

C. 提供了价值升值的空间

D. 价值吸引力

15. (　　)使社会趋势成为移动商务价值链的通用构成要素。

A. 移动电话的使用逐渐成为人们在团体或社交生活中的组成部分

B. 移动通信技术与时尚、娱乐间的互动

C. 创新的沟通体验和商务体验

D. 以上都正确

16. (　　)使商业需求成为移动商务价值链的通用构成要素。

A. 无数网民的商务需求

B. 无数手机用户的商务需求

C. 对信息的搜寻、存储、放量、变更和再生

D. 以上三点促成和提供了巨大的商业机会

17. 移动商务价值链的特殊构成要素是(　　)。

A. 网络信息技术的快速传播性和信息的可穿透性

B. 移动商务的灵活性和动态性

C. 快速开展合作，迅速展示和显现出局部资源的优势和能量，形成移动商务价值链中新的增值能力

D. 以上都是

18. 移动商务价值链的动态特征表现为(　　)。

A. 信息的动态传输　　B. 网络的动态浏览

C. 资源的动态应用　　D. 延伸的动态服务

19. 移动商务的价值支撑理论是(　　)。

A. 生态链　　B. 诚信链　　C. 增值链　　D. 信息链

20. 移动商务价值链中的诚信建设包含(　　)的内容。

A. 价值链成员之间的诚信承诺

B. 价值链和扩展资源之间、和延伸资源之间的诚信承诺

C. 价值链整体之间和公众以及服务对象的诚信承诺

D. 以上都正确

21. 移动商务价值链的增值能力高于电子商务价值链的原因是(　　)。

A. 范围大、方式灵活，吸引更多的参与者构建价值链

B. 以灵活的方式整合增值资源，实现价值最大化

C. 以更人性化、更个性化的手段提供增值服务

D. 以更创新的技术构建扩展型群组，更大规模地吸纳商业智慧

22. 移动商务价值链理论的创新体现在(　　)。

A. 对价值链自然延伸层级理论的创新

B. 对价值链完成和实现构建过程的创新

C. 对很快形成价值链中新的再增值能力理论的创新

D. 以上都是

23. 移动商务价值链和行业价值链的不同点是(　　)。

A. 主体不同　　B. 技术支撑条件不同

C. 企业获利方式不同　　D. 价值链成员之间的沟通方式不同

24. 虚拟价值链是(　　)。

A. 以实物价值链为基础　　B. 是实物价值链的信息化反映

C. 高于实物价值链　　D. 等于实物价值链

25. 虚拟价值链的特点和优势是(　　)。

A. 可以增强实物价值链的整合认同性，便于取得协同效应

B. 可以使创造价值活动在物质和虚拟空间同时进行

C. 可以帮助企业建立新型客户关系，扩展客户资源

D. 可以实现价值活动共享，提高价值链企业的快速反应能力

26. 近年来移动商务价值链发展中的不足是(　　)。

A. 资源的有效开发不够　　B. 理论的前瞻指引不够

C. 踏实的探索不够　　D. "忽悠商务"多

27. 移动商务价值链的发展趋势是(　　)。

A. 整合增值趋势　　B. 创新发展趋势

C. 重组再造趋势　　D. 流程再造趋势

28. 移动商务实践从哪些方面推动模式构建理论？(　　)

A. 电信资源拥有商主控模式的弱化

B. 传统行业与移动商务的融合

C. 创收资源在移动商务模式构建中的崛起

D. 创新技术的冲击

29. 按照商务实现的技术不同进行分类，可分为(　　)。

A. 基于移动通信网络的移动商务

B. 基于无线网络的移动商务

C. 基于其他技术(如超短距通信、卫星通信、集群通信等)的移动商务

D. 以上都是

30. 下列(　　)是以提供浏览下载服务内容为主的移动商务。

A. 铃声　　B. 图片下载　　C. 手机电视　　D. 手机广播

31. 下列(　　)是以信息消费为主的移动商务。

A. 手机电视　　B. 手机文学　　C. 手机捐款　　D. 二维码电影票

32. 移动商务涉及(　　)模块构建。

A. 终端应用系统　　B. 空间无线传输通道

C. 企业内部 IT 系统　　D. 路由器

33. 移动商务商业模式的特点是(　　)。

A. 移动商务具有相对清晰的赢利模式

B. 移动商务模式具有高增值的特征

C. 移动商务带来了管理便捷性

D. 低端就可捞到宝

34. 移动商务模式基本的和主要的特征决定了移动商务模式的核心特征是提供(　　)的可能性。

A. 深度营销　　B. 精准营销　　C. 个性化营销　　D. 电话营销

35. 移动商务模式和价值链的关系注重把握(　　)。

A. 价值链是构建移动商务模式的价值基础

B. 商务模式设计中要找到并激活价值活动中的"战略环节"

C. 从价值链和商务模式的相互作用中提升商务模式的价值

D. 移动商务模式的发展是随着移动商务价值链的变化而变化的

36. 移动商务要进行信息资源开发的理由是(　　)。

A. 实现资源的优化配置　　B. 实现信息的高效利用

C. 提升有型资源的价值　　D. 提高网络经营能力

37. 我国移动商务市场的客户资源结构包括(　　)。

A. 现有的客户资源　　B. 潜在的可开发资源

C. 未来的可扩展资源　　D. 资源开发扩展中跟进的资源

38. 我国移动商务发展的资源结构包括(　　)。

A. 客户资源结构　　B. 信息价值结构

C. 信息资源的需求结构　　D. 移动商务应用的主体结构

39. 下列(　　)是信息资源的需求结构的特征。

A. 对生活需求具有普遍性　　B. 对商务信息需求具有急迫性

C. 对交际沟通需求具有爆发性　　D. 对商机对接需求具有探索性

40. 下列(　　)是我国移动商务应用的主体结构。

A. 移动商务主体具有广泛性

B. 移动商务主体具有多重性

C. 移动商务主体在价值开发中具有创造性

D. 移动商务主体在价值开发中的被动性

41. 可以在(　　)进行移动新闻和文学资源的价值开发。

A. 短信新闻　　B. 手机报　　C. 手机电子书　　D. 以上都是

42. 手机报的优势是(　　)。

A. 进入门槛很低　B. 内容丰富　　C. 瞬间接受　　D. 传播快,可交互

43. 从以下哪些应用中进行手机文学资源的价值开发。(　　)

A. 手机小说　　B. 短信文学超市平台

C. 拇指日志　　D. 特色短信和手机视频评书

44. 移动商务价值实现(　　)的形态。

A. 显在性效益　　B. 潜在性效益

C. 待开发效益　　D. 整合增值效益

45. 移动商务价值开发有效性测量及评价的原则是(　　)。

A. 主体和客体综合评价的原则

B. 微观效益和社会效益综合评价的原则

C. 对价值链的扩展和延伸进行评价的原则

D. 技术的渗透性、稳定性评价原则

5.3.3 判断题

1. 以移动商务价值为特色的资源开发和价值开发阶段,标志着中国的移动商务开始进入健康发展的历程。(　　)

2. 我国拥有世界上最广泛的、最庞大的主体资源。(　　)

3. 越多越复杂的不完全信息对接成的完全信息越没有使用价值。(　　)

4. 移动商务的优势在于可以利用其最灵活的手法、最便捷的方式、最顺畅的通道、最低廉的成本,为企业构建一个最佳价值的实现链条。(　　)

5. 虚拟价值链以实物价值链为基础,又高于实物价值链。(　　)

6. 移动商务全过程中的关键点在于增值价值的实现。(　　)

7. 移动电子商务发展面临的最小障碍和考验就是赢得客户的信任。(　　)

8. 移动商务和电子商务的差异在于访问终端和通信网络,移动商务是电子商务的一个分支。(　　)

9. 移动商务使无中介化成为可能。(　　)

10. 中间件是一种特定软件。(　　)

11. 移动商务的最大特点就是不能形成商家与用户之间一对一的链式结构。(　　)

12. 综合分析,以客户服务为先导的市场战略必将取代以营销为先导的旧的市场认识。(　　)

13. 移动商务能有效地开启深度营销和精准营销之门。(　　)

14. 预定的实名不可以进行买卖,只有注册的实名才可以。(　　)

15. 移动商务价值开发的主体是技术研发人员。(　　)

16. 移动商务的各种商务模式取得成功的先决条件,就是实现高水平的安全性。(　　)

17. 虚拟价值链可增强实物价值链的整合认同性。(　　)

18. 移动商务最基本的、最直观的价值首先是把现有的网络化市场扩展了、延伸了,实现了资源的整体放量。(　　)

19. 一个移动商务价值链,必须具有构成移动商务的动态特征。(　　)

20. 目前中国寻呼机(BP 机)功能已经非常落后,用户不再使用,市场上已经不出售了。( )

21. 移动商务的价值链增值能力高于电子商务价值链。( )

22. 移动商务模式的最大特点就是商家与用户之间具有一对一的链式结构。( )

23. 信息服务业已经成为当今世界信息产业中发展最快、技术最活跃、增值效益最大的一个产业。( )

24. 应用是移动商务发展的动力。( )

25. 积极开展移动商务、提升网络化的经营能力已经成为中国企业的一种战略选择。( )

26. 移动商务弱化了人力资源管理。( )

27. 移动商务只要有技术支撑,就能快速发展。( )

28. FMC 走向融合的发展趋势。( )

29. 移动商务价值链和行业价值链的唯一的不同点在于主体不同。( )

30. 有人把发短信看作移动商务,认为"低端就可捞到宝"。( )

31. 信息消费者的收费模式可控性带来一种价值链的闭合特征。( )

32. 在移动通信服务市场中,增值服务提供商(SP)的出现,活跃了应用,但扰乱了江湖。( )

33. 移动商务重点在商务,而不是移动,移动技术只是实现商务增值的一种技术支撑。( )

34. 移动商务模式将与(公司)战略一起,主导公司的主要决策。( )

35. 有人认为移动商务模式是对一个组织的产品、服务、客户市场以及业务流程的描述。( )

36. 3G 和 4G 决定移动商务模式的构建和发展。( )

37. 积极开展移动商务,提升网络化的经营能力已经成为中国企业的一种战略选择。( )

38. 手机媒体的发展只能建立在短信网址技术之上。( )

39. 移动商务的本质研究和核心研究,被称为移动商务价值开发的有效性测量。( )。

5.4 移动商务安全

5.4.1 单选题

1. 手机病毒通过( )传播。

A. 有线 B. 无线 C. 网络 D. 手机

2. 微软最近推出应用在手机上的操作系统最新版本是( )。

A. Windows Phone 7 B. Symbian

C. Windows CE D. Linux

3. 用手机在任何时间、地点对特定的产品和服务进行远程支付的方式是( )。

A. 虚拟支付　　B. 手机钱包
C. 在线支付　　D. POS 机现场支付

4. (　　)是网络通信中标志通信各方身份信息的一系列数据，提供一种在 Internet 上验证身份的方式。

A. 数字认证　B. 数字证书　C. 电子证书　D. 电子认证

5. 移动商务推广应用的瓶颈是(　　)。

A. 安全问题　B. 支付问题　C. 技术问题　D. 物流问题

6. DRM 是什么含义？(　　)

A. 梦网　B. 数字版权管理　C. 移动音乐服务　D. 移动支付系统

7. (　　)平台的大部分应用只需要一次付清下载费用就可以无限离线运行。

A. BREW　B. Java　C. UNIJA　D. SYMBIAN

8. 移动梦网是(　　)和中国移动战略合作的移动搜索服务。

A. Google　B. loboo　C. uucun　D. minfo

9. 影响我国移动支付发展的最主要因素是(　　)。

A. 安全性问题　　B. 利益分配机制尚待建立和完善
C. 服务单一、支付内容不丰富　　D. 缺乏运营商

10. 移动商务整合可以把难于战胜的风险变成(　　)的风险。

A. 可以化解　B. 规避　C. 控制　D. 潜在

11. 证书签发机关(CA)的特征是其具备(　　)。

A. 权威性　B. 安全性　C. 保密性　D. 先进性

12. 下列(　　)是移动商务应用主体面临的安全威胁。

A. 缺乏安全意识　B. 资料失窃　C. 垃圾短信　D. 欺诈行为

13. 在公开密钥密码体制中，加密密钥即(　　)。

A. 解密密钥　B. 私密密钥　C. 公开密钥　D. 私有密钥

14. 全球第一部电子签名法来自(　　)。

A. 美国　B. 澳大利亚　C. 英国　D. 中国

15. 中国首部真正意义上的信息化法律是(　　)。

A. 电子签名法　　B. 互联网信息服务管理办法
C. 信息网络传播权条例　　D. 合同法

16. 下列(　　)是移动商务资料面临的安全威胁。

A. 资料失窃　B. 缺乏安全意识　C. 垃圾短信　D. 欺诈行为

17. 目前，WPKI 技术应用更多的是(　　)。

A. 企业　B. 个人　C. 商务　D. 以上都不是

18. 从使用成本、市场需求及人们的使用习惯来看，(　　)将有不可估量的市场发展前景。

A. 指纹识别技术　　B. 掌形识别技术
C. 虹膜识别　　D. 声音识别

5.4.2 多选题

1. 移动商务主体缺乏安全意识,主要表现是(　　)。
   A. 缺少对移动终端的安全性使用、运营和管理意识
   B. 缺少进行移动商务动作中的安全性、警示性思考,进行移动商务前缺少系统性安全教育
   C. 缺少前瞻性、安全性防范知识和防范措施
   D. 缺少对移动商务数据安全备份、恢复以及对非法入侵者的追踪、取证等意识
2. 手机病毒破坏的方式主要有(　　)。
   A. 耗损手机电池电量　　B. 乱发短信、彩信
   C. 盗取手机内部资料　　D. 盗打电话
3. WPKI 无线公开密钥体系中使用的(　　)保证其安全性。
   A. 公开密钥　　B. 数字证书　　C. CA 认证　　D. 指纹识别
4. 来自无线通信网络的安全威胁有(　　)。
   A. 窃听的威胁
   B. 网络漫游的威胁
   C. 针对无线通信标准的攻击
   D. 窃取用户的合法身份及对数据完整性的威胁
5. 移动终端面临的安全威胁是(　　)。
   A. 移动终端设备的物理安全
   B. 移动终端攻击和数据破坏
   C. SIM 卡被复制
   D. RFID 被解密及在线终端容易被攻击
6. 手机病毒的种类有(　　)。
   A. 针对蓝牙设备的病毒　　B. 针对移动通信运营商的病毒
   C. 针对手机漏洞(bug)的病毒　　D. 针对短信和彩信的病毒
7. 手机病毒的传播方式有(　　)。
   A. 用短信和电话攻击手机本身　　B. 利用蓝牙方式传播
   C. 利用 MMS 多媒体信息服务方式传播　　D. 利用攻击和控制"网关"进行传播
8. 移动通信及互联网协会(CTIA)制定了一套保护消费者隐私的指导方针,主要内容有(　　)。
   A. 商家在确定消费者位置时,应该征求消费者的同意
   B. 商家应告知用户通过提供个人信息来换取服务,并允许用户自行选择是否接受
   C. 消费者应能访问他们自己的信息
   D. 所有消费者应享有同样的隐私保护,不管运营商是谁,以及消费者使用的是什么设备
9. 从(　　)来加强移动商务的安全防范。

A. 加强交易主体身份识别管理
B. 加强移动商务安全规范管理
C. 加强移动商务诚信体系建设
D. 加强移动商务运营中的安全监管和法制建设

10. WPKI系统包含(　　)。
A. 证书签发机关　B. 数字证书库
C. 密钥备份及恢复系统　D. 证书作废系统和应用接口

11. 下列(　　)是 WPKI 技术在移动商务中的应用。
A. 电子支付　B. 公安领域　C. 销售管理　D. 网络营销

12. WPKI 技术发展中存在的问题有(　　)。
A. 处理能力低、存储能力小　B. 互通性差
C. 连接可靠性低　D. 移动终端设计需要改进

13. 使用(　　)手段,可确保移动环境中的安全性。
A. 双向身份认证　B. 密钥协商和双向密钥控制
C. 双向密钥确认　D. 用户身份授权技术

14. (　　)把“手机中毒”的概率减到最小。
A. 关闭乱码电话　B. 尽量少从网上下载信息
C. 注意短信息中可能存在的病毒　D. 慎重使用蓝牙功能

15. 移动商务模式中的安全保障技术有(　　)。
A. 基于 WAP 模式的移动商务保障技术
B. 基于 J2ME 模式的移动商务保障技术
C. 现在还没有
D. 以上都是

5.4.3 判断题

1. 移动支付的安全问题是消费者使用移动商务业务的最大疑虑。(　　)
2. “实名身份认证”可以有效地加强交易主体身份的识别管理。(　　)
3. 目前防火墙技术尚不能用于电话或 PDA 等低功率设备。(　　)
4. 双向身份认证是指移动用户与移动通信网络之间相互认证身份。(　　)
5. 一旦发现手机中毒,应尽快关闭手机。(　　)
6. 当对方电话拨入时,屏幕上显示别的字样,就有可能遭到病毒攻击。(　　)
7. 拥有一定频率接收设备的人,均可以攻取或窃听无线信道上传输的内容。(　　)
8. 迄今为止,还没有具体的法规规范无线定位的用法。(　　)
9. 移动电子商务发展面临的最小障碍和考验就是赢得客户的信任。(　　)
10. 移动商务的各种商务模式取得成功的先决条件,就是实现高水平的安全性。(　　)
11. 移动用户与移动网络之间通过安全参数协商确定会话密钥,只能由一方单独确定,保证一次一密。(　　)

12. 安全性是所有移动电子商务取得成功的最关键因素。(　　)

5.5 移动支付

5.5.1 单选题

1. 移动支付系统按照交易额的数量分类,10 元以上是(　　)。

A. 宏支付　　B. 微支付　　C. 小额支付　　D. 以上都不是

2. (　　)决定了商务活动的内容和范围,决定了我们能做什么和不能做什么。

A. 顾客喜好　　B. 价值特性

C. 技术特性　　D. 电信业务发展目标

3. 一般的移动支付系统中最复杂的部分是(　　),它为利润的分成最终实现提供了技术保证。

A. 终端用户消费系统　　B. 商家管理系统

C. 运营商综合管理系统　　D. 移动支付系统

4. 基于 J2ME 的移动支付系统使用的是(　　)平台。

A. WAP　　B. Java　　C. TCP/IP　　D. 以上都不是

5. 某先生在商场购物,在商家 POS 机终端用手机替代信用卡的支付方式是(　　)。

A. 虚拟支付　　B. 手机钱包

C. 在线支付　　D. POS 机现场支付

6. 在微支付系统中,交易的费用是从(　　)扣除的。

A. 银行　　B. 手机话费　　C. 手机钱包　　D. 以上都不是

7. 在宏支付系统中,交易的费用是从(　　)扣除的。

A. 银行　　B. 手机话费　　C. 手机钱包　　D. 以上都不是

8. 移动支付产业链按照(　　)排序。

A. 移动运营商—内容和服务运营商—金融机构—移动支付平台运营商—移动支付技术开发商—设备提供商—行业用户—最终用户

B. 移动运营商—金融机构—移动支付平台运营商—移动支付技术开发商—设备提供商—内容和服务运营商—行业用户—最终用户

C. 移动运营商—内容和服务运营商—移动支付平台运营商—移动支付技术开发商—设备提供商—金融机构—行业用户—最终用户

D. 移动运营商—移动支付技术开发商—设备提供商—内容和服务运营商—金融机构—移动支付平台运营商—行业用户—最终用户

5.5.2 多选题

1. 在商场和零售店部署移动支付系统,给商场带来的好处是(　　)。

A. 减少支付的中间环节　　B. 降低经营、服务和管理成本

C. 提高支付效益　　D. 取代传统支付方式

2. 一般的移动支付系统由(　　)组成。

A. 终端用户消费系统　　B. 商家管理系统

C. 运营商综合管理系统　　D. 移动支付系统

3. 基于 WAP 的移动支付系统存在的缺点有(　　)。

A. 移动终端只能以 C/S 方式访问因特网,WAP 也不能显示复杂格式的图形

B. 移动终端通过 WAP 网关才能访问因特网

C. 只能在在线状态下进行,终端设备不能离开本地存储区

D. 移动终端要使用某些服务必须更换手机

4. 用户在使用手机钱包的过程中,可以借助(　　)来发送支付信息,完成支付活动。

A. 短信　　B. 语音　　C. WAP　　D. 因特网

5. 在一个简单的 MPS 中,一般由(　　)与 MPS 进行交互。

A. 终端用户　　B. 商家

C. 运营商/金融机构　　D. 以上都是

6. 基于 SMS 的移动支付系统适用于(　　)。

A. 小额非现场定向支付　　B. 小额虚拟商品消费

C. 大额定向支付　　D. 以上都可以

7. 移动支付按照付费时间分类有(　　)。

A. 预付费　　B. 即时付费　　C. 后付费　　D. 在线付费

8. 移动支付按照付费媒介分类有(　　)。

A. 通过信用卡或银行账户支付　　B. 通过手机话费进行支付

C. 手机钱包　　D. 以上都是

9. 移动支付按照业务类型分类有(　　)。

A. 手机小额服务　　B. 金融移动服务

C. 公共事业交费服务　　D. 以上都是

10. 我国移动支付的发展特点是(　　)。

A. 我国拥有全球最大的手机用户市场

B. 移动支付市场成熟度已由预热期步入起步期

C. 安全运行性能得到了提升

D. 网上银行已步入成熟期

11. 下列(　　)是影响我国移动支付发展的主要因素。

A. 安全性问题是移动支付大规模发展的最主要瓶颈

B. 服务单一、支付内容不丰富是移动支付缺乏吸引力的主要原因

C. 移动支付的利益机制尚待建立和完善

D. 有关移动支付的宣传教育不够

12. 下列(　　)是非接触式移动支付系统的特点。

A. 可以适用不同的环境　　B. 可实现一卡多用

C. 易于使用　　D. 方便快捷

13. 我国探索中的移动商务模式有(　　)。
    A. 以移动运营式为主体的运营模式
    B. 以金融机构(如银行)为主体的模式
    C. 以第三方支付平台提供商为主体的模式
    D. 以上都是
14. 移动支付产业链中,(　　)是业务主导者。
    A. 移动运营商　　B. 支付平台运营商
    C. 金融机构　　D. 设备提供商

5.5.3 判断题

1. 非接触式移动支付就是把公交卡、银行卡等支付工具集成到手机上。(　　)

2. 目前日本已经实现了在手机关机状态下实现简单支付,但由于某些原因还没有普及。(　　)

3. 移动商务的动态性,为成功交易增加了难度。(　　)

4. 移动支付就是无线支付。(　　)

5. 移动支付是金融机构传统业务的延伸与移动创新技术结合的产物,更是移动支付产业链资源整合、优势互补的产物。(　　)

6. 移动支付是金融机构传统业务延伸的产物。(　　)

7. 目前移动支付已经非常成熟,大家可以放心使用。(　　)

8. 移动商务环境下内容提供商无须担心支付手段问题。(　　)

9. 在微支付系统中,交易的费用是从银行扣除的。(　　)

10. 移动支付的安全问题是消费者使用移动商务业务的最大疑虑。(　　)

5.6 云　计　算

5.6.1 单选题

1. 云计算是对(　　)技术的发展与运用。
   A. 并行计算　　B. 网格计算　　C. 分布式计算　　D. 三个选项都是
2. IBM 在 2007 年 11 月退出了"改进游戏规则"的(　　)计算平台,为客户带来即买即用的云计算平台。
   A. 蓝云　　B. 蓝天　　C. Azure　　D. EC2
3. 微软于 2008 年 10 月推出的云计算操作系统是(　　)。
   A. Google App Engine　　B. 蓝云
   C. Azure　　D. EC2
4. 2008 年,(　　)先后在无锡和北京建立了两个云计算中心。
   A. IBM　　B. Google　　C. Amazon　　D. 微软

5. 将平台作为服务的云计算服务类型是(　　)。

A. IaaS　　B. PaaS

C. SaaS　　D. 三个选项都不是

6. 将基础设施作为服务的云计算服务类型是(　　)。

A. IaaS　　B. PaaS

C. SaaS　　D. 三个选项都不是

7. IaaS 计算实现机制中,系统管理模块的核心功能是(　　)。

A. 负载均衡　　B. 监视节点的运行状态

C. 应用 API　　D. 节点环境配置

8. 云计算体系结构的(　　)负责资源管理、任务管理、用户管理和安全管理等工作。

A. 物理资源层　　B. 资源池层

C. 管理中间件层　　D. SOA 构建层

9. 下列不属于 Google 云计算平台技术架构的是(　　)。

A. 并行数据处理 MapReduce　　B. 分布式锁 Chubby

C. 结构化数据表 BigTable　　D. 弹性云计算 EC2

10. 在目前 GFS 集群中,每个集群包含(　　)个存储节点。

A. 几百个　　B. 几千个　　C. 几十个　　D. 几十万个

11. 下列选项中,哪条不是 GFS 选择在用户状态下实现的原因(　　)。

A. 调试简单　　B. 不影响数据块服务器的稳定性

C. 降低实现难度,提高通用性　　D. 容易扩展

12. (　　)是 Google 提出的用于处理海量数据并行编程模式和大规模数据集并行运算的软件架构。

A. GFS　　B. MapReduce　　C. Chubby　　D. BitTable

13. MapReduce 适用于(　　)。

A. 任意应用程序

B. 任意可在 Windows Server 2008 上运行的程序

C. 可以串行处理的应用程序

D. 可以并行处理的应用程序

14. MapReduce 通常把输入文件按照(　　)MB 来划分。

A. 16　　B. 32　　C. 64　　D. 128

15. (　　)是 Google 的分布式数据存储与管理系统。

A. GFS　　B. MapReduce　　C. Chubby　　D. Bigtable

16. 在 Bigtable 中,(　　)主要用来存储子表数据以及一些日志文件。

A. GFS　　B. Chubby　　C. SSTable　　D. MapReduce

17. Google App Engine 使用的数据库是(　　)。

A. 改进的 SQL Server　　B. Oracle

C. Date store　　D. 亚马逊的 SimpleDB

18. 不属于弹性计算云 EC2 包含的 IP 地址的是(　　)。

A. 公共 IP 地址 B. 私有 IP 地址 C. 隧道 IP 地址 D. 弹性 IP 地址

19. 在 EC2 的安全与容错机制中,一个用户目前最多可以创建(　　)安全组。

A. 50 B. 100 C. 150 D. 200

20. S3 的基本存储单元是(　　)。

A. 服务 B. 对象 C. 卷 D. 组

21. 在云计算系统中,提供的"云端"服务模式是(　　)公司的云计算服务平台。

A. IBM B. Google C. Amazon D. 微软

22. 下列四种云计算方案中,服务间的耦合度最高的是(　　)。

A. 亚马逊 AWS B. 微软 Azure
C. Google App Engine D. IBM 的"蓝云"

23. 亚马逊 AWS 提供的云计算服务类型是(　　)。

A. IaaS B. PaaS C. SaaS D. 三个选项都是

24. 从研究现状上看,下面不属于云计算特点的是(　　)。

A. 超大规模 B. 虚拟化 C. 私有化 D. 高可靠性

25. 与网络计算相比,不属于云计算特征的是(　　)。

A. 资源高度共享 B. 适合紧耦合科学计算
C. 支持虚拟机 D. 适用于商业领域

5.6.2 多选题

1. 云计算按照服务类型大致可分为以下哪几类?(　　)

A. IaaS B. PaaS C. SaaS D. 效用计算

2. GFS 中主服务器节点存储的元数据包含以下哪些信息?(　　)

A. 文件副本的位置信息 B. 命名空间
C. Chunk 与文件名的映射 D. Chunk 副本的位置信息

3. 单一主服务器(Master)解决性能瓶颈的方法是(　　)。

A. 减少其在数据存储中的参与程度 B. 不使用 Master 读取数据
C. 客户端缓存元数据 D. 采用大尺寸的数据块

4. 与传统的分布式程序设计相比,MapReduce 封装了(　　)等细节,还提供了一个简单而强大的接口。

A. 并行处理 B. 容错处理 C. 本地化计算 D. 负载均衡

5. Google App Engine 目前支持的编程语言有(　　)。

A. Python 语言 B. C++ 语言 C. 汇编语言 D. Java 语言

6. 下面选项属于 Amazon 提供的云计算服务是(　　)。

A. 弹性云计算 EC2 B. 简单存储服务 S3
C. 简单队列服务 SQS D. Net 服务

7. EC2 常用的 API 包含下列哪些类型的操作(　　)。

A. AMI B. 安全组 C. 实例 D. 弹性 IP 地址

8. S3 采用的专门安全措施是(　　)。

A. 身份认证　　B. 访问控制列表
C. 防火墙　　D. 防木马病毒技术

9. 云格可以完成的服务有(　　)。
A. 数据处理服务　　B. 格处理服务
C. 高性能计算服务　　D. 协作服务

10. 云计算的特点有(　　)。
A. 大规模　　B. 平滑扩展
C. 资源共享　　D. 动态分配　　E. 跨地域

5.6.3 判断题

1. 云计算是对分布式处理(Distributed Computing)、并行处理(Parallel Computing)和网格计算(Grid Computing)及分布式数据库的改进处理。(　　)

2. 利用并行计算解决大型问题的网格计算和将计算资源作为可计量的服务提供的公用计算,在互联网宽带技术和虚拟化技术高速发展后萌生出云计算。(　　)

3. 云计算的基本原理为:利用非本地或远程服务器(集群)的分布式计算机为互联网用户提供服务(计算、存储、软硬件等服务)。(　　)

4. 云计算可以把普通的服务器或者 PC 连接起来以获得超级计算机的计算和存储等功能,但是成本更低。(　　)

5. 云计算真正实现了按需计算,从而有效地提高了对软硬件资源的利用效率。(　　)

6. 云计算模式中用户不需要了解服务器在哪里,不用关心内部如何运作,通过高速互联网就可以透明地使用各种资源。(　　)

7. 虚拟局域网 VLAN 是由一些局域网网段构成的与物理位置无关的逻辑组。(　　)

8. 分布式处理是把计算任务和智能由主机分散到构成整个系统的各个子系统和外部设备中。(　　)

9. IaaS 提供给用户的是一台虚拟的服务器,其功能与物理服务器一模一样。(　　)

10. Amazon EC2 在基础设施云中使用公共服务器池。(　　)

5.7 移动信息服务

5.7.1 单选题

1. (　　)可以解决很多人身边带着几部手机,需要同时使用多款充电器的问题。
A. 标准化充电器　　B. 多功能充电器
C. 一次性充电器　　D. 互用充电器

2. 按照用户需求的角度进行分类,移动看病挂号属于(　　)。
A. 搜索查询移动商务　　B. 需求对接型移动商务
C. 按需定制型移动商务　　D. 预约接受型移动商务

3. 使用任何手机编辑自然语言短信查询(已申请专利)的公司是(　　)。

A. Google　　B. loboo　　C. uucun　　D. minfo

4. 美国 RIM 公司的著名无线电邮服务称为(　　)。

A. 黑莓　　B. 红莓　　C. 移动商务　　D. 彩铃

5.7.2 多选题

1. 移动商务信息服务的优势是(　　)。

A. 即时　　B. 快捷　　C. 低费用　　D. 个性化

2. 中国移动互联网是(　　)共同搭建的。

A. 国家信息产业部电信研究院　　B. 中国移动通信联合会

C. 中国移动和中国联通　　D. 中国互联网协会

3. 手机报与普通的短信订阅新闻的区别有(　　)。

A. 手机报的信息模式是多媒体,有图片、声音等多媒体信息

B. 普通短信订阅只有最简单的文字

C. 手机报可提供完整的报纸信息,可到几万字,而普通订阅只有部分信息,只有几十个字

D. 二者相差很少

4. 下列哪些管理是利用短信进行移动管理资源价值开发的。(　　)

A. 用短信袋鼠进行家政服务管理

B. 利用短信对大学校园应用管理

C. 利用短信进行产品打假管理

D. 利用定位技术对旅游景区游客进行疏导管理

5. 近几年来,广告短信一度出现到处乱飞的现象,这些短信广告大部分是(　　)。

A. 虚假广告　　B. 不良、迷信广告

C. 虚假信息,诈骗广告　　D. 都是有益的广告

6. 移动图书馆提供的信息服务有(　　)。

A. 移动通知　　B. 移动查询　　C. 移动阅读　　D. 移动接收

7. 移动商务短信平台功能主要有(　　)。

A. 来访信息查询　B. 通信簿功能　　C. 短信功能　　D. 通话功能

8. 短信具有(　　)等特点。

A. 低成本　　B. 慢回报　　C. 易操作　　D. 快速传递信息

9. 可以在(　　)进行移动新闻和文学资源的价值开发。

A. 短信新闻　　B. 手机报　　C. BBS　　D. 手机电子书

5.7.3 判断题

1. 由于早期我国的手机广告应用的不良现象影响,导致目前我国的手机广告必须为自己重塑形象,为后续发展打下基础。(　　)

2. 目前中国大陆，垃圾短信已经很少出现。(　　)

3. “移动商街”是由3G门户网站推出的。(　　)

4. 短信网址不具有防伪功能。(　　)

5. WAP PUSH又叫作服务信息，是一种特殊格式的短信，可利用其中的链接直接访问业务。(　　)

6. 目前蓝牙在应用上主要以PDA、手机等最为常见。(　　)

5.8 移动学习、娱乐

5.8.1 单选题

1. 手机小说最早是在(　　)兴起的。

A. 美国　　B. 韩国　　C. 日本　　D. 中国

2. 全球最大的移动音乐市场是(　　)。

A. 亚太地区　　B. 欧洲　　C. 北美　　D. 非洲

3. 手机电视业务不能大规模推广的原因是(　　)。

A. 网络资源占有率高、代价昂贵　　B. 运营手段灵活

C. 移动通信网络与电视节目实现互动　　D. 手机消费终端功能的多元化探索

5.8.2 多选题

1. 中国移动音乐细分市场主要有哪些？(　　)

A. 彩铃　　B. IVR音乐点播　　C. 音乐彩信　　D. WAP音乐下载

2. 中国移动在2008年的移动音乐市场研究及策略分析报告中指出目前中国移动的SP主要有(　　)。

A. TOM　　B. 搜狐　　C. 滚石　　D. 新浪

3. 手机游戏目前比较成熟的赢利模式有(　　)。

A. 下载收费　　B. 购买游戏点卡　　C. 虚拟物品销售　　D. 购买游戏手机

4. 手机电子书的格式有(　　)。

A. WMLC　　B. Java　　C. TXT　　D. Word

5. 移动游戏的特点是(　　)。

A. 便捷性　　B. 网络性

C. 定位性　　D. 商务价值明显和群众性

6. 移动游戏按手机平台分类有(　　)。

A. Java　　B. Brew　　C. Unija　　D. Google

7. 下列(　　)是Java的特性。

A. 平台开放　　B. 易于下载

C. 在运营商端进行有效的计费　　D. 统一性

8. 下列(　　)是 Brew 的特性。
   A. 在运营商端进行有效的计费
   B. 统一性
   C. 一个用户下载的程序只能为该客户所使用
   D. 易于下载
9. 手机游戏按表现形式分类有(　　)。
   A. 文字游戏　　B. 图形游戏　　C. 短信游戏　　D. 彩信游戏
10. 下列(　　)是移动游戏硬件问题。
   A. 显示速度　　B. 位图传送实现
   C. 输入问题　　D. 延长游戏生命周期
11. 移动游戏未来的发展趋势是(　　)。
   A. 移动游戏将向网络化发展
   B. 创新游戏将会得到快速发展和传播
   C. 跨文化的游戏将会得到快速发展和传播
   D. 移动游戏产业链、价值链会有新的延伸
12. 下列(　　)是移动音乐服务的市场亮点。
   A. 亚洲成为全球移动音乐服务市场增长的推动力量
   B. 中国的移动音乐服务市场获得了飞速发展
   C. 无线音乐增值服务链开始重组
   D. 市场快速增长中的用户端存在行为“空白”和“盲点”
13. 下列(　　)是移动音乐服务的特点。
   A. 快速传播性　　B. 可选择性
   C. 娱乐性　　D. 为反盗版提供保证
14. 下列(　　)是移动音乐服务的形式。
   A. 无线音乐搜索引擎　　B. 手机音乐彩铃
   C. 数字音乐店　　D. 移动音乐会

5.8.3 判断题

1. 手机彩铃业务开启的话,是用户自己享受自己定制的彩铃音乐服务。(　　)
2. 目前手机电子书的格式不仅支持 TXT 格式的文件,也支持 Word 文件格式。(　　)
3. 拇指日志就是网络日志。(　　)
4. 从移动游戏业务整体市场来看,收入共享型业务模式被广泛采用。(　　)
5. 手机游戏的用户以高学历为主。(　　)
6. 移动游戏的定义可分为广义和狭义两种。(　　)

5.9 移动商务应用

5.9.1 单选题

1. (　　)是移动商务发展的动力。

A. 应用　　B. 技术创新　　C. 互联网　　D. 网络平台

2. (　　)为独立 WAP 网站提供站内搜索业务。

A. Google　　B. loboo　　C. uucun　　D. minfo

3. 移动商务整合可以把潜在的商机变成(　　)。

A. 显在商机　　B. 潜在效益　　B. 待开发效益　　C. 整合效益

4. 移动商务整合可以把技术实现和(　　)有机地结合起来。

A. 商业智慧　　B. 显在商机

C. 以上都是　　D. 以上都不是

5. 移动商务促使固网资源和(　　)的整合。

A. 移动资源　　B. 网络营销

C. ERP　　D. 客户关系管理系统

6. 移动商务促使移动营销和(　　)的整合。

A. 网络营销　　B. 传统营销　　C. 精准营销　　D. 绿色营销

7. 移动商务把动态化的管理元素带入(　　)。

A. 运营过程　　B. 运营管理　　C. 供应链管理　　D. 信息管理

8. 移动商务运营管理是相关的运营管理工作在移动商务环境中的一种(　　)。

A. 应用　　B. 作用　　C. 研发　　D. 开发

9. 移动商务运营管理的本质是一种(　　)的管理。

A. 创造价值　　B. 实现价值　　C. 改变价值取向　　D. 以上都不是

10. 在移动商务模型中,可以看到运营管理战略在很大程度上依赖(　　)。

A. 商业环境　　B. 协调和契合　　C. 企业绩效　　D. 战略设计

5.9.2 多选题

1. 移动商务应用中"动态"特征的作用体现在(　　)。

A. 避免信息"阻滞"和"等待",及时把握机遇

B. 及时决策,赢得第一市场反应速度

C. 及时支付,加快资金流转速度

D. 营销主体既可整合存量资源,又可使用和调度增量资源

2. 把握移动商务特征需要澄清的模糊认识是(　　)。

A. 移动技术的特征等同或替代移动商务的特征

B. 移动+商务的特征等同于移动商务的特征

C. 移动商务特征等同于电子商务特征
D. 移动商务应用是移动商务主体

3. 移动商务信息服务的优势是(　　)。
A. 即时　　B. 快捷　　C. 便利　　D. 个性化

4. 移动商务信息服务的主要特点是(　　)。
A. 灵活　　B. 简单和方便
C. 不受时空限制　　D. 满足个性化需求

5. 移动商务信息定制服务模式有(　　)。
A. 综合信息服务按月定制模式　　B. 个性化短信定制服务
C. 及时点播短信定制服务　　D. 大众化短信定制服务

6. 移动定位服务的类型有(　　)。
A. 公共安全　　B. 跟踪业务
C. 个性化　　D. 商务引导和计费服务

7. 移动定位服务通过(　　)实现价值。
A. 提供多元化的与位置相关的信息服务　　B. 在服务延伸中
C. 提供声图并茂的导航服务　　D. 利用移动定位系统进行交通疏导

8. 整合移动商务无论是外部还是内部,所产生的价值模式都具备(　　)。
A. 显在性效益　　B. 潜在性效益
C. 待开发性效益　　D. 当前效益

9. 通过移动商务整合,增值价值的实现体现在(　　)。
A. 扩展经营的范围和营销的领域　　B. 放大了市场资源和营销的空间
C. 提高了商务交易实现的成交率　　D. 提升了总交易量的商业价值

10. 移动商务整合的作用是(　　)。
A. 可以把分散资源变成聚合资源
B. 可以把局部优势变成综合优势
C. 可以把不完全信息变成完全信息
D. 可以把产业链的上下游企业有序地组合起来

11. 移动商务用以整合的形式有(　　)。
A. 以资本为市场杀手进行的整合　　B. 以技术融合为趋势的整合
C. 以资源放量为特征的整合　　D. 以价值增值为目的的整合

12. 下列(　　)是移动商务用以整合的资源。
A. 客户关系管理系统　　B. ERP
C. 射频自动识别技术　　D. 物流管理

13. 移动商务能与 ERP 实现较好的整合的原因是(　　)。
A. 移动数据传输的及时性　　B. 业务流程的辅助性
C. 应用的互补性　　D. 移动性

14. 移动商务将(　　)的使用结合起来,进行基本的运营管理活动。
A. Internet　　B. 电子商务　　C. 无线技术　　D. 有线技术

15. 下列(　　)是移动商务模型中的四变量。

A. 商业环境　　B. 运营管理战略　　C. 协调和契合　　D. 企业绩效

16. 移动商务运营管理的"关键成功因素"是(　　)。

A. 供应链管理、产品与流程设计管理　　B. 采购管理、预测与调度管理

C. 库存管理与质量管理　　D. 人力资源管理与无形资产管理

5.9.3 判断题

1. 移动商务应用是移动商务主体。(　　)

2. 2003年工业和信息化部颁布的部颁标准《电信分类目录》中,将信息服务业定义为电信服务中的一项增值服务。(　　)

3. 移动服务提供商通过各种分销渠道获取收入。(　　)

4. 移动定位服务就是移动位置服务。(　　)

5. 移动互联网即将取代传统互联网。(　　)

5.10 Android 移动商务应用案例

5.10.1 单选题

1. "安卓"的英文名称是什么?(　　)

A. Andrew　　B. Android　　C. Andros　　D. Atradius

2. "安卓"是哪个公司主导研发的?(　　)

A. 诺基亚　　B. 微软　　C. 谷歌　　D. 苹果

3. "安卓"是哪一年发布的?(　　)

A. 2005年8月17日　　B. 2007年11月5日

C. 2008年10月21日　　D. 2006年5月1日

4. "安卓"是以什么为基础的操作系统?(　　)

A. Java　　B. UNIX　　C. Windows　　D. linux

5. 以下采用的是安卓系统的手机是(　　)。

A. 海尔、HT、摩托罗拉、诺基亚

B. 酷派、摩托罗拉、联想、华为

C. LG、天语、联想、苹果

D. 华为、诺基亚、酷派、三星

6. 哪个智能操作系统是开源的系统?(　　)

A. Symbian　　B. Android　　C. Windows Phone　　D. iOS

7. Android从哪个版本开始支持应用程序安装到SD卡上?(　　)

A. Android 2.1　　B. Android 2.2　　C. Android 2.3　　D. Android 2.0

8. RAM指的是手机的(　　)。

A. 运行内存　　B. 存储内存　　C. 手机硬盘　　D. 内存卡

9. 智能手机的定义是(　　)。

A. 可以任意安装卸载软件的手机　　B. 使用智能操作系统的手机

C. 3G 手机都是智能手机　　D. 具有 PAD 功能的手机

10. 安卓系统安装的软件是什么格式的?(　　)

A. sisx　　B. java　　C. apk　　D. jar

11. ROM 指的是手机的(　　)。

A. 运行内存　　B. 存储内存　　C. 音频芯片　　D. 内存卡

12. Wi-Fi 指的是(　　)。

A. 一种可以将个人计算机、手机等终端以有线方式进行相互连接的技术

B. 一种可以将个人计算机、手机等终端以无线方式进行相互连接的技术

C. 移动的无线网络

D. 联通的无线网络

13. 安卓系统如何卸载应用程序?(　　)

A. 设置—应用程序—管理应用程序　　B. 设置—应用程序—开发

C. 直接点住卸载　　D. 拖到垃圾桶卸载

14. 如何从百度中下载安卓市场?(　　)

A. 打开百度直接搜索安卓市场点击下载

B. 在本机搜索安卓市场进行安装

C. 从内存卡直接安装

D. 本机自带不用安装

15. 如何关闭数据开关?(　　)

A. 设置—应用程序—未知来源

B. 设置—账户与同步—背景数据

C. 设置—无线和网络—移动网络—已启用数据

D. 设置—位置和安全—移动数据

16. 手机壁纸的设定正确的步骤是(　　)。

A. 常按主屏幕,选择壁纸,设定壁纸

B. 进入设置,选择壁纸,设定壁纸

C. 进入设置,选择显示,动画设置所有动画

D. 常按屏幕选择小插件,设定壁纸

17. 如何开启 WLAN ?(　　)

A. 进入设置,选择无线和网络,打开移动网络

B. 进入设置,选择无线和网络,打开飞行模式

C. 进入设置,选择无线和网络,打开 WLAN

D. 进入设置,选择无线和网络,打开蓝牙

18. Android 操作系统的手机,如何查看近期打开过的程序?(　　)

A. 点击两下 Home 键

B. 打开设置,进入应用程序,查看最近打开的程序

C. 打开设置,进入应用程序,打开正在运行的服务

D. 长按 Home 键

19. Android 操作系统的手机,如何激活本机锁屏密码?(　　)

A. 打开程序主菜单,找到第三方密码锁插件

B. 打开设置,进入应用程序,选择未知源

C. 打开设置,进入安全,选择设置屏幕锁定

D. 常按手机睡眠/唤醒键,选择关机设定

20. Android 操作系统的手机,如何使新开封手机安装第三方软件?(　　)

A. 常按手机 Home 键

B. 轻点 Menu 选择全部应用程序

C. 打开设置,选择应用程序,选择未知源

D. 打开设置,进入应用程序,选择 USB 调试

21. Android 操作系统的手机,如何使用 PC 机给手机安装软件?(　　)

A. 使手机连接 PC,选择大容量存储,安装软件

B. 打开 USB 调试,使手机连接 PC,打开大容量存储,安装软件

C. 使手机连接 PC,打开 USB 调试,打开大容量存储,安装软件

D. 打开 USB 调试,使手机连接 PC,等待 PC 端安装手机驱动,使用第三方安装软件给手机安装软件

22. Android 操作系统的手机,如何快速设定桌面小插件?(　　)

A. 常按 Menu 键设定小插件

B. 常按手机主屏幕选择桌面小插件

C. 在手机主菜单中常按应用程序拖曳到主屏幕

D. 双击小房子键自动弹出小插件

23. Android 操作系统的手机,如何查看手机型号与本机系统信息?(　　)

A. 在拨号界面输入 * #06# 来查看

B. 拨打运营商电话通过人工服务来查看

C. 进入设置,选择关于手机来查看

D. 进入设置,选择安全来查看

24. Android 操作系统的手机,如何关闭程序自动同步(如自动同步天气),来帮助顾客节省流量?(　　)

A. 进入设置选择账户与同步关闭背景数据

B. 进入设置选择隐私权然后恢复出厂设置

C. 在设置里选择管理应用程序,把自动同步的程序卸载

D. 常按睡眠/唤醒键来重启手机

25. Android 操作系统的手机,设置里飞行模式起到的作用?(　　)

A. 可以直接关闭手机

B. 可以来电设置黑名单

C. 在不允许使用手机的环境下可以代替关机来关闭手机的所有无线连接

D. 在不允许使用手机的环境下可以代替关机来关闭手机信号

26. Android 操作系统的手机,如何使用蓝牙传输文件?(　　)

A. 进入设置,打开蓝牙

B. 打开下拉菜单点亮蓝牙标志

C. 进入设置打开蓝牙,并打开可检测性,找到要传输的机子进行配对

D. 直接传输文件

27. Android 操作系统的手机,在设置声音中触感的作用是(　　)。

A. 增加触摸灵感度　　B. 校正屏幕

C. 多任务手势　　D. 开启关闭手机下方快捷键触摸震动

28. Android 操作系统的手机,如何关闭显示 SIM 卡里的联系人?(　　)

A. 拔掉 SIM 卡

B. 删掉 SIM 卡里的联系人

C. 打开联系人打开 MENU,找到"更多"里的显示选项,去掉 SIM 卡显示

D. 拨打运营商电话,去掉联系人

29. Android 操作系统的手机,如何单一删除通话记录里的电话号码?(　　)

A. 点击一下通话记录的电话号码　　B. 双击通讯录里的电话号码

C. 向左滑动　　D. 常按电话号码

30. Android 操作系统的手机,如何把通讯录的电话号码保存为联系人?(　　)

A. 常按电话号码,找到添加联系人　　B. 点击 MENU,找到保存

C. 单击一下电话号码　　D. 以上方法均可

31. Android 操作系统的手机,浏览器下载的软件如何查找?(　　)

A. 打开下载的浏览器—屏幕菜单键—更多—下载内容—找到后点击安装

B. 打开下载的浏览器—屏幕 Home 键—更多—下载内容—找到后点击安装

C. 打开下载的浏览器—屏幕返回键—更多—下载内容—找到后点击安装

D. 打开下载的浏览器—屏幕返回键—更多—页内查找—找到后点击安装

32. Android 操作系统的手机,如何从系统里关闭网络数据?(　　)

A. 设置—无线和网络—移动网络—已启用数据

B. 设置—无线和网络—WLAN 设置

C. 设置—无线和网络—蓝牙设置

D. 设置—无线和网络—飞行模式

33. Android 操作系统的手机,如何调节屏幕亮度?(　　)

A. 设置—显示—亮度—进行调节

B. 设置—翻转设置—亮度—进行调节

C. 设置—应用程序—亮度—进行调节

D. 设置—位置和安全—亮度—进行调节

34. Android 操作系统的手机,如何给手机设置密码?(　　)

A. 设置—位置和安全—设置屏幕锁定　　B. 设置—设置密码

C. 设置—设置密码—设置屏幕锁定　D. 设置—显示

35. Android 操作系统的手机,如何结束应用程序?(　　)

A. 设置—应用程序—管理应用程序—正在运行的服务—找到点击结束

B. 直接按屏幕下方主菜单键

C. 直接按屏幕下方返回键

D. 打开另一个程序

36. Android 操作系统的手机,如何还原出厂设置?(　　)

A. 设置—辅助功能　B. 设置—隐私权

C. 设置—关于手机　D. 设置—应用程序

37. Android 操作系统的手机,如果手机锁屏时 Wi-Fi 自动断开连接,那么怎么调成不让其断开?(　　)

A. 不可能

B. 设置—无线和网络—WLAN 设置—左下角菜单键—高级—WLAN 休眠策略—永不休眠

C. 网络问题,换个网络就行

D. 设置—无线网络—WLAN 设置—左下角菜单键—高级—WLAN 休眠策略—屏幕关闭时休眠

38. Android 操作系统的手机,如何新建文件夹?(　　)

A. 按住主屏幕 3 秒—窗口小部件

B. 按住主屏幕 3 秒—文件夹—新建文件夹

C. 按住主屏幕 3 秒—快捷方式

D. 按住主屏幕 3 秒—壁纸

39. Android 操作系统的手机,如何从 SIM 卡和 SD 卡中导入电话本(　　)。

A. 联系人—左下角菜单键—导入导出

B. 通讯录—左下角菜单键—导入导出

C. 联系人—屏幕下角 HOM 键—导入导出

D. 通讯录—屏幕下角 HOM 键—导入导出

5.10.2 多选题

1. 以下哪些是智能手机的特点?(　　)

A. 具有无线接入互联网的能力

B. 具有 PAD 的功能

C. 具有开放性的操作系统

D. 人性化、功能强大、扩展性强

2. 以下哪些是智能机操作系统?(　　)

A. Windows phone　B. Symbian S60

C. Android　D. iOS

3. 3G 是什么?(　　)

A. 第三代移动通信技术

B. 英文 3rd generation 的缩写

C. 包括 WCDM、CDMA2000、TD-SCDMA 和 WiMAX

D. 内存卡是 3GB 的

4. Android 系统用数据线连接电脑安装软件，手机应如何设置？（　　）

A. 菜单键—设置—应用程序—选择(未知源)

B. 菜单键—设置—应用程序—开发—选择(USB 调试)

C. 菜单键—设置—应用程序—开发—选择(保持唤醒状态)

D. 菜单键—设置—应用程序—选择(管理应用程序)和菜单键—设置—应用程序—开发—选择(USB 调试)

5. Android 操作系统的手机，如何更换手机壁纸？（　　）

A. 长按桌面—壁纸或动态壁纸　　B. 图库—选择图片—更多—设置

C. menu 键—壁纸　　D. 以上方法都不行

6. Android 操作系统的手机，下列哪几种方法可以快速静音？（　　）

A. 锁屏状态下静音键左滑直接静音　　B. 设置—情景模式—静音模式

C. 直接按音量键调小　　D. 部分手机也可在下拉菜单中直接静音

7. Android 操作系统的手机，下列哪几种方法可以帮智能机省电？（　　）

A. 尽量不用动态壁纸　　B. 关闭蓝牙、GPS

C. 使用 2G 网络　　D. 调暗屏幕亮度

5.10.3 判断题

1. 安卓系统蓝牙传输音乐只能针对安卓系统。（　　）

2. 安卓系统下载时，手机数据线连接电脑时需要打开 USB 大容量存储。（　　）

3. 安卓系统本机自带程序都可以直接卸载。（　　）

4. 安卓系统可下载多种输入法，如百度、讯飞、搜狗等，可在手机设置中语言键盘里更改。（　　）

5. 在桌面上长按某个应用程序变为红色后拖进垃圾桶，可直接卸载程序。（　　）

6. Android 操作系统的手机，长按应用程序图标 3 秒钟可将快捷方式添加到桌面上。（　　）

7. Android 操作系统的手机，点开文件夹—长按文件夹顶部灰色部位—键入所需名字，即可更改文件夹名称。（　　）

8. Android 操作系统的手机，设置—应用程序—管理应用程序—全部—选择应用程序—卸载，即可卸载应用程序。（　　）

9. 联通 3G 手机不能用移动号上网。（　　）

10. Android 操作系统的手机，直接打开电子邮件输入邮箱号就可以登录邮箱。（　　）

11. 大部分纯安卓手机设置手机铃声，只要找到歌曲源文件按住 3 秒就可以设置。（　　）

12. Android 操作系统的手机切换壁纸，只有按住主屏幕点击添加壁纸这一种方法。

(　　)

13. 安卓系统是基于 Linux 系统开发的。(　　)

14. Android 操作系统的手机,可以在手机端格式化内存卡。(　　)

15. 所有安卓手机都不可以借用第三方程序设置短信铃声。(　　)

16. 所有安卓手机都能不借用第三方软件调节短信字体。(　　)

17. 所有智能机都是安卓系统。(　　)

18. 所有自带导航的安卓手机,导航都是免费的。(　　)

19. 3G 手机不一定是智能手机。(　　)

20. iOS 智能操作系统是苹果公司专用的手机操作系统。(　　)

21. 智能手机只有使用了 3G 网络才能实现丰富的网络应用。(　　)

22. 智能手机的定义是可以任意安装和卸载软件的手机。(　　)

5.11 iOS 移动商务应用案例

5.11.1 单选题

1. 除了为 iPhone4 提供结构框架之外,不锈钢边框还起着(　　)作用。

A. 热感应器　B. 音量放大器　C. 天线　D. 配件端口

2. FaceTime 需要在 iPhone4 上使用,必须通过(　　)网络传输数据。

A. 蜂窝数据　B. Wi-Fi　C. 3G　D. WiMAX

3. 在 iOS 系统里,通过多任务处理用户界面可以在活动的应用程序之间快速切换,只需(　　)就可激活应用程序。

A. 双击主屏幕按钮　B. 连续两次单击屏幕

C. 使用三根手指连按两次显示屏　D. 连按三次主屏幕按钮

4. 在 iOS 系统里,文件夹是(　　)。

A. 一种整理邮件的方法

B. Photo 应用程序中的一种幻灯片过渡方式

C. 一种在主屏幕上整理应用程序的方法

D. 一种储存空间的名称

5. 你可以将查找我的 iPhone 应用程序用于(　　)目的。

A. 查找感兴趣的 iPhone 应用程序　B. 管理 iPhone 的用途

C. 在 iPhone 上安装应用程序　D. 远程擦除所丢失的设备上的数据

6. 利用(　　),顾客使用 iPad 拍摄的照片会自动发送到其他设备上,因此顾客可以在所有设备上欣赏最近拍摄的照片。

A. 照片流　B. iTunes　C. 无线局域网　D. iPhoto

7. (　　)可以帮助顾客在一个方便的位置跟踪传入的所有电子邮件、文本、好友请求等内容。

A. 通知中心　B. 提醒事项　C. Mail　D. 备忘录

8.(　　)应用程序组成了 iPad 上的生产力套装软件 iWork。

A. Word、Excel、PowerPoint　　B. iMovie、iLife、iPhoto

C. Pages、Keynote、Numbers　　D. FaceTime、Photo Booth、iPhoto

9.哪项 iOS 5 功能在显示网上文章时可以排除广告或其他杂乱内容,从而可以使顾客阅读不受干扰?(　　)

A. 报纸杂志　　B. Safari 浏览器　　C. Mail　　D. 通知中心

10. 什么手势能让你放大或缩小网页上的文字和图像?(　　)

A. 双指开河或连续轻点两次　　B. 轻拂

C. 旋转　　D. 轻点并按住

11. 一个 iTunes 账户(Apple ID)可以在(　　)台计算机上进行授权。

A. 5　　B. 3　　C. 6　　D. 1

12. 一个 Apple ID 可以在(　　)部 iPhone 上下载软件。

A. 5　　B. 10　　C. 3　　D. 无限制

13. iOS 系统要在屏幕上建立文件夹,其固件版本必须达到(　　)。

A. iOS 4.2　　B. iOS 4.2.1

C. iOS 3.3　　D. 哪个版本都可以

14. Apple ID 虽然已授权给 5 台计算机,但是具有取消全部授权的权限,1 年可以进行(　　)次取消全部授权。

A. 1　　B. 2　　C. 5　　D. 无限制

15. 通过 iPad 中的 iPod 应用程序,你可以按照(　　)浏览音乐。

A. 歌曲、表演者、专辑、风格或作曲者　　B. 歌曲或专辑

C. 专辑或播放列表　　D. 歌曲或播放列表

16. iPad 提供了(　　)容量的闪存盘。

A. 16GB、32GB 或 64GB

B. 8GB、16GB 或 32GB

C. 32GB、64GB 或 96GB

D. 16GB、32GB 或 96GB

17. (　　)即可同时显示电子邮件消息和收件箱。

A. 轻点两下主屏幕按钮　　B. 旋转 iPad 变为横向显示

C. 轻点主屏幕按钮　　D. 晃动 iPad

18. (　　)可帮助你在打开的网页之间切换。

A. 书签　　B. 选项卡　　C. 缩略图视图　　D. 网页剪辑

19. 在 iPad 中播放视频非常简单,________可以启动屏幕控件,________便可以在宽屏和全屏之间切换。(　　)

A. 轻点两下屏幕　再轻点两下屏幕

B. 轻点两下主屏幕　轻点一下屏幕

C. 轻点一下屏幕　轻点两下屏幕

D. 轻点两下屏幕　轻点一下屏幕

20. 如何将照片导入 iPad 中？（　　）

A. 以下所有方法均适用

B. 使用可选的 iPad 相机连接套件从相机中导出照片

C. 从电子邮件中下载照片

D. 从 Mac 或电脑进行同步

21. iPhone 的文件夹功能为顾客带来哪些好处？（　　）

A. 它可以帮你在喜爱的应用程序间迅速切换

B. 它帮你轻松整理应用程序

C. 它让 iPhone 更耐用

D. 它帮你搜索 iPhone 上的内容

22. 以下哪部设备支持 iOS 4.2？（　　）

A. 所有 iPhone　　B. 仅 iPhone 4

C. 仅 iPhone 4 和 iPhone 3GS　　D. iPhone 3G、iPhone 3GS 和 iPhone 4

23. 你正与一位顾客对话，他担心 iPhone 的应用程序无法满足他的社交活动需求。打消他的顾虑的最好方式是什么？（　　）

A. iPhone 随机附带 App Store，可访问几十万个应用程序，多数流行的社交网络都为 iPhone 设计了专门的应用程序

B. iPhone 以优越的设计弥补应用程序的缺乏，你可以通过 Safari 访问社交网络

C. iPhone 随机附带 Apple Store 应用程序，你可以直接用 iPhone 购买软件

D. 你可以通过 iPhone 随机附带的 iTunes Store 购买所有的社交网络应用程序

24. 一位 iPhone 3GS 用户非常喜欢 iOS 4.2 的全新 AirPrint 功能。他想知道 iPhone 3GS 是否兼容这一功能。你会如何回答？（　　）

A. AirPrint 仅兼容 iPhone 4 和支持 AirPrint 的打印机

B. AirPrint 兼容 iPhone 4 和 iPhone 3GS，且仅能与支持 AirPrint 的打印机配合使用

C. AirPrint 仅兼容 iPhone 4 和 Wi-Fi 打印机

D. AirPrint 兼容 iPhone 4 和 iPhone 3GS，可与各种 WiFi 打印机配合使用

25. FaceTime 是苹果主推功能之一，基于（　　）网络，可以实现苹果设备间的（　　）。

A. 3G；语音通话　　B. 3G＋WiFi；视频通话

C. WiFi；视频通话　　D. WiFi；短信收发

26. 完整的 iLife 由哪几部分组成？（　　）

A. iPhoto、iMovie、iDVD、iWeb、Pages

B. iPhoto、iMovie、GarageBand、iDVD、iWeb

C. iPhoto、iMovie、GarageBand、Pages、iDVD

D. iPhoto、iMovie、iDVD、iWeb、iWork

27. 以下哪项功能是 iOS 5 的功能，而不是 iPhone 4S 独有的？（　　）

A. 从锁定屏幕拍摄照片，按下调高音量按钮即可拍照

B. 出色的白平衡功能、理想的色彩保真度、脸部识别技术并且减少了相机中图像模糊的情况

C. 连接、载入、重新载入和下载速度更快

D. 两倍的处理性能和七倍的图形处理能力

28. 顾客使用(　　)功能,根据其音乐库中的歌曲自动创建混合曲目。

A. Genius　　B. 健身　　C. VoiceOver　　D. 单声道

29. 苹果产品提供多样化的辅助功能,其中 VoiceOver 目前提供多少种语言?(　　)

A. 15 种　　B. 20 种　　C. 21 种　　D. 29 种

30. 以下关于 iTunes 的陈述哪个是不正确的?(　　)

A. iTunes 可以管理和播放计算机上的数字音乐和视频

B. iTunes 可以将数据和媒体文件同步到 iPhone 上

C. iTunes 可以用来录制、编辑和整合音乐

D. iTunes Store 可以通过 iPhone 或电脑访问,在这里可以浏览、预览和下载媒体文件

31. 注册 iTunes 账号时,以下密码哪一种组合是正确的?(　　)

A. kairui123456　　B. kairui

C. Kai1357rui　　D. kairui1357rui

32. 在销售过程中,全面的 iPhone 解决方案包含哪些内容?(　　)

A. 一部 64GB iPhone 4S　　B. 一部 iPhone 和一部 iPad

C. 一部 iPhone 和一台 Mac　　D. iPhone、应用程序和配件

33. Retina 显示屏如此清晰,是因为(　　)。

A. 它的像素数是 iPhone 3GS 的 4 倍

B. iOS 4 采用了一种新算法

C. 它的色彩模仿了人类视网膜

D. 双层玻璃起到了棱镜的作用

34. 以下哪种打电话的方法不适用于 iPhone?(　　)

A. 语音控制

B. 轻点通讯录列表中的一个人名

C. 通过轻点键盘上的一个指定数字进行快速拨号

D. 轻点网站、文本或电子邮件信息中的数字

35. 以下对 iPhone 中 Safari 的描述只有一项是错误的,请选出描述不正确的一项。(　　)

A. 书签和网页剪辑可以帮助你快速访问喜爱的网站

B. 除了 Google 和 Yahoo! 搜索引擎以外,Safari 现在还支持 Bing

C. 你可以用横向、纵向和放大的显示方式浏览网页

D. 你可以同时打开 15 个网页

36. "照片"中的一项新功能是(　　),它充分利用了内嵌在 iPhone 图片中的地理信息标签。

A. GPS　　B. 面孔　　C. GeoCache　　D. 地点

37. iOS 系统中，你可以在以下哪组应用程序中使用语音控制？（　　）

A. 电话和 iPod　　B. iPod 和地图

C. 电话和短信　　D. 可访问性和搜索

38. iTunes Store 中不提供哪种功能？（　　）

A. 浏览新资源、十大热门资源和资源类型

B. 使用搜索功能缩小媒体的选择范围

C. 订阅无限制的媒体流服务

D. 预览任意歌曲或视频

39. 网络共享功能可以提供（　　）。

A. 从 iPhone 到计算机的共享蜂窝网络连接

B. 从 iPhone 到计算机的共享 WiFi 连接

C. 从 iPhone 到计算机的共享蓝牙连接

D. 从 iPhone 到计算机的无线同步选项

40. 借助 iPhone 中的 iMovie，你可以实现以下哪些功能？（　　）

A. 修剪剪辑的长度，放大时间轴以近距离查看

B. 添加标题、过渡效果和主题

C. 添加音乐和照片

D. 打造三维效果

41. iPhone 的"地图"应用程序中不包含哪种功能？（　　）

A. 方位探测器与搜索　　B. 地图、卫星、混合与街道视图

C. 语音路线提示　　D. 交通信息

42. iPhone 的搜索功能可支持的任务不包括（　　）。

A. 网络

B. 公司服务器，获取邮件消息和通讯录信息

C. 应用程序数据

D. 外存储器容量

43. 哪项功能与 iPhone 的可访问性无关？（　　）

A. VPN　　B. VoiceOver　　C. 缩放　　D. 黑底白字

44. iPhone 支持在下列哪个程序中使用日历？（　　）

A. Yahoo! 和 Google

B. iCal 和 MobileMe

C. Microsoft Outlook 和 Microsoft Exchange ActiveSync

D. 以上所有程序

5.11.2 多选题

1. iPhone 4S 是世界上第一款（　　）。

A. 可超长使用电池，因此顾客可以在 3G 网络上获得长达 8 小时的通话时间

B. 向顾客提供一款全球通用的手机，可以使用 GSM 或 CDMA 运营商
C. 让最大 HSDPA 数据速率翻倍，最高可达 14.4Mbps
D. 在两套天线之间智能切换传送和接收功能的手机，可以实现更好的接听效果

2. iPhone 要实现个人无线热点功能必须满足以下要求。(　　)

A. 固件版本 4.2.3　　B. 固件版本 4.3
C. iPhone 3　　D. iPhone 4
E. iPhone 3GS

3. 关于 iPhone 版本下列说法正确的是(　　)。

A. MC603X/A 澳大利亚版，MC603C/A 加拿大版
B. MC603FB/A 法国版，MC603IP/A 意大利版
C. MC603X/A 新西兰版，MC603ZA/A 新加坡版
D. MC603B/A 英国版，MC603CH 中国版

4. 下列说法错误的是(　　)。

A. iPhone 有 2 个话筒　　B. iPhone 支持 WAP 网页
C. iPhone 机身只有一个 MAC　　D. iPhone 随身附带文件管理器

5. iTunes 所授权的电脑，授权未取消，便重新装系统，则(　　)。

A. 此电脑授权取消
B. 系统重新安装好后，授权仍在
C. 5 个授权名额减少一个
D. 其授权的名额还存在，只需进行重新授权即可

6. iOS 系统，双击主屏幕键可打开最近使用的应用程序列表，这是通过哪一项功能实现的？(　　)

A. 多任务处理　　B. FaceTime
C. iBooks　　D. 应用程序文件夹

7. iPhone 4S 可以通过(　　)实现定位功能。

A. 辅助全球卫星定位系统 GPS　　B. GLONASS 定位系统
C. WLAN 网络　　D. 蜂窝网络

5.11.3 判断题

1. iPad 只能支持 802.11g 网络。(　　)

2. 向客户推荐 iPad Wi-Fi 还是 iPad Wi-Fi+3G 的决定性因素是客户在 Wi-Fi 网络之外的互联网访问需求。(　　)

3. 高清摄像采用了轻点对焦功能，支持拍摄前景和背景中的目标。(　　)

4. iPhone 4 配备了一个麦克风和一个扬声器。(　　)

5. 你可以将 App Store 应用程序无线下载到 iPhone 中，你还可以使用 iTunes 将下载的 iPhone 应用程序同步到你的电脑。(　　)

6. iBooks 的一项新功能支持从应用程序中查看 PDF，你将可以为文档添加注释，并将文档同步回电脑中。(　　)

7. iPhone3GS 为残疾人士提供内置辅助功能。(　　)

8. iPhone 最多支持 5 人的多方通话。(　　)

9. iPhone 集成了革命性的手机、宽屏 iPod 和突破性的互联网于一身。(　　)

10. iPhone3GS 出现单一屏幕裂纹,保内也需要收费维修。(　　)

11. iPhone4 不能自定义铃声。(　　)

12. iPhone4 可以支持视频通话。(　　)

13. iPhone 手机必须插入 SIM 卡才可以被激活。(　　)

14. 不能使用 iTunes 制作手机铃声。(　　)

15. 利用 iTunes 软件可以下载免费应用程序。(　　)

16. iPhone4 手机的摄像功能能够对所拍摄的视频进行剪辑。(　　)

17. 可以将自己经常浏览的网页添加到 iPhone 主屏幕上。(　　)

18. iPhone4 进行 FaceTime 可视电话,双方均要在苹果服务器上成功注册 FaceTime 功能,这是必要条件。(　　)

19. iPhone4 进行 FaceTime 可视电话的必要条件是双方必须都要成功连接上 WiFi 网络,必须要有蜂窝信号。(　　)

20. 在 iPhone4 桌面上长时间点住一个图标,直到所有图标都开始抖动,拖住其中一个图标移动到另一个图标上,就自动为两个文件建立了一个文件夹。(　　)

21. iPhone 4 可以通过连接到电视、投影仪或使用 VGA 连接器的显示屏,在大屏幕上观看幻灯片和电影。(　　)

22. iPhone4 有两个摄像头,主摄像头有 500 万像素。(　　)

23. iPhone4 可以使用现有的普通 UISM 卡。(　　)

24. 在 iPhone4 手机上通过连按两次主屏幕按钮“HOME”,可以打开多任务处理列表。(　　)

25. iPhone 的通话记录可以单条删除。(　　)

26. 前摄像头可用于 FaceTime 视频通话和提供 VGA 质量的照片和视频。(　　)

27. 在购买 iPhone 的同时和当地电信运营商签订合同,以合同价或者签约价购买 iPhone 手机属于裸机,直接在苹果手机店或商场购买的 iPhone 手机不签订协议合同,不绑定任何运营商的手机属于签约机。(　　)

28. 利用 iPhone,你可以轻松地访问电脑上面的数据和媒体文件,种子双向同步处理通过无线方式进行。(　　)

29. FaceTime 可视通话过程中会产生一定的数据流量费用。(　　)

30. iPhone 无法开机的时候可以强行开机。(　　)

31. iPhone 左上角不显示中国联通,显示英文 chinaunicom,而且没有网络共享,可能原因是 iPhone 之前做了非官方操作,如越狱。(　　)

32. iTunes Store 账号注册,填写密码提示“必须至少包含 8 个字符”是为了防止密码过于简单导致账户丢失。(　　)

33. iPhone 4 的使用过程中要轻松放大或缩小网页,正确的操作方法是双指开合。(　　)

34. 使用 iPhone 4，来电时，按一下电源键为静音，按两下电源键为拒接。按三下电源键为自动关机。(　　)

35. iPhone 4 使用过程中，同时按住电源键和 Home 键 8 秒钟后可强制关机。那么同时按住电源键和 Home 键直到黑屏也算强制关机。(　　)

36. FaceTime 功能不可以通过 3G 信号进行视频通话，只能通过连接 Wi-Fi 网络进行 FaceTime 可视电话。(　　)

37. FaceTime 功能支持 3G 信号进行视频通话。(　　)

38. iPhone 屏幕字体突然变大，将其还原的方法是三个手指同时轻点两下屏幕。(　　)

39. iPhone 来电时，正常情况下按一下电源键为静音，那么按两下电源键则为拒接。(　　)

40. iPhone 的通讯录不可以直接在 iPhone 上一次清空。(　　)

5.12 微信公众号开发

5.12.1 选择题

1. 微信公众号中，公众号处于审核期间，什么功能是无法使用的？(　　)
   A. 申请认证　　B. 群发消息功能
   C. 获取用户地址　　D. 以上全是
2. 微信公众号中，群发消息的内容不可以是(　　)。
   A. 文字　　B. 语音　　C. 微信相册　　D. 图文消息
3. 微信公众号中，哪个公众号无法设置按钮类型为直接跳转任何网址？(　　)
   A. 认证的商家服务号　　B. 认证的公司订阅号
   C. 未认证的公司订阅号　　D. 测试号
4. 微信公众号中，未认证的订阅号的按键类型可以设置跳转到(　　)。
   A. 百度首页　　B. 淘宝首页
   C. 自建服务器页面　　D. 公众号图文消息
5. 微信公众号中，pic_weixin 类型的按钮可以(　　)。
   A. 发起拍照事件　　B. 弹出微信相册发图器
   C. 获取网络图片　　D. 截图
6. 微信公众号中，media_id、view_limited 的设计用于(　　)。
   A. 未认证的服务号　　B. 认证的订阅号
   C. 企业号　　D. 未认证的订阅号
7. 微信公众号中，群发的图文消息的标题上限为(　　)字节。
   A. 32　　B. 128　　C. 64　　D. 256
8. 微信公众号中，设置菜单时收到的“invalid button name size”指的是(　　)。
   A. 无效菜单名长度　　B. button 不能为中文

C. name类型错误　　　　　　　　　　D. name不合法

9. 微信公众号中，设置菜单使用的HTTP请求方式为(　　)。

A. get　　B. post　　C. send　　D. get_post

10. 微信公众号中，location_select类型事件可以让微信客户端进行什么相应操作？(　　)

A. 地理位置选择器　　　　　　　　B. 本地文件选择器

C. 本地图片选择器　　　　　　　　D. 本地消息选择器

11. 微信公众号中，微信服务器将使用什么方式与待接入的服务器地址URL连接？(　　)

A. get　　B. post　　C. gets　　D. posts

12. 微信公众号中，用户需要通过检验什么对服务器接入请求进行校验？(　　)

A. true　　B. token　　C. signature　　D. timestamp

13. 微信公众号中，以下哪个步骤不是对公众号接入的描述？(　　)

A. 将token、timestamp、nonce三个参数进行字典序排序

B. 将三个参数字符串拼接成一个字符串，进行sha1加密

C. 开发者获得加密后的字符串，可与signature对比，标识该请求来源于微信

D. 使用AppID以及AppSecret获取access_token

14. 微信公众号中，目前支持(　　)端口。

A. 3306　　B. 88　　C. 80　　D. 8080

15. 微信公众号中，测试号可以允许多少用户关注？(　　)

A. 10　　B. 20　　C. 100　　D. 1000

16. 微信公众号中，测试号每天可以接收的消息上限是(　　)。

A. 1000　　B. 10万　　C. 无上限　　D. 0

17. 微信公众账号投票最多可设置(　　)个选项。

A. 100　　B. 1000　　C. 10000　　D. 无上限

18. 微信公众号中，微信开放平台的网址是(　　)。

A. open. weixin. qq. com　　　　B. weixin. qq. com

C. open. qq. com　　　　　　　　D. weixin. openID. com

19. 微信公众号中，素材管理主要用来管理公众平台的(　　)。

A. 图片　　B. 语音　　C. 视频　　D. 网站

20. 微信公众号中，微信小店接口在哪个公众号上可以调用？(　　)

A. 未认证订阅号　　　　　　　　B. 微信认证订阅号

C. 未认证服务号　　　　　　　　D. 微信认证服务号

21. 微信公众账号群发消息时，语音限制为(　　)。

A. 5MB　　B. 10MB　　C. 100MB　　D. 1GB

22. 微信公众号中，测试号的个性化菜单每日新增限制次数为(　　)。

A. 1000　　B. 2000　　C. 20000　　D. 无上限

23. 微信公众号中，每天测试号的个性化菜单匹配次数为(　　)。

A. 1000　　B. 2000　　C. 20000　　D. 无上限

24. 微信公众号中,出于安全考虑,一个公众号的所有个性化菜单最多只能设置为跳转到几个域名下的链接。(　　)

A. 1　　B. 2　　C. 3　　D. 4

25. 微信公众号中,开通语音识别后,用户每次发送语音给公众号时,微信推送的语音消息数据包是什么格式?(　　)

A. MP3　　B. XML　　C. RMVB　　D. JSON

26. 微信公众号中,语音识别结果使用的编码格式为(　　)。

A. ANSI　　B. GBK　　C. UTF-8　　D. TEXT

27. 微信公众号中,认证订阅号在一天内可以群发几次?(　　)

A. 1　　B. 2　　C. 3　　D. 4

28. 微信公众号中,上传图文消息素材,服务器不接受的类型有(　　)。

A. image　　B. voice　　C. thumb　　D. location

29. 微信公众号中,公众号推送的消息不可能是(　　)。

A. image　　B. video　　C. wxcard　　D. thumb

30. 服务号与订阅号有什么区别?(　　)

A. 发送信息数不一样　　B. 手机端显示的界面不一样

C. 支持的支付功能不一样　　D. A、B、C 都是

5.12.2 判断题

1. 微信公众号中,通过用户的 OpenID 可以查询其所在的组群。(　　)

2. 微信公众号中,微信认证年审是不需要费用的。(　　)

3. 微信公众号中,一次可以查看用户列表中的 99999 个关注者的 OpenID。(　　)

4. 微信公众号中,微信认证事件推送中,资质认证成功后,公众号就获得了认证相关接口权限,资质认证成功一定发生在名称认证成功之前。(　　)

5. 微信公众号中,第三方平台的公众号登录后,可以获取自定义菜单配置。(　　)

6. 微信公众号中,微信认证年审时,主体(企业/组织)全称可以修改。(　　)

7. 微信公众号中,临时二维码,是有过期时间的,最长可以设置为在二维码生成后的 7 天后过期。(　　)

8. 微信公众号中,当公众号粉丝向公众账号发消息时,微信服务器数据包发送到用户填写的网址上。(　　)

9. 微信公众号中,微信公众平台投票功能,已对所有公众账号开放。(　　)

10. 微信公众号中,账号主体为个人,也可以开通微信认证。(　　)

11. 微信公众号中,连接微信服务器并调用各种功能时均需使用 HTTPS 协议。(　　)

12. 微信公众平台提供了三种加解密的模式供用户选择,即明文模式、兼容模式、安全模式。(　　)

13. 微信公众号中,永久素材的总数不包括公众平台官网素材管理中的素

材。(　　)

14. 微信公众号中,图文分析数据接口指的是用于获得公众平台官网数据统计模块中图文分析数据的接口。(　　)

15. 微信公众号审核期间,微信公众账号无法申请认证。(　　)

16. 微信公众号审核期间,他人通过“搜索公众账号”无法搜索到微信公众账号。(　　)

17. 微信公众号中,对于认证订阅号,每天可群发成功两次,群发可选择发送给全部用户或某个分组。(　　)

18. 微信公众号中,公众号需要使用用户地理位置时,会弹框让用户确认是否允许公众号使用其地理位置。(　　)

19. 微信公众号中,普通公众号的个性化菜单每日最多可设置 2000 次,删除菜单也是 2000 次。(　　)

20. 微信公众号中,无论在公众平台网站上,还是使用接口群发,用户每月只能接收 5 条群发消息,多于 5 条的群发将对该用户发送失败。(　　)

5.13 精益创业

5.13.1 单选题

1. 根据统计学规律,创始人为(　　)人时,初创公司成功率较大。

A. 1　　B. 2　　C. 3 个及以上

2. 创始人需要在企业初创期订立股东协议吗?(　　)

A. 需要　　B. 不需要

3. 公司在以下哪个阶段引入具有专业技能的“雇佣军”会比较适宜?(　　)

A. B 轮融资后　　B. 初创期

4. 两个创始人的股份比例分配为以下哪种情况时,相对来说更有利于公司的决策与未来发展?(　　)

A. 5∶5　　B. 3∶7

5. 合伙人在管理职能和股权比例两方面的关系最好是(　　)。

A. 对等的　　B. 不对等的

6. 公司初创期,创始人和 CEO 最好由(　　)承担。

A. 同一人　　B. 不同人

7. 监管机制更适用于(　　)。

A. 初创公司　　B. 较为成熟的大型公司

8. 期权有投票权吗?(　　)

A. 有　　B. 没有

9. 以下属于创业者的特征的是(　　)。

A. 人际关系的协调能力　　B. 开拓创新的能力

C. 组织管理的能力　　D. 都包括

10. 找到你的优势,再放大你的优势就成功了,这叫作(　　)。

A. 墨菲定律　　B. 德西效应

C. 盖洛普优势定律　　D. 蝴蝶效应

11. 创业者通常(　　)比较强。

A. 依赖性　　B. 拖延性　　C. 懒惰性　　D. 自主性

12. 下列哪项技能是创业者技能中最重要的?(　　)

A. 控制内心冲突的能力　　B. 发现因果关系的能力

C. 洞察力,发现细微处的商机　　D. 应变能力,灵活应对环境的变化

13. "当20%的人在干的时候他在干,当80%的人在干的时候他已经撤了"反映了创业者的什么特征?(　　)

A. 善于时间管理　　B. 具有创新思维

C. 善于发现问题　　D. 能客观看待事物

14. 以下属于优秀团队的共同特征的是(　　)。

A. 凝聚力　　B. 完整性　　C. 收获观念　　D. 都包括

15. 比尔·盖茨说他成功的秘诀是(　　)。

A. 吃亏　　B. 做自己最擅长的事

C. 积累人脉　　D. 学习

16. 股权不清属于什么风险。(　　)

A. 财务风险　　B. 信息风险　　C. 管理风险　　D. 团队风险

17. 下列不属于商业模式三要素的是(　　)。

A. 价值　　B. 产品　　C. 顾客　　D. 利润

18. 下列不属于有形创业资源的是(　　)。

A. 财力　　B. 技术　　C. 知识　　D. 组织

19. 企业在不赔不赚的时候,达到(　　)。

A. 利益平衡点　　B. 盈亏平衡点　　C. 资金平衡点　　D. 产品战略点

20. 初创企业,最适合的就是(　　)。

A. 市场补缺者　　B. 价格特色者

C. 做大企业的小伙伴　　D. 都包括

21. 下列对创业计划书的功能描述不正确的是(　　)。

A. 计划越周密,成功可能性越大

B. 实践中要严格按照计划书进行

C. 计划书中要有1~3年的规划

D. 计划书是创业的起点和基础

22. 在计划书中最容易忽略的是我们的(　　)。

A. 财务风险　　B. 团队风险　　C. 风险防范　　D. 管理风险

23. 你到了人生的谷底,只要你坚持,一切都会向上,叫作(　　)。

A. 木桶效益　　B. 蝴蝶效益　　C. 墨菲定律　　D. 锅底法则

24. 企业在产品的开发阶段,对于产品的定价和利润说法正确的是(　　)。

A. 产品定价低,利润低　　B. 产品定价低、利润高

C. 产品定价高、利润高　　D. 产品定价高,利润低

25. 下列不属于"企业家式营销"的特点的是(　　)。

A. 产品最了解　　B. 掌握第一手资料

C. 细分市场需求　　D. 产品最自信

26. 财务风险的第一个风险就是(　　)。

A. 现金流预测不准　　B. 资金不够

C. 资产贬值　　D. 都不对

27. 根据冰山原理,创业者下列的哪个品质不是难以理解和评估的?(　　)

A. 动机　　B. 技能　　C. 特质　　D. 自我概念

28. 下列不属于建立有效沟通机制的途径是(　　)。

A. 善于聆听　　B. 非正式沟通更轻松

C. 换位思考　　D. 一言堂

29. 对顾客投诉的多种处理方法中,最实质的是(　　)。

A. 诚恳道歉　　B. 额外补偿　　C. 融洽气氛　　D. 快速反应

30. 识别机会的最好办法,就是(　　)。

A. 向能人专家请教　　B. 闭门分析思考

C. 看卖得最好的　　D. 倾听人们的不满

31. 在创业的初创阶段,创业者最主要的需求是首先解决(　　)的问题。

A. 资金　　B. 项目　　C. 生存　　D. 技术

32. 企业经营战略体系的核心是(　　)。

A. 市场战略　　B. 投资战略　　C. 产品战略　　D. 资源战略

33. 和投资人交流最有效的方式是(　　)。

A. 出色的现场 PPT 演示　　B. 详细的商业计划书和财务预测

C. 样品当场测试　　D. 有朋友的推荐和介绍

34. 凝聚创业团队的最好办法是(　　)。

A. 期权　　B. 公司文化　　C. CEO 的魅力　　D. 工资和福利

35. 创业公司的日常运营中,最棘手的问题是(　　)。

A. 人的管理　　B. 销售增长　　C. 研发的速度　　D. 扩张力度

36. 所谓"口碑原理"主要是指(　　)。

A. 多举办宣讲报告会　　B. 散发宣传资料

C. 让顾客主动做宣传　　D. 说竞争对手的坏话

37. 创业的第一个条件,就是要有(　　)。

A. 众人相助　　B. 强烈的欲望　　C. 充足的资金　　D. 平和的心态

38. 微小型企业在激烈的竞争中,较为适宜有效的是以(　　)。

A. 技术取胜　　B. 服务取胜　　C. 价格取胜　　D. 形象取胜

39. 创业者在销售方面的主要问题是服务对象(　　)。

A. 不好找　　B. 不明确　　C. 太复杂　　D. 太少了

40. 微小型企业在创办期，设计企业规章制度时，应按照(　　)逐步精化的思路去设计、制定。

A. 企业管理规范文本　　B. 务实、实用、简洁、粗线条

C. 企业实际情况　　D. 标准化、规范化、制度化

5.13.2 判断题

1. 从理论上来说，创业是指在资源完备情况下，寻找机会进行价值创造的一种整合。(　　)

2. 创业的机会成本越高，越容易创业。(　　)

3. 价格领先策略适合作为初创企业的经营策略。(　　)

4. 市场调研对象要避免熟人。(　　)

5. 寻找投资人最重要的是价值观相同。(　　)

6. 初创企业的营销方式和成熟企业的营销方式应该相同。(　　)

7. 优秀团队的成员之间应该能力互补，各有所长。(　　)

8. 在创业初期，自己不熟悉的业务尽量不要外包。(　　)

9. 产品的生命周期是指其开始进入市场到被市场淘汰的整个过程。(　　)

10. 营销的过程本质是企业实现利润的过程。(　　)

5.14 创业者的窘境

5.14.1 选择题

1. 下列因素中，(　　)不属于企业的外部环境因素。

A. 人口　　B. 营销组合　　C. 人均国民收入　D. 科学技术水平

2. 现代企业制度权责明确是指(　　)。

A. 国家与企业之间的权责关系明确

B. 企业内部各组织机构之间权力界限的分明、各司其职、各尽其责

C. 投资者与企业之间的权责关系明确，责任界限清楚

D. 职工与企业之间的权责关系明确

3. 判断一个企业组织分权程度的主要依据是(　　)。

A. 按地区设置多个区域性部门　　B. 设置多个中层的职能机构

C. 管理幅度、管理层次增加　　D. 命令权的下放程序

4. 企业组织结构中的直线关系是指一种(　　)关系。

A. 指挥和命令　B. 服务和协助　　C. 指挥和协助　　D. 服务和命令

5. 制定企业各种经营范围及其组合规划，直辖市企业各种不同的经营活动，确定企业投资重点，分配企业各种经营活动的资源等，这是(　　)的主要任务。

A. 经营战略规划　　B. 职能支持战备规划
C. 运营战备规划　　D. 公司战略规划

6. 正确决策是企业管理者必须具有的能力。在以下决策要素中,(　　)是决策的基础。

A. 目标　　B. 多种可以相互替代的方案
C. 矛盾性意见　　D. 可行性分析

7. 按预先规定的程序、处理方法和标准解决管理中经常重复出现的问题,称为(　　)。

A. 定型化决策　　B. 非定型化决策
C. 一次性决策　　D. 确定性决策

8. 认为企业应生产经营那些"顾客需要的、企业擅长的、符合社会整体利益的产品"的营销观念是(　　)。

A. 生产观念　　B. 产品观念
C. 市场营销观念　　D. 社会营销观念

9. 整体产品包括多个层次的含义,产品的维修服务属于产品的(　　)含义。

A. 形式　　B. 核心　　C. 实质　　D. 延伸

10. "人口密度"是市场细分中(　　)的具体变量。

A. 人口细分　　B. 地理细分　　C. 心理细分　　D. 行为细分

11. 观念本质上是企业能生产什么就销售什么,它强调的是(　　)。

A. 以亲报胜　　B. 以廉取胜　　C. 以质取胜　　D. 以量取胜

12. 衡量一个企业产品组合状况的重要指标是(　　)。

A. 长度、深度和宽度　　B. 宽度、深度和高度
C. 长度、宽度和关联度　　D. 关联度、宽度和深度

13. 纺织企业的纺纱、织布,属于(　　)过程。

A. 基本生产　　B. 辅助生产　　C. 生产技术准备　　D. 生产服务

14. 下列关于企业物流的叙述,不正确的是(　　)。

A. 企业物流商品实体在空间上的运动和转移,但商品的所有权不发生变化
B. 企业物流管理的基本要求是环节最少、时间最短、费用最省
C. 现代物流以电子网络为平台,传输速度加快
D. 电子商务和物流正在相互融合,相互延伸

15. 作为衡量产品或服务质量的尺度以及质量控制基本依据的是(　　)。

A. 质量管理　　B. 质量保证体系　　C. 质量标准　　D. 质量意识

16. 企业长期投资涉及的资金金额大、时间长、风险高,因此在投资时除考虑风险、资金成本和未来现金流量等因素外,还必须要考虑(　　)。

A. 资金的时间价值　　B. 资金的流向
C. 资金何时收回　　D. 投资形式

17. 下列关于企业技术创新的说法中,错误的是(　　)。

A. 必须在技术上有显著变化的产品和工艺

B. 必须具备潜在的市场需要的新产品新工艺

C. 创新的主体必须是科学技术专家

D. 创新的主体是以企业家为核心的企业

18. 企业技术创新战略主要分为自主创新战略和(　　)。

A. 被动创新战略　　B. 模仿创新战略

C. 联合创新战略　　D. 引起创新战略

19. 管理的主体是(　　)。

A. 领导者　　B. 管理者　　C. 人　　D. 领导

20. 任何组织的管理都是从(　　)开始的。

A. 组织　　B. 领导　　C. 控制　　D. 计划

21. 古人云:"预则立,不预则废。"这是说哪一项管理职能的重要性?(　　)

A. 领导职能　　B. 计划职能　　C. 控制职能　　D. 组织职能

22. 相传有个这样的商人,他在卖马的时候一直说,允许顾客任意挑选马匹,但需要符合一个条件,即只能挑选最靠近门边的那一匹。在此例中,顾客拥有的决策权限是(　　)。

A. 很大,因为他可以任意挑选马匹。

B. 很小,因为他的决策前提受到了严格控制。

C. 无大小之别,因为这里顾客只是在买马,而不是在作决策。

D. 无法判断,因为决策权限大小取决于所作决策的类型与重要程度。

23. 概括而言,管理学原理的学科性质有(　　)。

A. 社会应用性　　B. 管理效果的不确定性

C. 科学和艺术的统一性　　D. 管理效果对经验的依赖性

24. 管理的二重性是指(　　)。

A. 艺术性和科学性　　B. 基础性和边缘性

C. 自然属性和社会属性　　D. 普遍性和重要性

25. 基层管理者的主要工作是(　　)。

A. 计划　　B. 技术　　C. 协调　　D. 决策

26. 人员配备的根本目的是(　　)。

A. 使个人能力水平与岗位要求相适应

B. 为任何人找到和创造发挥作用的条件

C. 通过个体之间取长补短形成整体优势

D. 保持所有员工的身心健康

27. 人员招聘的最终目的是(　　)。

A. 保证组织有足够的人力需求　　B. 选择素质高、质量好的人才

C. 招聘到最优的人才　　D. 达到组织整体效益的最优化

28. 面试开始时应从应聘者的(　　)开始发问。

A. 可以预料到的问题　　B. 最预想不到的问题

C. 最难于回答的问题　　D. 简历中有疑问的地方

29. 确定员工发展目标时应把其(　　)作为重点考虑对象。

A. 个性　　B. 共性　　C. 可塑性　　D. 成长性

30. 绩效考核还需要对工作业绩以外的内容进行考核，即对企业员工的(　　)做出正确评价。

A. 综合素质和对企业做出的贡献

B. 工作态度和对企业的认同程度

C. 综合素质和对企业的认同度

D. 对企业的贡献和对企业的认同

31. 绩效考核制度作为绩效考核活动的指导性文件，在拟定起草时，一定要从企业(　　)出发。

A. 生产规模和管理工作水平

B. 实际生产状况和计划达到的生产要求

C. 生产规模和企业现实生产技术组织形式

D. 现实生产技术组织条件和管理工作的水平

32. (　　)是绩效考核的最终落脚点。

A. 绩效改进计划　　B. 评价实施

C. 绩效面谈　　D. 改进绩效的指导

5.14.2 判断题

1. 管理学是一门精确的学科。(　　)
2. 在管理活动中，最重要、对管理效果起决定因素的是信息。(　　)
3. 环境不确定性越大，计划就越需要精确。(　　)
4. 管理的艺术性指的是管理的实践性。(　　)
5. 管理不能脱离组织而存在，而组织中不一定存在管理。(　　)
6. 决策是管理活动的起点和中心环节。(　　)
7. 人员外部选聘比内部选聘更有效。(　　)

5.15 定　　位

5.15.1 选择题

1. 如果两个商品之间的交叉弹性小于零，表明这两种商品是可以(　　)。

A. 替代的　　B. 互补的　　C. 相关的　　D. 无关的

2. 通过对产品进行现场操作表演，使顾客对商品产生信任感的销售方法叫作(　　)。

A. 引导开拓销售法　　B. 间接销售法

C. 配套组合销售法　　D. 信誉销售法

3. 就市场经济活动参与者的目的而言，市场体系可以被分为两大部：市场营销组织

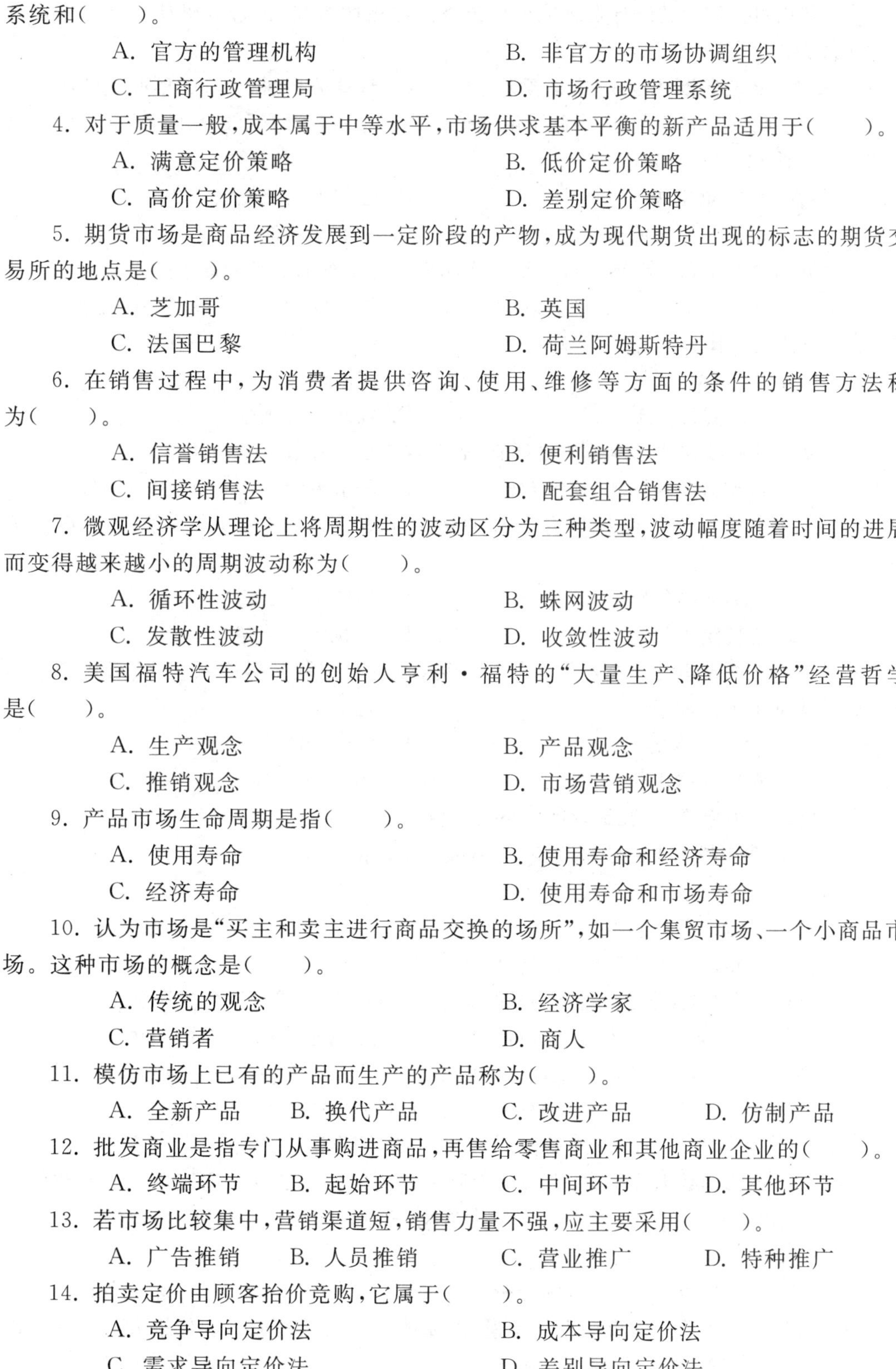

系统和(　　)。

A. 官方的管理机构　　B. 非官方的市场协调组织

C. 工商行政管理局　　D. 市场行政管理系统

4. 对于质量一般,成本属于中等水平,市场供求基本平衡的新产品适用于(　　)。

A. 满意定价策略　　B. 低价定价策略

C. 高价定价策略　　D. 差别定价策略

5. 期货市场是商品经济发展到一定阶段的产物,成为现代期货出现的标志的期货交易所的地点是(　　)。

A. 芝加哥　　B. 英国

C. 法国巴黎　　D. 荷兰阿姆斯特丹

6. 在销售过程中,为消费者提供咨询、使用、维修等方面的条件的销售方法称为(　　)。

A. 信誉销售法　　B. 便利销售法

C. 间接销售法　　D. 配套组合销售法

7. 微观经济学从理论上将周期性的波动区分为三种类型,波动幅度随着时间的进展而变得越来越小的周期波动称为(　　)。

A. 循环性波动　　B. 蛛网波动

C. 发散性波动　　D. 收敛性波动

8. 美国福特汽车公司的创始人亨利·福特的"大量生产、降低价格"经营哲学是(　　)。

A. 生产观念　　B. 产品观念

C. 推销观念　　D. 市场营销观念

9. 产品市场生命周期是指(　　)。

A. 使用寿命　　B. 使用寿命和经济寿命

C. 经济寿命　　D. 使用寿命和市场寿命

10. 认为市场是"买主和卖主进行商品交换的场所",如一个集贸市场、一个小商品市场。这种市场的概念是(　　)。

A. 传统的观念　　B. 经济学家

C. 营销者　　D. 商人

11. 模仿市场上已有的产品而生产的产品称为(　　)。

A. 全新产品　B. 换代产品　C. 改进产品　D. 仿制产品

12. 批发商业是指专门从事购进商品,再售给零售商业和其他商业企业的(　　)。

A. 终端环节　B. 起始环节　C. 中间环节　D. 其他环节

13. 若市场比较集中,营销渠道短,销售力量不强,应主要采用(　　)。

A. 广告推销　B. 人员推销　C. 营业推广　D. 特种推广

14. 拍卖定价由顾客抬价竞购,它属于(　　)。

A. 竞争导向定价法　　B. 成本导向定价法

C. 需求导向定价法　　D. 差别导向定价法

15. 利用过去积累的统计资料或市场调查所取得的资料，进行分析计算后作出预测的方法称为（　　）。

A. 经验判断法　B. 定量预测法　C. 计算分析法　D. 回归判断法

16. 直接听取顾客的意见，由此了解他们的购买意向和对竞争产品的看法，最后作出预测数的方法称为（　　）。

A. 专家意见法　B. 经理人员意见法
C. 销售人员意见法　D. 顾客意见法

17. 下面哪种观念容易导致过分重视产品而不是重视消费者的需求（　　）。

A. 生产观念　B. 产品观念　C. 推销观念　D. 市场观念

18. 基点定价比较适合（　　）。

A. 需求弹性大　B. 需求弹性小
C. 需求弹性为1　D. 需求弹性无限大

19. 秋季的西瓜往往比春季的更便宜，表明这里面存在着（　　）。

A. 购销差价　B. 地区差价　C. 季节差价　D. 批零差价

20. 尾数定价策略是通过带有零头的尾数来确定的价格，属于下面哪种定价策略？（　　）

A. 比较定价策略　B. 促销定价策略
C. 心理定价策略　D. 差别定价策略

21. 企业通过收购或兼并若干原料供应商，拥有和控制其供应系统，实行供产一体化。这种新业务方法属于（　　）。

A. 后向一体化　B. 前向一体化
C. 水平一体化　D. 多元一体化

22. 传统营销模式，一般是营销战略支配营销战术，而逆向市场营销则是（　　）。

A. 营销战术支配营销战略，然后战略推动战术
B. 营销战术等同于营销战略
C. 只考虑营销战术
D. 营销战术不能对经营产生创意

23. 行业吸引力大，业务力量强的战略业务单位在多因素投资组合矩阵中处于（　　）。

A. 黄色地带　B. 红色地带　C. 绿色地带　D. 白色地带

24. 某超市在其罐头产品货架上安装监视器，以记录顾客目光的运动过程，借以搞清顾客如何浏览各种品牌。这种收集原始信息数据的方法被称为（　　）。

A. 观察法　B. 实验法　C. 调查法　D. 专家估计法

25. 在市场营销数据分析中，当营销者所关注的因变量是分类型变量而不是数值型变量时，如某电动自行车生产商希望解释顾客对三种品牌的偏好程度时，营销者应采用的多变量统计技术为（　　）。

A. 回归分析　B. 判别分析　C. 因素分析　D. 相关分析

26. 将许多过于狭小的市场组合起来，以便能用比较低的成本和价格去满足这一市场需求的市场战略称为（　　）。

A. 反细分市场战略　　B. 超细分战略
C. 市场定位战略　　D. 地理细分战略

27. 协助买卖成交,推销产品,但对所经营的产品没有所有权的营销中介是(　　)。
A. 供应商　　B. 商人中间商　　C. 代理中间商　　D. 辅助商

28. 公众是指对企业实现其市场营销目标构成实际或潜在影响的任何团体。银行、保险、证券、信托属于(　　)。
A. 金融公众　　B. 媒体公众　　C. 政府公众　　D. 一般公众

29. 为了生产、取得利润而购买的个人和企业所构成的市场,称为(　　)。
A. 消费者市场　　B. 生产者市场　　C. 中间商市场　　D. 政府市场

30. 影响消费者购买行为的因素众多,其中家庭属于(　　)。
A. 文化因素　　B. 社会因素　　C. 个人因素　　D. 心理因素

31. 产业市场的需求是(　　)。
A. 无弹性　　B. 富有弹性　　C. 引申需求　　D. 弹性无穷大

32. 按使用者情况、品牌忠诚度等变量对消费者进行分类,属于(　　)。
A. 行为细分　　B. 人口细分　　C. 心理细分　　D. 地理细分

33. 马斯洛认为人类最高层次的需要是(　　)。
A. 生理需要　　B. 自我实现的需要
C. 安全需要　　D. 社会需要

34. 识别竞争者的两个方面是(　　)。
A. 产业和市场　　B. 市场和市场细分
C. 产业和产品细分　　D. 产品细分和产业细分

35. 市场挑战者最间接的进攻战略是(　　)。
A. 正面进攻　　B. 侧翼进攻　　C. 包围进攻　　D. 迂回进攻

5.15.2 判断题

1. 绩效考核可以提高员工的工作绩效并促进员工的成长。(　　)

2. 选聘管理人员的依据,总的来说应该德才兼备。(　　)

3. 绩效考核实质上是对员工工作业绩的考核。(　　)

4. 按商品包装在商品流通中的作用来划分,包装分为运输包装和销售包装。(　　)

5. 对于市场相对集中、顾客购买量大的产品,往往采用间接销售以减少中转费用,扩大产品的销售。(　　)

6. 采用招标定价法时,报价越低,中标的概率越小,实际利润率越小。(　　)

7. 保险公司属于市场营销渠道企业中的代理商。(　　)

8. 市场挑战者集中优势力量攻击对手的弱点,佯攻正面实攻背面的策略属于侧面进攻。(　　)

附录 A

手机应用编程题答案

本附录提供第 4 章的习题参考答案，A.1 节对应 4.1 节，A.2 节对应 4.2 节。

A.1 Java 编程模块

A.1.1 选择题

1～5	BAABC	6～10	AAACD
11～15	DDAAD	16～20	BBACA
21～25	CCACD	26～30	DDBBA
31～35	CBCCA	36～40	AADAD
41～45	ACCCD	46～50	CBCCA
51～55	AADBB	56～60	ABCDC
61～65	DDDDA	66～70	DCCBD
71～75	AAACB	76～80	ACBCB
81～85	BCDDA	86～90	DDBBC
91～95	ABDCA	99～100	CCCBC

A.1.2 判断题

1～5	FFFTT	6～10	FTTTF
11～15	FFFTF	16～20	TFTFF
21～25	FFFFF	26	T

A.1.3 编程题

1. 编写一个程序，实现对数组 a[]={20,10,50,40,30,70,60,80,90,100}从小到大的排序。

参考答案：Java 编程\Test001.java

```
public class Test001 {
```

```java
    public static void main(String[] args){
      int a[]={20,10,50,40,30,70,60,80,90,100};
      sorted(a);                                    //冒泡排序
//      sorted02(a);                                //选择排序
    }
    public static void sorted(int a[]){             //冒泡排序
      for(int i=0;i<a.length-1;i++){
        for(int j=i+1;j<a.length;j++){
          if(a[j]<a[i]){
            int temp=a[i];
            a[i]=a[j];
            a[j]=temp;
          }
        }
      }
      for(int i=0;i<a.length;i++){
        System.out.print(a[i]+"");
      }
    }
    public static void sorted02(int a[]){           //选择排序
      for(int i=0;i<a.length;i++){
        int k=i,j;
        for(j=i;j<a.length;j++){
          if(a[j]<a[k]){
            k=j;
          }
        }
        if(k!=i){
          int temp=a[i];
          a[i]=a[k];
          a[k]=temp;
        }
      }
      for(int i=0;i<a.length;i++){
        System.out.print(a[i]+"");
      }
    }
}
```

2. 打印出所有的水仙花数，所谓“水仙花数”是指一个三位数，其各位数字立方和等于该数本身。

参考答案：Java 编程\Test002. java

```
public class Test002 {
  public static void main(String[] args){
    shuiXianHua();
  }
  public static void shuiXianHua(){
    for(int i=100;i<1000;i++){
      int digit=i%10;
      int ten=(i/10)%10;
      int hand=i/100;
      if(i==(digit * digit * digit+ten * ten * ten+hand * hand * hand)){
        System.out.print(i+"");
      }
    }
  }
}
```

3. 编写一个小程序，计算 1!＋2!＋3!＋…＋20!的值。

参考答案：Java 编程\Test003.java

```
public class Test003 {
  public static void main(String[] args){
    getSum(20);
  }
  public static void getSum(int num){
    long sum=0;
    long temp=1;
    for(int i=1;i<=num;i++){
      temp=temp * i;
      sum+=temp;
    }
    System.out.println("1!+2!+3!+……+"+num+"!="+sum);
  }
}
```

4. 将一个正整数分解质因数。

参考答案：Java 编程\Test004.java

```
public class Test004 {
  public static void main(String[] args){
    divide(90);         //测试数据 1
    divide(25);         //测试数据 2
    divide(5);          //测试数据 3
  }
  public static void divide(int num){
    System.out.print(num+"=");
```

```
      boolean isFirst=true;
      for(int i=2;i<=num;i++){
        while(num%i==0){
          if(isFirst){
            isFirst=false;
            System.out.print(i);
          }else{
            System.out.print("*"+i);
          }
          num=num/i;
        }
      }
      System.out.println();
    }
  }
```

5. 输入两个正整数 m 和 n，求其最大公约数和最小公倍数。

参考答案：Java 编程\Test005.java

```
public class Test005 {
  public static void main(String[] args){
    maxAndMin(12,18);
  }
  public static void maxAndMin(int a,int b){
    int c=0;
    int temp01=a;
    int temp02=b;
    int d=a*b;
    if(a<b){
      int temp=a;
      a=b;
      b=temp;
    }
    while((c=a%b)!=0){
      a=b;
      b=c;
    }
    System.out.println(temp01+","+temp02+"最大公约数为: "+b);
    System.out.println(temp01+","+temp02+"最小公倍数为: "+(d/b));
  }
}
```

6. 输出 100 以内所有素数之和。

参考答案：Java 编程\Test006.java

```
public class Test006 {
```

```
    public static void main(String[] args){
      int sum=0;
      for(int i=2;i<100;i++){
        if(isPrime(i)){
          sum+=i;
        }
      }
      System.out.println("100 以内的所有素数之和为: sum="+sum);
    }
    public static boolean isPrime(int n){
      for(int i=2;i<=Math.sqrt(n);i++){
        if(n%i==0){
          return false;
        }
      }
      return true;
    }
}
```

7. 打印出 101～200 以内的所有素数,每行 5 个。

参考答案: Java 编程\Test007.java

```
public class Test007 {
    public static void main(String[] args){
        int count=0;
        System.out.println("101~200 之间的素数有: ");
        for(int i=101;i<200;i++){
            if(isPrime(i)){
                System.out.print(i+"\n");
                count=count+1;
                if(count%5==0){
                    System.out.println();
                }
            }
        }
    }
    public static boolean isPrime(int n){//判断一个数是否是素数
        for(int j=2;j<=Math.sqrt(n);j++){
            if(n%j==0){
                return false;
            }
        }
        return true;
    }
}
```

8. 编写一个小程序，打印出1000以内的所有完全数。所谓完全数是指一个数它所有的真因子（即除了自身以外的约数）的和恰好等于它本身。

参考答案：Java编程\Test008.java

```
public class Test008{
  public static void main(String[] args){
    System.out.println("1000以内的完全数有：");
    for(int i=1;i<1000;i++){
      if(isPerfectNum(i)){
        printNum(i);
      }
    }
  }
  public static boolean isPerfectNum(int n){
    int sum=0;
    for(int i=1;i<=n/2;i++){
      if(n%i==0){
        sum+=i;
      }
    }
    if(sum==n){
      return true;
    }else{
      return false;
    }
  }
  public static void printNum(int n){
    boolean isFirst=true;
    System.out.print(n+"=");
    for(int i=1;i<n;i++){
      if(n%i==0){
        if(isFirst){
          System.out.print(i);
          isFirst=false;
        }else{
          System.out.print("+"+i);
        }
      }
    }
    System.out.println();
  }
}
```

9. 打印出下图所示的数字金字塔，要求打印10行。

参考答案：Java 编程\Test009.java

```java
public class Test009 {
  public static void main(String[] args){
    int n=10;
    for(int i=1;i<=n;i++){
      for(int j=1;j<=n-i;j++){
        System.out.print("");
      }
      for(int k=1;k<=i;k++){
        System.out.print(k+"");
      }
      for(int k=i-1;k>0;k--){
        System.out.print(k+"");
      }
      System.out.println();
    }
  }
}
```

10. 打印出杨辉三角形，要求打印 10 行，每个数字占两位，每次换行空一行。

参考答案：Java 编程\Test010.java

```java
public class Test010 {
  public static void main(String[] args){
    int[][] num=new int[10][];
    for(int i=0;i<num.length;i++){
      num[i]=new int[i+1];
      num[i][0]=1;
      num[i][i]=1;
    }
    for(int i=1;i<num.length;i++){
      for(int j=1;j<num[i].length-1;j++){
        num[i][j]=num[i-1][j-1]+num[i-1][j];
      }
    }
    for(int i=0;i<num.length;i++){
      for(int j=0;j<num.length-1-i;j++){
        System.out.print("");
      }
      for(int k=0;k<num[i].length;k++){
        System.out.print(num[i][k]+"");
      }
      System.out.println();
      System.out.println();
```

```
        }
      }
    }
```

11. 编写一个程序,打印出V形A字符效果。

参考答案:Java编程\Test011.java

```
import java.util.Scanner;
public class Test011 {
  public static void main(String[] args) {
    System.out.println("请输入需要打印的行数(一个正整数):");
    Scanner scanner=new Scanner(System.in);
    int n=scanner.nextInt();
    while(n<0){
      System.out.println("输入的行数不合法,请输入一个正整数!");
    }
    for(int i=0;i<n;i++){
      for(int j=0;j<i;j++){
        System.out.printf("");                //打印前置空格
      }
      System.out.printf("A");                 //打印左边第一个字母A
      for(int k=0;k<2*(n-i-1)-1;k++){
        System.out.print("");                 //打印中间的空格
      }
      if(i!=(n-1)){
        System.out.print("A");                //打印右边的字母A
      }
      System.out.println();                   //换行
    }
  }
}
```

12. 编写一个程序,打印出实心菱形效果。

参考答案:Java编程\Test012.java

```
import java.util.Scanner;
public class Test012 {
  public static void main(String[] args) {
    System.out.println("请输入一个正整数:");
    Scanner scanner=new Scanner(System.in);
    int n=scanner.nextInt();
    while(n<0){
      System.out.println("输入的行数不合法,请输入一个正整数!");
    }
    for(int i=0;i<n;i++){                   //打印上半部分
      for(int j=0;j<n-1-i;j++){             //打印前置空格
```

```
            System.out.print("");
          }
          for(int k=0;k<2*i+1;k++){
            System.out.print("*");
          }
          System.out.println();
        }
        n=n-1;                                        //上下对称,下方少一行
        for(int i=0;i<n;i++){                         //打印下半部分
          for(int j=0;j<i+1;j++){                     //打印前置空格
            System.out.print("");
          }
          for(int k=0;k<2*(n-1-i)+1;k++){
            System.out.print("*");
          }
          System.out.println();
        }
      }
    }
```

13. 编写一个程序,实现如下功能,有 20 个人围坐一圈,从 1 到 20 按顺序编号,从第 1 个人开始循环报数,凡报到 7 的倍数或者数字中包含 7 的人就退出(如 7,14,17,21,27,28……),请按照顺序输出退出人的编号。

参考答案:Java 编程\Test013.java

```
//约瑟夫问题
public class Test013 {
    //n 表示一共有多少人,每次报数,报到 num 时退出,求最后一个退出的数
    public static void yueSefu(int n, int num) {
        boolean[] people=new boolean[n];
        int count=0;                    //表示退出的人数
        int j=0;                        //记录报数
        int k=0;                        //数组下标
        while (count <n) {              //还有人没退出时,继续执行
            if (!people[k]) {           //如果还没有退出,则报数
                j++;
                if(j%num==0||(j%10==num)){     //如果能够整除或者尾数为 num
                    count++;
                    System.out.println("第 "+count+" 次退出的人的编号为:
                    "+(k+1)+",报的数为: "+j);
                    people[k]=true;
                }
            }
            k=(k+1)%people.length;      //下一个
```

```
            }
        }
        public static void main(String[] args) {
            yueSefu(20, 7);
        }
    }
```

14. 编写一个程序，求 $s=a+aa+aaa+aaaa+aa\cdots a$ 的值，其中 a 是一个数字。例如 2+22+222+2222+22222(此时共有 5 个数相加)，具体的数字 a 以及 a 的个数 num 由用户键盘输入。

参考答案：Java 编程\Test014.java

```
import java.util.Scanner;
public class Test014 {
    public static void main(String[] args) {
        Scanner scanner=new Scanner(System.in);
        System.out.println("请输入数字 a,取值范围为 1-9: ");
        int a=scanner.nextInt();
        while(a<1||a>9){
            System.out.println("输入的数字不符合要求,请重新输入!");
            a=scanner.nextInt();
        }
        System.out.println("请输入一个数字 num,表示个数: ");
        int num=scanner.nextInt();
        while(num<1||num>11){
            System.out.println("输入的数字不符合要求,请重新输入!");
            num=scanner.nextInt();
        }
        sum(a,num);
    }
    public static void sum(int a,int num){
        long sum=0;
        long temp=0;
        String output="";
        for(int i=0;i<num;i++){
            temp=temp * 10+a;
            sum+=temp;
            if(i==0){
                output=output+temp;
            }else{
                output=output+"+"+temp;
            }
        }
        System.out.println(output+"="+sum);
```

```
        }
    }
```

15. 编写一个程序，随机生成 n 个[a,b]之间的不重复的数字，其中 a<b，并且 b－a>n，a、b、n 的值由用户键盘输入，当输入数字不合法时要求重新输入，例如 b<a 时，会提示重新输入，n>b－a 时，也会提示不合法。

参考答案：Java 编程\Test015.java

```
import java.util.ArrayList;
import java.util.List;
import java.util.Random;
import java.util.Scanner;

public class BB2 {
  public static void main(String[] args) {
    Scanner scanner=new Scanner(System.in);
    System.out.println("请输入第一个数 a: ");
    int a=scanner.nextInt();
    System.out.println("请输入第二个数 b: ");
    int b=scanner.nextInt();
    while(b<a||b-a<10){
      System.out.println("输入的数字不符合要求,请重新输入: ");
      b=scanner.nextInt();
    }
    System.out.println("请输入产生的随机数的个数,取值范围: [1"+","+(b-a)
    +"]: ");
    int n=scanner.nextInt();
    while(n<1||n>(b-a)){
      System.out.println("输入的数字不符合要求,请重新输入: ");
      n=scanner.nextInt();
    }
    genRandom(a, b,n);
  }
  public static void genRandom(int a, int b,int n) {
    Random rand=new Random();
    List<Integer>datas=new ArrayList<Integer>();
    int genNum=0;              //用于保存生成的数
    for (int i=0; i <n; i++) {
      //随机生成 20-80 之间的数
      genNum=rand.nextInt(b-a)+a;
      while (datas.contains(genNum)) {
        //集合中已经包含该数,需要重新生成
        genNum=rand.nextInt(b-a)+a;
      }
```

```
            datas.add(genNum);
        }
        System.out.println("随机生成的 1"+n+"个["+a+","+b+"]之间的数为: ");
        for (int i : datas) {
            System.out.print(i+"");
        }
        System.out.println();
    }
}
```

16. 有 2、5、7、8 这四个数字，能组成多少个互不相同且无重复数字的三位数？输出这些数，要求每 5 个换一行。

参考答案：Java 编程\Test016.java

```
import java.util.ArrayList;
public class Test016{
  public static void main(String[] args) {
    getNum();
  }
  public static void getNum() {
    int[] nums=new int[] { 2, 5, 7, 8 };
    ArrayList<Integer>results=new ArrayList<Integer>();
    int dig;
    int dec;
    int hun;
    int temp;
    for (hun=0; hun<nums.length; hun++) {
      for (dec=0; dec<nums.length; dec++) {
        for (dig=0; dig<nums.length; dig++) {
          if(hun!=dig&&hun!=dec&&dec!=dig){
            temp=nums[hun] * 100+nums[dec] * 10+nums[dig];
            if (!results.contains(temp)) {
              results.add(temp);
            }
          }
        }
      }
    }
    System.out.println("2,5,7,8 这四个数字,一共可以组成"+results.size()
        +"个互不相同且无重复数字的三位数: ");
    for (int i=0; i<results.size(); i++) {
      System.out.print(results.get(i)+"");
      if ((i+1) %5==0) {
        System.out.println();
      }
```

```
      }
    }
  }
```

17. 猜年龄。美国数学家维纳(N. Wiener)智力早熟,11 岁就上了大学。他曾在 1935—1936 年应邀来中国清华大学讲学。一次,他参加某个重要会议,年轻的面孔引人注目。于是有人询问他的年龄,他回答说:“我年龄的立方是个 4 位数。我年龄的 4 次方是个 6 位数。这 10 个数字正好包含了从 0 到 9 这 10 个数字,每个都恰好出现 1 次。”请编写程序求出维纳的年龄,打印出对应的数。

参考答案:Java 编程\Test017.java

```
public class Test017 {
  public static void main(String[] args) {
    for(int i=11;i<30;i++){
     printData(i);
    }
  }
  public static void printData(int num){
    String n=num * num * num+"";
    String m=num * num * num * num+"";
    if(n.length()!=4||m.length()!=6){
      return;
    }
    int[] data=new int[10];
    for(int i=0;i<n.length();i++){
      data[n.charAt(i)-'0']++;
    }
    for(int i=0;i<m.length();i++){
      data[m.charAt(i)-'0']++;
    }
    for(int i=0;i<data.length;i++){
      if(data[i]!=1){
        return;
      }
    }
    System.out.println(num+" * "+num+" * "+num+"="+n+""+num+" * "+num
    +" * "+num+" * "+num+"="+m);
  }
}
```

18. 猜年份。小明和他的表弟一起去看电影,有人问他们的年龄。小明说:今年是我们的幸运年啊。我出生年份的四位数字加起来刚好是我的年龄。表弟的也是如此。已知今年是 2016 年。请编写程序打印出小明与小明表弟的出生年份。

参考答案:Java 编程\Test018.java

```java
public class Test018 {
  public static void main(String[] args) {
    for(int i=1900;i<2016;i++){
      if(2016-i==getSum(i)){
        System.out.print(i+"");
      }
    }
  }
  public static int getSum(int n){
    int sum=0;
    while(n!=0){
      sum=sum+n%10;
      n=n/10;
    }
    return sum;
  }
}
```

19. 观察下面的现象,某个数字的立方,按位累加仍然等于自身。

1^3=1

8^3=512　　5+1+2=8

17^3=4913　　4+9+1+3=17

请编写程序打印出所有符合要求的正整数。

参考答案:Java 编程\Test019.java

```java
public class Test019{
  public static void main(String[] args) {
    for (int i=1; i<100; i++) {
      printResult(i);
    }
  }
  public static void printResult(int n) {             //方法一
    String result=n * n * n+"";
    int sum=0;
        for (int i=0; i<result.length(); i++) {
          sum=sum+(result.charAt(i) -'0');
        }
        if (sum==n) {
          System.out.print(n+"^"+3+"="+result+"");
          for (int i=0; i<result.length(); i++) {
            if (i !=result.length() -1) {
              System.out.print(result.charAt(i)+"+");
            } else {
              System.out.print(result.charAt(i)+"="+n);
```

```
                }
            }
            System.out.println();
        }
    }
}
```

20. 猜数字：小明发现了一个奇妙的数字。它的平方和立方正好把 0～9 的 10 个数字每个用且只用了一次。

参考答案：Java 编程\Test020.java

```
public class Test020{
  public static void main(String[] args) {
    for(int i=40;i<100;i++){
      printData(i);
    }
  }
  public static void printData(int num){
    String n=num*num+"";
    String m=num*num*num+"";
    if(n.length()+m.length()!=10){
      return;
    }
    int[] data=new int[10];
    for(int i=0;i<n.length();i++){
      data[n.charAt(i)-'0']++;
    }
    for(int i=0;i<m.length();i++){
      data[m.charAt(i)-'0']++;
    }
    for(int i=0;i<data.length;i++){
      if(data[i]!=1){
        return;
      }
    }
    System.out.println(num+" * "+num+"="+n+""+num+" * "+num+" * "+num
    +"="+m);
  }
}
```

A.2 Android 编程模块

A.2.1 选择题

1～5　DAACA　6～10　BDDDB

11～15 CCCCC 16～20 BCBCC
21～25 BBCBC 26～30 DBDDB
31～35 ACDBA 36～40 AACDA
41～45 CCBAB 46～50 BBDCA
51～55 ADACD 56～60 ADABC
61～65 DAADC 66～70 DBACD
71～75 DDCAA 76～80 BDDBB
81～85 DBADA 86～90 DBBCC
91 A

A.2.2 判断题

1～5 FFFTT 6～10 TTTTF
11～15 FTFFF 16～19 TTTT

A.2.3 Android 基础编程题

1. 实现简单图片浏览功能。

参考答案：

(1) 布局文件代码：Android 基础编程\001\ImageScan\res\layout\activity_main.xml。

```
<? xml version="1.0" encoding="utf-8"? >
<LinearLayout xmlns:android="http://schemas.android.com/apk/res/android"
  android:layout_width="match_parent"
  android:layout_height="match_parent"
  android:orientation="vertical">
<ImageView
    android:id="@+id/mImageView"
    android:layout_width="320dp"
    android:layout_height="240dp"
    android:layout_gravity="center_horizontal"
    android:src="@drawable/pic001" />
<LinearLayout
    android:layout_width="match_parent"
    android:layout_height="wrap_content"
    android:gravity="center_horizontal"
    android:orientation="horizontal">
<Button
      android:layout_width="wrap_content"
      android:layout_height="wrap_content"
      android:text="@string/pre"
      android:onClick="pre" />
```

```
<Button
     android:layout_width="wrap_content"
     android:layout_height="wrap_content"
     android:text="@string/next"
     android:onClick="next"/>
</LinearLayout>
</LinearLayout>
```

(2) 字符串常量资源代码：Android 基础编程\001\ImageScan\res\values\strings.xml。

```
<?xml version="1.0" encoding="utf-8"?>
<resources>
<string name="app_name">手机软件设计赛</string>
<string name="pre">上一张</string>
<string name="next">下一张</string>
</resources>
```

(3) 业务逻辑代码：Android 基础编程\001\ImageScan\src\cn\jxufe\iet\android\MainActivity.java。

```
package cn.jxufe.iet.android;
import android.app.Activity;
import android.os.Bundle;
import android.view.View;
import android.widget.ImageView;
public class MainActivity extends Activity {
private int[] imageIds=new int[] { R.drawable.pic001, R.drawable.pic002, R.drawable.pic003,R.drawable.pic004, R.drawable.pic005 };
//定义一个数组,用于存放所有的图片资源 id
private int currentPosition=0;            //当前显示的图片的序号
 private ImageView mImageView;
 public void onCreate(Bundle savedInstanceState) {
 super.onCreate(savedInstanceState);
 setContentView(R.layout.activity_main);
 mImageView=(ImageView) findViewById(R.id.mImageView);
   mImageView.setImageResource(R.drawable.pic001);         //默认第一张
 }
      public void pre(View view){         //上一张按钮的单击事件处理
   currentPosition=(currentPosition - 1 + imageIds.length)% imageIds.length;
   mImageView.setImageResource(imageIds[currentPosition]);
    }
     public void next(View view){         //下一张按钮的单击事件处理
   currentPosition=(currentPosition+1)%imageIds.length;
   mImageView.setImageResource(imageIds[currentPosition]);
```

```
        }
    }
```

2. 实现计算器界面设计。

参考答案：

(1) 样式文件：Android 基础编程\002\Calculator\res\values\styles.xml。

```
<?xml version="1.0" encoding="utf-8"?>
<resources>
<style name="btn01">
<item name="android:layout_width">60dp</item>
<item name="android:layout_height">50dp</item>
<item name="android:textSize">20sp</item>
</style>

<style name="btn02" parent="btn01">
 <item name="android:layout_width">120dp</item>
 </style>

 <style name="btn03" parent="btn01">
 <item name="android:layout_height">100dp</item>
 </style>
 </resources>
```

(2) 布局文件代码：Android 基础编程\002\Calculator\res\layout\activity_main.xml。

```
<?xml version="1.0" encoding="utf-8"?>
<TableLayout xmlns:android="http://schemas.android.com/apk/res/
android"
  android:layout_width="match_parent"
  android:layout_height="wrap_content">
<EditText
    android:layout_width="match_parent"
    android:layout_height="wrap_content"
    android:minLines="2"
    android:layout_margin="10dp"
     android:enabled="false"
     android:gravity="right|bottom"
     android:text="0"
     android:textSize="20sp"
     android:textColor="#ffffff"/>
 <TableRow
     android:layout_width="match_parent"
     android:gravity="center_horizontal">
```

```
<Button
      style="@style/btn01"
      android:text="MC" />
<Button
      style="@style/btn01"
      android:text="MR" />
<Button
      style="@style/btn01"
      android:text="MS" />
<Button
      style="@style/btn01"
      android:text="M+" />
<Button
      style="@style/btn01"
      android:text="M-" />
</TableRow>
<TableRow
    android:layout_width="match_parent"
    android:gravity="center_horizontal">
<Button
      style="@style/btn01"
      android:text="←" />
<Button
      style="@style/btn01"
      android:text="CE" />
<Button
      style="@style/btn01"
      android:text="C" />
<Button
      style="@style/btn01"
      android:text="±" />
<Button
      style="@style/btn01"
      android:text="√" />
</TableRow>
<TableRow
    android:layout_width="match_parent"
    android:gravity="center_horizontal">
<Button
      style="@style/btn01"
      android:text="7" />
<Button
      style="@style/btn01"
      android:text="8" />
```

```
<Button
      style="@style/btn01"
      android:text="9" />
<Button
      style="@style/btn01"
      android:text="/" />
<Button
      style="@style/btn01"
      android:text="%" />
</TableRow>
<TableRow
    android:layout_width="match_parent"
    android:gravity="center_horizontal">
<Button
      style="@style/btn01"
      android:text="4" />
<Button
      style="@style/btn01"
      android:text="5" />
<Button
      style="@style/btn01"
      android:text="6" />
<Button
      style="@style/btn01"
      android:text=" * " />
<Button
      style="@style/btn01"
      android:text="1/x" />
</TableRow>
<RelativeLayout
    android:layout_width="match_parent"
    android:layout_height="wrap_content"
    android:gravity="center_horizontal">
<Button
      android:id="@+id/one"
      style="@style/btn01"
      android:text="1" />
<Button
      android:id="@+id/two"
      style="@style/btn01"
      android:layout_alignTop="@id/one"
      android:layout_toRightOf="@id/one"
      android:text="2" />
<Button
```

```
        android:id="@+id/three"
        style="@style/btn01"
        android:layout_alignTop="@id/two"
        android:layout_toRightOf="@id/two"
        android:text="3" />
    <Button
        android:id="@+id/minus"
        style="@style/btn01"
        android:layout_alignTop="@id/three"
        android:layout_toRightOf="@id/three"
        android:text="-" />
    <Button
        android:id="@+id/equal"
        style="@style/btn03"
        android:layout_alignTop="@id/minus"
        android:layout_toRightOf="@id/minus"
        android:gravity="center"
        android:text="=" />
    <Button
        android:id="@+id/plus"
        style="@style/btn01"
        android:layout_alignBottom="@id/equal"
        android:layout_toLeftOf="@id/equal"
        android:text="+" />
    <Button
        android:id="@+id/dot"
        style="@style/btn01"
        android:layout_alignTop="@id/plus"
        android:layout_toLeftOf="@id/plus"
        android:text="." />
    <Button
        style="@style/btn02"
        android:layout_alignTop="@id/dot"
        android:layout_toLeftOf="@id/dot"
        android:text="0" />
    </RelativeLayout>
    </TableLayout>
```

3. 请设计并实现规定界面效果。

参考答案：

(1) 布局文件：Android 基础编程\003\ZTest01\res\layout\activity_main.xml。

```
<FrameLayout xmlns:android="http://schemas.android.com/apk/res/android"
    xmlns:tools="http://schemas.android.com/tools"
    android:layout_width="match_parent"
```

```
    android:layout_height="match_parent"
    android:background="#aabbcc">
  <TextView
      android:layout_width="wrap_content"
      android:layout_height="wrap_content"
      android:layout_gravity="center_horizontal"
      android:layout_marginTop="10dp"
      android:drawableLeft="@drawable/ic_launcher"
      android:drawableRight="@drawable/ic_launcher"
      android:gravity="center"
      android:text="@string/title"
      android:textSize="18sp" />
  <TextView
      android:layout_width="wrap_content"
      android:layout_height="wrap_content"
      android:layout_gravity="bottom|center_horizontal"
      android:autoLink="all"
      android:background="#0000ff"
      android:padding="5dp"
      android:text="@string/info"
      android:textColor="#ffffff"
      android:textSize="16sp" />
  <TableLayout
      android:layout_width="match_parent"
      android:layout_height="wrap_content"
      android:stretchColumns="1"
      android:layout_margin="20dp"
      android:layout_gravity="center">
  <TableRow >
  <TextView
          android:layout_width="wrap_content"
          android:layout_height="wrap_content"
          android:textSize="16sp"
          android:text="@string/name"/>
  <EditText
          android:layout_width="wrap_content"
          android:layout_height="wrap_content"
          android:hint="@string/nameHint"
          android:inputType="text"/>
  </TableRow>
  <TableRow >
  <TextView
          android:layout_width="wrap_content"
          android:layout_height="wrap_content"
```

```
            android:textSize="16sp"
            android:gravity="center"
            android:text="@string/psd"/>
    <EditText
            android:layout_width="wrap_content"
            android:layout_height="wrap_content"
            android:hint="@string/psdHint"
            android:inputType="textPassword"/>
    </TableRow>
    <LinearLayout
          android:layout_width="match_parent"
          android:layout_height="wrap_content"
          android:gravity="center_horizontal"
          android:orientation="horizontal">
    <Button
            android:layout_width="wrap_content"
            android:layout_height="wrap_content"
            android:text="@string/login"/>
    <Button
            android:layout_width="wrap_content"
            android:layout_height="wrap_content"
            android:text="@string/register"/>
    </LinearLayout>
    </TableLayout>
    </FrameLayout>
```

(2) 字符串资源文件：Android 基础编程\003\ZTest01\res\values\strings. xml。

```
<? xml version="1.0" encoding="utf-8"? >
<resources>
<string name="app_name">软件设计赛</string>
<string name="action_settings">Settings</string>
<string name="hello_world">Hello world!</string>
<string name="title">大学生手机软件设计赛</string>
<string name="info">丰厚大奖等你来拿\n 联系电话：15870219546\n 电子邮箱：86547632@qq.com \n 官方网站：www.10lab.cn\n 地点：中国-江西-南昌</string>
<string name="name">用户名</string>
<string name="psdHint">密码不少于 4 位</string>
<string name="psd">密码</string>
<string name="login">登录</string>
<string name="register">注册</string>
<string name="nameHint">用户名不少于 3 位</string>
</resources>
```

4. 请设计并实现规定界面效果。

参考答案：

(1) 布局文件：Android 基础编程\004\ZTest02\res\layout\activity_main.xml。

```
<TableLayout xmlns:android="http://schemas.android.com/apk/res/android"
  android:layout_width="match_parent"
  android:layout_height="match_parent"
  android:background="#aabbcc"
  android:gravity="center"
  android:stretchColumns="2">
<TextView
    android:background="#ccbbaa"
    android:gravity="center"
    android:padding="10dp"
    android:text="@string/title"
    android:textSize="24sp" />
<TableRow>
<Button android:text="@string/btn01" />
<Button
      android:layout_column="2"
      android:text="@string/btn03" />
</TableRow>
<TableRow>
<Button android:text="@string/btn04" />
<Button android:text="@string/btn05" />
<Button android:text="@string/btn06" />
</TableRow>
<TableRow>
<Button android:text="@string/btn07" />
<Button
      android:layout_span="2"
      android:text="@string/btn08" />
</TableRow>
<FrameLayout>
<TextView
      android:layout_width="wrap_content"
      android:layout_height="wrap_content"
      android:layout_gravity="center"
      android:drawableBottom="@drawable/ic_launcher"
      android:drawableLeft="@drawable/ic_launcher"
      android:drawableRight="@drawable/ic_launcher"
      android:drawableTop="@drawable/ic_launcher"
      android:gravity="center"
      android:text="@string/info"
```

```
        android:textSize="30sp" />
  </FrameLayout>
  </TableLayout>
```

(2) 字符串资源文件：Android 基础编程\004\ZTest02\res\values\strings. xml。

```
<? xml version="1.0" encoding="utf-8"? >
<resources>
<string name="app_name">软件设计赛</string>
<string name="action_settings">Settings</string>
<string name="hello_world">Hello world!</string>
<string name="title">表格布局</string>
<string name="btn01">按钮一</string>
<string name="btn02">按钮二</string>
<string name="btn03">按钮三</string>
<string name="btn04">按钮四</string>
<string name="btn05">按钮五</string>
<string name="btn06">按钮六</string>
<string name="btn07">按钮七</string>
<string name="btn08">按钮八</string>
<string name="btn09">按钮九</string>
<string name="info">赛</string>
</resources>
```

5. 请设计并实现规定界面效果。

参考答案：

(1) 布局文件：Android 基础编程\005\BTest01\res\layout\activity_main. xml。

```
<LinearLayout xmlns:android="http://schemas.android.com/apk/res/android"
  xmlns:tools="http://schemas.android.com/tools"
  android:layout_width="match_parent"
  android:layout_height="match_parent"
  android:orientation="vertical">
<FrameLayout
    android:layout_width="match_parent"
    android:layout_height="0dp"
    android:layout_weight="1"
    android:background="#aabbcc"
    android:layout_marginBottom="10dp">
<TextView
      android:layout_height="wrap_content"
      android:layout_width="wrap_content"
      android:text="@string/title"
      android:textSize="18sp"
      android:gravity="center"
      android:layout_marginTop="10dp"
```

```
            android:drawableLeft="@drawable/ic_launcher"
            android:drawableRight="@drawable/ic_launcher"
            android:layout_gravity="center_horizontal"/>
    <TextView
            android:layout_height="wrap_content"
            android:layout_width="wrap_content"
            android:text="@string/info"
            android:autoLink="all"
            android:textSize="16sp"
            android:textColor="#ffffff"
            android:background="#0000ff"
            android:padding="5dp"
            android:layout_gravity="bottom|center_horizontal"/>
    </FrameLayout>
    <FrameLayout
        android:layout_width="match_parent"
        android:layout_height="0dp"
        android:background="#ccbbaa"
        android:layout_weight="1">
    <TextView
            android:layout_width="160dp"
            android:layout_height="160dp"
            android:background="#ff0000"
            android:layout_gravity="center"/>
    <TextView
            android:layout_width="120dp"
            android:layout_height="120dp"
            android:background="#00ff00"
            android:layout_gravity="center"/>
    <TextView
            android:layout_width="80dp"
            android:layout_height="80dp"
            android:background="#0000ff"
            android:layout_gravity="center"/>
    <TextView
            android:layout_width="40dp"
            android:layout_height="40dp"
            android:background="#ffffff"
            android:layout_gravity="center"/>
    </FrameLayout>
    </LinearLayout>
```

(2) 字符串资源文件：Android 基础编程\005\BTest01\res\values\strings.xml。

```
<?xml version="1.0" encoding="utf-8"?>
```

```
<resources>
<string name="app_name">软件设计赛</string>
<string name="action_settings">Settings</string>
<string name="title">大学生手机软件设计赛</string>
<string name="info">丰厚大奖等你来拿\n 联系电话：15870219546\n 电子邮箱：86547632@qq.com \n 官方网站：www.10lab.cn\n 地点：中国-江西-南昌</string>
</resources>
```

6. 请设计并实现规定界面效果。

参考答案：

(1) 布局文件：Android 基础编程\006\BTest02\res\layout\activity_main.xml。

```
<LinearLayout xmlns:android="http://schemas.android.com/apk/res/android"
  xmlns:tools="http://schemas.android.com/tools"
  android:layout_width="match_parent"
  android:layout_height="match_parent"
  android:orientation="vertical">
<FrameLayout
    android:layout_width="match_parent"
    android:layout_height="0dp"
    android:layout_weight="1"
    android:background="#aabbcc"
    android:layout_marginBottom="10dp">
<TextView
      android:layout_height="wrap_content"
      android:layout_width="wrap_content"
      android:text="@string/title"
      android:textSize="18sp"
      android:gravity="center"
      android:layout_marginTop="10dp"
      android:drawableLeft="@drawable/ic_launcher"
      android:drawableRight="@drawable/ic_launcher"
      android:layout_gravity="center_horizontal"/>
<TextView
      android:layout_height="wrap_content"
      android:layout_width="wrap_content"
      android:text="@string/info"
      android:autoLink="all"
      android:textSize="16sp"
      android:textColor="#ffffff"
      android:background="#0000ff"
      android:padding="5dp"
      android:layout_gravity="bottom|center_horizontal"/>
</FrameLayout>
<RelativeLayout
```

```
        android:layout_width="match_parent"
        android:layout_height="0dp"
        android:background="#ccbbaa"
        android:layout_weight="1">
    <ImageView
            android:id="@+id/center"
            android:layout_width="wrap_content"
            android:layout_height="wrap_content"
            android:src="@drawable/ic_launcher"
            android:layout_centerInParent="true"
            android:contentDescription="@string/imgInfo"
            />
    <ImageView
            android:layout_width="wrap_content"
            android:layout_height="wrap_content"
            android:src="@drawable/ic_launcher"
            android:layout_toLeftOf="@id/center"
            android:layout_alignTop="@id/center"
            android:contentDescription="@string/imgInfo"
            />
    <ImageView
            android:layout_width="wrap_content"
            android:layout_height="wrap_content"
            android:src="@drawable/ic_launcher"
            android:layout_toRightOf="@id/center"
            android:layout_alignTop="@id/center"
            android:contentDescription="@string/imgInfo"
            />
    <ImageView
            android:layout_width="wrap_content"
            android:layout_height="wrap_content"
            android:src="@drawable/ic_launcher"
            android:layout_above="@id/center"
            android:layout_alignLeft="@id/center"
            android:contentDescription="@string/imgInfo"
            />
    <ImageView
            android:layout_width="wrap_content"
            android:layout_height="wrap_content"
            android:src="@drawable/ic_launcher"
            android:layout_below="@id/center"
            android:layout_alignLeft="@id/center"
            android:contentDescription="@string/imgInfo"
            />
```

```
</RelativeLayout>
</LinearLayout>
```

(2) 字符串资源文件：Android 基础编程\006\BTest02\res\values\strings. xml。

```
<? xml version="1.0" encoding="utf-8"? >
<resources>
<string name="app_name">软件设计赛</string>
<string name="action_settings">Settings</string>
<string name="title">大学生手机软件设计赛</string>
<string name="info">丰厚大奖等你来拿\n 联系电话：15870219546\n 电子邮箱：86547632@qq.com \n 官方网站：www.10lab.cn\n 地点：中国-江西-南昌</string>
<string name="imgInfo">显示图片</string>
</resources>
```

7. 实现等比例划分屏幕的效果。

参考答案：

布局文件：Android 基础编程\007\ScaleDivide\res\layout\activity_main. xml。

```
<LinearLayout xmlns:android="http://schemas.android.com/apk/res/android"
  xmlns:tools="http://schemas.android.com/tools"
  android:layout_width="match_parent"
  android:layout_height="match_parent">
<LinearLayout
    android:layout_width="0dp"
    android:layout_height="match_parent"
    android:layout_weight="1"
    android:orientation="vertical">
<TextView
        android:layout_width="match_parent"
        android:layout_height="0dp"
        android:layout_weight="1"
        android:background="#ff0000"/>
<TextView
        android:layout_width="match_parent"
        android:layout_height="0dp"
        android:layout_weight="1"
        android:background="#00ff00"/>
<TextView
        android:layout_width="match_parent"
        android:layout_height="0dp"
        android:layout_weight="1"
        android:background="#0000ff"/>
</LinearLayout>

     android:layout_width="0dp"
```

```
        android:layout_height="match_parent"
        android:layout_weight="1"
        android:orientation="vertical">
    <TextView
         android:layout_width="match_parent"
         android:layout_height="0dp"
         android:layout_weight="1"
         android:background="#ffff00"/>
    <TextView
         android:layout_width="match_parent"
         android:layout_height="0dp"
         android:layout_weight="1"
         android:background="#9932cd"/>
    <TextView
         android:layout_width="match_parent"
         android:layout_height="0dp"
         android:layout_weight="1"
         android:background="#000000"/>
    <TextView
         android:layout_width="match_parent"
         android:layout_height="0dp"
         android:layout_weight="1"
         android:background="#ff00ff"/>
    <TextView
         android:layout_width="match_parent"
         android:layout_height="0dp"
         android:layout_weight="1"
         android:background="#00ffff"/>
    </LinearLayout>
    </LinearLayout>
```

8. 实现自定义渐变背景色效果。

参考答案：

(1) 自定义形状文件：Android 基础编程\008\Test8\res\drawable\bg.xml。

```
<?xml version="1.0" encoding="utf-8"?>
<shape xmlns:android="http://schemas.android.com/apk/res/android"
  android:shape="rectangle">
<corners android:radius="15dp" />
<gradient
    android:angle="90"
    android:centerColor="#ffff00"
    android:endColor="#ff00ff"
    android:startColor="#00ffff" />
<padding
```

```
        android:bottom="15dp"
        android:left="15dp"
        android:right="15dp"
        android:top="15dp" />
    <stroke
        android:dashGap="15dp"
        android:dashWidth="10dp"
        android:width="5dp"
        android:color="#0000ff" />
    </shape>
```

(2) 布局文件代码：Android 基础编程\008\Test8\res\layout\activity_main.xml。

```
<RelativeLayout xmlns:android="http://schemas.android.com/apk/res/android"
  xmlns:tools="http://schemas.android.com/tools"
  android:layout_width="match_parent"
  android:layout_height="match_parent"
  android:background="#aabbcc">
<TextView
    android:layout_width="200dp"
    android:layout_height="300dp"
    android:layout_centerInParent="true"
    android:background="@drawable/bg" />
</RelativeLayout>
```

9. 实现控件阶梯式摆放效果。

参考答案：

布局文件：Android 基础编程\009\Test9\res\layout\activity_main.xml。

```
<RelativeLayout xmlns:android="http://schemas.android.com/apk/res/android"
  xmlns:tools="http://schemas.android.com/tools"
  android:layout_width="match_parent"
  android:layout_height="match_parent"
  android:background="#aabbcc"
  android:gravity="center">
<Button
    android:id="@+id/one"
    android:layout_width="80dp"
    android:layout_height="50dp"
    android:text="一" />
<Button
    android:id="@+id/two"
    android:layout_width="80dp"
    android:layout_height="50dp"
```

```
        android:layout_below="@id/one"
        android:layout_toRightOf="@id/one"
        android:text="二" />
    <Button
        android:id="@+id/three"
        android:layout_width="80dp"
        android:layout_height="50dp"
        android:layout_below="@id/two"
        android:layout_toRightOf="@id/two"
        android:text="三" />
    <Button
        android:id="@+id/four"
        android:layout_width="80dp"
        android:layout_height="50dp"
        android:layout_below="@id/three"
        android:layout_toLeftOf="@id/three"
        android:text="四" />
    <Button
        android:id="@+id/five"
        android:layout_width="80dp"
        android:layout_height="50dp"
        android:layout_below="@id/four"
        android:layout_toLeftOf="@id/four"
        android:text="五" />
    </RelativeLayout>
```

10. 实现界面显示红十字效果。

参考答案：

布局文件：Android 基础编程\010\Test10\res\layout\activity_main.xml。

```
<TableLayout xmlns:android="http://schemas.android.com/apk/res/android"
  xmlns:tools="http://schemas.android.com/tools"
  android:layout_width="match_parent"
  android:layout_height="match_parent"
  android:background="#aabbcc">
<TableRow
    android:layout_height="0dp"
    android:layout_weight="1">
<TextView
      android:layout_width="0dp"
      android:layout_height="match_parent"
      android:layout_weight="1" />
<TextView
      android:layout_width="0dp"
      android:layout_height="match_parent"
```

```
        android:layout_weight="1"
        android:background="#ff0000" />
    <TextView
        android:layout_width="0dp"
        android:layout_height="match_parent"
        android:layout_weight="1" />
    </TableRow>
    <TableRow
      android:layout_height="0dp"
      android:layout_weight="1"
      android:background="#ff0000" />
    <TableRow
      android:layout_height="0dp"
      android:layout_weight="1">
    <TextView
        android:layout_width="0dp"
        android:layout_height="match_parent"
        android:layout_weight="1" />
    <TextView
        android:layout_width="0dp"
        android:layout_height="match_parent"
        android:layout_weight="1"
        android:background="#ff0000" />
    <TextView
        android:layout_width="0dp"
        android:layout_height="match_parent"
        android:layout_weight="1" />
    </TableRow>
    </TableLayout>
```

11. 读取手机文件并显示。

参考答案：

（1）布局文件：Android 基础编程\011\FileTest\res\layout\activity_main.xml。

```
<?xml version="1.0" encoding="utf-8"?>
<LinearLayout xmlns:android="http://schemas.android.com/apk/res/android"
  android:layout_width="fill_parent"
  android:layout_height="fill_parent"
  android:orientation="vertical">
<EditText
    android:id="@+id/writeText"
    android:layout_width="fill_parent"
    android:layout_height="wrap_content"
     android:hint="@string/write_hint"
     />
```

```
<Button
    android:id="@+id/write"
    android:layout_width="wrap_content"
    android:layout_height="wrap_content"
    android:text="@string/write"
    />
<EditText
    android:id="@+id/readText"
    android:layout_width="fill_parent"
    android:layout_height="wrap_content"
    android:hint="@string/read_hint"
    android:editable="false"
    />
<Button
    android:id="@+id/read"
    android:layout_width="wrap_content"
    android:layout_height="wrap_content"
    android:text="@string/read"
    />
</LinearLayout>
```

(2) 字符串常量文件：Android 基础编程\011\FileTest\res\values\strings. xml。

```
<? xml version="1.0" encoding="utf-8"? >
<resources>
<string name="app_name">手机软件设计赛</string>
<string name="read">读取文件</string>
<string name="write">写入文件</string>
<string name="write_hint">输入想写入的数据</string>
<string name="read_hint">显示读取的数据</string>
</resources>
```

(3) 业务逻辑代码：Android 基础编程\011\FileTest\src\iet\jxufe\cn\filetest\MainActivity. java。

```
<? xml version="1.0" encoding="utf-8"? >
<LinearLayout xmlns:android="http://schemas.android.com/apk/res/android"
  android:layout_width="fill_parent"
  android:layout_height="fill_parent"
  android:orientation="vertical">
<EditText
    android:id="@+id/writeText"
    android:layout_width="fill_parent"
    android:layout_height="wrap_content"
    android:hint="@string/write_hint"
    />
```

```
<Button
    android:id="@+id/write"
    android:layout_width="wrap_content"
    android:layout_height="wrap_content"
    android:text="@string/write"
    />
<EditText
    android:id="@+id/readText"
    android:layout_width="fill_parent"
    android:layout_height="wrap_content"
    android:hint="@string/read_hint"
    android:editable="false"
    />
<Button
    android:id="@+id/read"
    android:layout_width="wrap_content"
    android:layout_height="wrap_content"
    android:text="@string/read"
    />
</LinearLayout>
```

12. 请设计并实现规定界面效果。

参考答案：

(1) 布局文件：Android 基础编程\012\BTest03\res\layout\activity_main. xml。

```
<LinearLayout xmlns:android="http://schemas.android.com/apk/res/android"
  xmlns:tools="http://schemas.android.com/tools"
  android:layout_width="match_parent"
  android:layout_height="match_parent"
  android:orientation="vertical">
<TextView
    android:layout_width="match_parent"
    android:layout_height="wrap_content"
    android:text="@string/title"
    android:textSize="24sp"
    android:background="#ccbbaa"
    android:padding="10dp"
    android:gravity="center" />
<ListView
    android:id="@+id/scenery"
    android:layout_width="match_parent"
    android:layout_height="wrap_content"
    android:divider="#aaaaaa"
    android:dividerHeight="2dp"
    android:background="#aabbcc"
```

```
        android:gravity="center" />
    </LinearLayout>
```

(2) 字符串资源文件：Android 基础编程\012\BTest03\res\values\strings. xml。

```
<? xml version="1.0" encoding="utf-8"? >
<resources>
<string name="app_name">软件设计赛</string>
<string name="action_settings">Settings</string>
<string name="title">南昌景点介绍</string>
    <string name="imgInfo">显示图片</string>
</resources>
```

(3) 每一项数据显示的布局文件：Android 基础编程\012\BTest03\res\layout\item. xml。

```
<LinearLayout xmlns:android="http://schemas.android.com/apk/res/android"
  xmlns:tools="http://schemas.android.com/tools"
  android:layout_width="match_parent"
  android:layout_height="match_parent"
  android:layout_margin="10dp"
  android:orientation="horizontal">
<ImageView
    android:id="@+id/image"
    android:layout_width="100dp"
    android:layout_height="75dp"
    android:contentDescription="@string/imgInfo" />
<LinearLayout
    android:layout_width="wrap_content"
    android:layout_height="wrap_content"
    android:layout_margin="10dp"
    android:orientation="vertical">
<TextView
      android:id="@+id/name"
      android:layout_width="match_parent"
      android:layout_height="wrap_content"
      android:textSize="20sp" />
<TextView
      android:id="@+id/brief"
      android:layout_width="wrap_content"
      android:layout_height="wrap_content"
      android:layout_marginTop="10dp"
      android:gravity="left"
      android:singleLine="true"
      android:ellipsize="end"
      android:textColor="#0000ee"
```

```
        android:textSize="12sp" />
    </LinearLayout>
    </LinearLayout>
```

（4）业务逻辑代码文件：Android 基础编程\012\VTest03\src\iet\jxufe\cn\android\btest0\MainActivity.java。

```
package iet.jxufe.cn.android.btest03;
import java.util.ArrayList;
import java.util.HashMap;
import java.util.List;
import java.util.Map;
import android.app.Activity;
import android.os.Bundle;
import android.view.Menu;
import android.widget.ListView;
import android.widget.SimpleAdapter;
public class MainActivity extends Activity {
    private ListView mScenery;
private List<Map<String, Object>> list=new ArrayList<Map<String,
Object>>();
    private int[] imgIds=new int[] { R.drawable.tengwangge,
     R.drawable.badashanrenjinianguan, R.drawable.hanwangfeng,
     R.drawable.xiangshangongyuan, R.drawable.xishanwanshougong,
     R.drawable.meiling };
    String[] names=new String[] { "滕王阁","八大山人纪念馆","罕王峰","象
    山森林公园","西山万寿宫","梅岭" };
String[] briefs=new String[] { "江南三大名楼之首","集收藏、陈列、研究、宣传
为一体","青山绿水,风景多彩,盛夏气候凉爽","避暑、休闲、疗养、度假的最佳场所",
"江南著名道教宫观和游览胜地","山势嵯峨,层峦叠翠,四时秀色,气候宜人" };
    @Override
    protected void onCreate(Bundle savedInstanceState) {
        super.onCreate(savedInstanceState);
        setContentView(R.layout.activity_main);
        mScenery=(ListView) findViewById(R.id.scenery);
        init();
        SimpleAdapter adapter=new SimpleAdapter(this, list, R.layout.item,
                new String[] { "img", "name", "brief" }, new int[] {
            R.id.image, R.id.name, R.id.brief });
        mScenery.setAdapter(adapter);
    }
 private void init() {
        for (int i=0; i<imgIds.length; i++) {
            Map<String, Object>item=new HashMap<String, Object>();
            item.put("img", imgIds[i]);
```

```
                item.put("name", names[i]);
                item.put("brief", briefs[i]);
                list.add(item);
            }
        }
    @Override
        public boolean onCreateOptionsMenu(Menu menu) {
            //Inflate the menu; this adds items to the action bar if it is present.
            getMenuInflater().inflate(R.menu.main, menu);
            return true;
        }
    }
```

13. 请设计并实现界面效果。

参考答案：

(1) 布局文件：Android 基础编程\013\ZTest03\res\layout\activity_main.xml。

```
<LinearLayout xmlns:android="http://schemas.android.com/apk/res/android"
  xmlns:tools="http://schemas.android.com/tools"
  android:layout_width="match_parent"
  android:layout_height="wrap_content"
  android:orientation="horizontal"
  android:gravity="center_vertical"
  android:padding="10dp">
<TextView
    android:textSize="20sp"
    android:layout_width="wrap_content"
    android:layout_height="wrap_content"
    android:text="@string/title"
    />
<Spinner
    android:layout_width="0dp"
    android:layout_height="wrap_content"
    android:layout_weight="1"
    android:id="@+id/contacts"/>
</LinearLayout>
```

(2) 字符串常量文件：Android 基础编程\013\ZTest03\res\values\strings.xml。

```
<?xml version="1.0" encoding="utf-8"?>
<resources>
<string name="app_name">软件设计赛</string>
<string name="action_settings">Settings</string>
<string name="title">选择联系人</string>
<string name="imgInfo">显示图片</string>
```

```
</resources>
```

(3) 每个列表项显示文件：Android 基础编程\013\ZTest03\res\layout\item.xml。

```
<LinearLayout xmlns:android="http://schemas.android.com/apk/res/android"
  xmlns:tools="http://schemas.android.com/tools"
  android:layout_width="match_parent"
  android:layout_height="match_parent"
  android:gravity="center_horizontal"
  android:orientation="horizontal"
  tools:context=".MainActivity">
<ImageView
   android:id="@+id/mImg"
    android:layout_width="30dp"
    android:layout_height="30dp"
    android:layout_marginRight="20dp"
    android:contentDescription="@string/imgInfo" />
<TextView
    android:id="@+id/name"
    android:layout_width="wrap_content"
    android:layout_height="wrap_content"
    android:textColor="#ff0000"
    android:textSize="20sp" />
</LinearLayout>
```

(4) 业务逻辑代码文件：Android 基础编程\013\ZTest03\src\iet\jxufe\cn\android\ztest03\MainActivity.java。

```
package iet.jxufe.cn.android.ztest03;
import java.util.ArrayList;
import java.util.HashMap;
import java.util.List;
import java.util.Map;
import android.app.Activity;
import android.os.Bundle;
import android.view.Menu;
import android.widget.SimpleAdapter;
import android.widget.Spinner;
public class MainActivity extends Activity {
    private Spinner contacts;
    private int[] imgIds=new int[] {0, R.drawable.a1, R.drawable.a2,
        R.drawable.a3, R.drawable.a4, R.drawable.a5};
    private String[] names=new String[] { "","张三", "李四", "王五", "赵
    六", "洪七" };
    private List<Map<String, Object>>lists=new ArrayList<Map<String,
    Object>>();
```

```
    private SimpleAdapter adapter;
    @Override
    protected void onCreate(Bundle savedInstanceState) {
        super.onCreate(savedInstanceState);
        setContentView(R.layout.activity_main);
        contacts=(Spinner)findViewById(R.id.contacts);
        init();
    adapter=new SimpleAdapter(this, lists, R.layout.item,
         new String[] { "img", "name"}, new int[] { R.id.mImg,
                 R.id.name});
        contacts.setAdapter(adapter);
    }
    public void init() {
        for (int i=0; i <names.length; i++) {
            Map<String, Object>item=new HashMap<String, Object>();
            item.put("name", names[i]);
            item.put("img", imgIds[i]);
            lists.add(item);
        }
    }
    @Override
    public boolean onCreateOptionsMenu(Menu menu) {
        //Inflate the menu; this adds items to the action bar if it is
        present.
        getMenuInflater().inflate(R.menu.main, menu);
        return true;
    }
}
```

14. 实现功能清单列表效果。

参考答案：

(1) 布局文件：Android基础编程\014\ZA1\res\layout\activity_main.xml。

```
<RelativeLayout xmlns:android="http://schemas.android.com/apk/res/
android"
  xmlns:tools="http://schemas.android.com/tools"
  android:layout_width="match_parent"
  android:layout_height="match_parent"
  android:background="#aabbcc">
<GridView
    android:id="@+id/gridView"
    android:layout_width="match_parent"
    android:layout_height="wrap_content"
    android:layout_centerInParent="true"
    android:horizontalSpacing="2dp"
```

```
            android:verticalSpacing="2dp"
            android:numColumns="4"/>
    </RelativeLayout>
```

(2) 每个列表项的布局文件：Android 基础编程\014\ZA1\res\layout\item. xml。

```
<LinearLayout xmlns:android="http://schemas.android.com/apk/res/android"
    xmlns:tools="http://schemas.android.com/tools"
    android:layout_width="match_parent"
    android:layout_height="match_parent"
    android:orientation="vertical"
    android:gravity="center_horizontal"
    android:background="#eeeeee"
    android:padding="5dp">
<ImageView
        android:id="@+id/img"
        android:layout_width="40dp"
        android:layout_height="40dp"
        android:layout_marginBottom="10dp"/>
 <TextView
        android:id="@+id/name"
        android:layout_width="wrap_content"
        android:layout_height="wrap_content"
        android:textSize="12sp"
        android:layout_marginBottom="5dp"/>
</LinearLayout>
```

(3) 业务逻辑代码：Android 基础编程\014\ZA1\src\jxut\edu\cn\za1\MainActivity. java。

```
package jxut.edu.cn.za1;
import java.util.ArrayList;
import java.util.HashMap;
import java.util.List;
import java.util.Map;
import android.app.Activity;
import android.os.Bundle;
import android.widget.GridView;
import android.widget.SimpleAdapter;
public class MainActivity extends Activity {
    private GridView gridView;
    private String[] names=new String[] { "转账", "手机充值", "淘宝电影",
    "校园一卡通","红包", "机票火车票", "记账本", "口碑外卖", "理财小工具",
    "快的打车", "收款", "我的快递", "天猫","余额宝", "亲密付", "淘宝" };
    private int[] imgIds=new int[] { R.drawable.p1, R.drawable.p2,
      R.drawable.p3, R.drawable.p4, R.drawable.p5, R.drawable.p6,
```

```
        R.drawable.p7, R.drawable.p8, R.drawable.p9, R.drawable.p10,
        R.drawable.p11, R.drawable.p12, R.drawable.p13, R.drawable.p14,
        R.drawable.p15, R.drawable.p16 };
    private List<Map<String, Object>>datas=new ArrayList<Map<String,
    Object>>();
    @Override
    protected void onCreate(Bundle savedInstanceState) {
        super.onCreate(savedInstanceState);
        setContentView(R.layout.activity_main);
        gridView=(GridView) findViewById(R.id.gridView);
        initData();                    //初始化数据
        SimpleAdapter adapter=new SimpleAdapter(this, datas, R.layout.item,
         new String[] { "name", "imgId" }, new int[] { R.id.name,
         R.id.img });            //创建 Adapter 对象,指定列表中各项的显示方式
        gridView.setAdapter(adapter);    //关联列表与数据
    }
    private void initData() {
        for (int i=0; i <names.length; i++) {
        Map<String, Object>item=new HashMap<String, Object>();
            item.put("name", names[i]);
            item.put("imgId", imgIds[i]);
            datas.add(item);
        }
    }
}
```

15. 实现列表控制文本显示效果。

参考答案:

(1) 布局文件代码: Android 基础编程\015\ZA2\res\layout\activity_main.xml。

```
<LinearLayout xmlns:android="http://schemas.android.com/apk/res/android"
  xmlns:tools="http://schemas.android.com/tools"
  android:layout_width="match_parent"
  android:layout_height="match_parent"
  android:orientation="vertical"
  android:background="#ccbbaa">
<LinearLayout
    android:layout_width="match_parent"
    android:layout_height="wrap_content"
    android:gravity="center"
    android:orientation="horizontal">
<TextView
      android:layout_width="wrap_content"
      android:layout_height="wrap_content"
      android:textSize="18sp"
```

```
        android:layout_margin="5dp"
        android:text="文本颜色"/>
    <Spinner
        android:id="@+id/colorSpinner"
        android:layout_width="wrap_content"
        android:layout_height="wrap_content"
        />
    <TextView
        android:layout_width="wrap_content"
        android:layout_height="wrap_content"
        android:textSize="18sp"
        android:layout_margin="5dp"
        android:text="文本大小"/>
    <Spinner
        android:id="@+id/sizeSpinner"
        android:layout_width="wrap_content"
        android:layout_height="wrap_content"
        />
    </LinearLayout>
    <TextView
      android:id="@+id/textView"
      android:gravity="center"
      android:layout_width="match_parent"
      android:layout_height="match_parent"
      android:textSize="20sp"
      android:text="欢迎参加江西省\n手机软件设计赛"/>
    </LinearLayout>
```

(2) 业务逻辑代码：Android 基础编程\015\ZA2\src\jxut\edu\cn\za2\MainActivity.java。

```
package jxut.edu.cn.za2;
import android.app.Activity;
import android.graphics.Color;
import android.os.Bundle;
import android.view.View;
import android.widget.AdapterView;
import android.widget.AdapterView.OnItemSelectedListener;
import android.widget.ArrayAdapter;
import android.widget.Spinner;
import android.widget.TextView;
public class MainActivity extends Activity {
    private Spinner sizeSpinner, colorSpinner;
    private TextView textView;
    private int[] colors=new int[] { Color.RED, Color.BLUE, Color.GREEN,
```

```
            Color.YELLOW };
        private String[] sizes=new String[] { "16", "20", "24", "28", "32" };
        private String[] colorNames=new String[] { "红色", "蓝色", "绿色", "黄色" };
        @Override
        protected void onCreate(Bundle savedInstanceState) {
            super.onCreate(savedInstanceState);
            setContentView(R.layout.activity_main);
            sizeSpinner=(Spinner) findViewById(R.id.sizeSpinner);
            colorSpinner=(Spinner) findViewById(R.id.colorSpinner);
            textView=(TextView) findViewById(R.id.textView);
            ArrayAdapter<String> colorAdapter=new ArrayAdapter<String>
            (this, android.R.layout.simple_list_item_1, colorNames);
            ArrayAdapter<String> sizeAdapter=new ArrayAdapter<String>(this,
            android.R.layout.simple_list_item_1, sizes);
            colorSpinner.setAdapter(colorAdapter);
            sizeSpinner.setAdapter(sizeAdapter);
            MyItemSelectedListener mListener=new MyItemSelectedListener();
            colorSpinner.setOnItemSelectedListener(mListener);
            sizeSpinner.setOnItemSelectedListener(mListener);
        }
        private class MyItemSelectedListener implements OnItemSelectedListener {
            public void onItemSelected(AdapterView<?>parent, View view,
             int position, long id) {
                switch (parent.getId()) {
                case R.id.colorSpinner:
                    textView.setTextColor(colors[position]);
                    break;
                case R.id.sizeSpinner:
                    textView.setTextSize(Integer.parseInt(sizes[position]));
                    break;
                default:
                    break;
                }
            }
            public void onNothingSelected(AdapterView<?>parent) {
          }
        }
    }
```

16. 实现界面显示列表效果。

参考答案：

(1) 布局文件代码：Android 基础编程\016\BA1\res\layout\activity_main.xml。

```
<LinearLayout xmlns:android="http://schemas.android.com/apk/res/android"
  xmlns:tools="http://schemas.android.com/tools"
```

```
    android:layout_width="match_parent"
    android:layout_height="match_parent"
    android:orientation="vertical">
  <TextView
      android:layout_width="match_parent"
      android:layout_height="wrap_content"
      android:text="我的订阅号"
      android:textSize="24sp"
      android:gravity="center"
      android:background="#ccbbaa"
      android:padding="10dp" />
  <ListView
      android:id="@+id/mList"
      android:layout_width="match_parent"
      android:layout_height="wrap_content"
      android:divider="#000000"
      android:dividerHeight="2dp" />
  </LinearLayout>
```

(2) 每一项数据的布局文件：Android 基础编程\016\BA1\res\layout\item.xml。

```
  <?xml version="1.0" encoding="utf-8"?>
  <LinearLayout xmlns:android="http://schemas.android.com/apk/res/android"
    android:layout_width="match_parent"
    android:layout_height="match_parent"
    android:gravity="center_vertical"
    android:orientation="horizontal">
  <FrameLayout
      android:layout_width="wrap_content"
      android:layout_height="wrap_content"
      android:padding="5dp">
  <ImageView
        android:id="@+id/icon"
        android:layout_width="50dp"
        android:layout_height="50dp"
        android:layout_margin="10dp"
        />
  <TextView
        android:id="@+id/num"
        android:layout_width="25dp"
        android:layout_height="25dp"
        android:textSize="10sp"
        android:textColor="#ffffff"
        android:background="@drawable/bg"
        android:gravity="center"
```

```
            android:layout_gravity="right|top"/>
    </FrameLayout>
    <LinearLayout
        android:layout_width="match_parent"
        android:layout_height="wrap_content"
        android:orientation="vertical"
        android:padding="10dp">
    <TextView
            android:id="@+id/name"
            android:textSize="18sp"
            android:layout_width="wrap_content"
            android:layout_height="wrap_content"/>
    <TextView
            android:id="@+id/title"
            android:textSize="14sp"
            android:layout_width="wrap_content"
            android:layout_height="wrap_content"
            android:singleLine="true"
            android:ellipsize="end"
            android:layout_marginTop="10dp"
            android:textColor="#666666"/>
    </LinearLayout>
    </LinearLayout>
```

(3) 业务逻辑代码：Android 基础编程\016\BA1\src\iet\jxufe\cn\test1\MainActivity.java。

```
package iet.jxufe.cn.test1;
import android.app.Activity;
import android.os.Bundle;
import android.view.View;
import android.view.ViewGroup;
import android.widget.BaseAdapter;
import android.widget.ImageView;
import android.widget.LinearLayout;
import android.widget.ListView;
import android.widget.TextView;
public class MainActivity extends Activity {
    private int[] iconIds=new int[] { R.drawable.icon1, R.drawable.icon2,
            R.drawable.icon3, R.drawable.icon4, R.drawable.icon5,
            R.drawable.icon6 };
    private int[] nums=new int[] {3, 45, 0, 99, 115, 25};
    private String[] names=new String[] { "豹考通", "Android 学习分享",
    "十点读书","程序员的那些事", "大数据文摘", "互联网的那点事" };
    private String[] titles=new String[] { "2016 年全国考证时间安排表,快进
```

```
来看看吧!","新书推荐之Android应用开发教程","不是努力无用,而是你把努力看得太重", "喝咖啡产代码|据说凌晨四点码出来的程序都有淡淡咖啡香", "13张图看6年来数据科学概念之争","出生难民的华裔女孩,却征服了这个著名的互联网大佬!" };
    private ListView mList;
    private MyAdapter adapter;
    @Override
    protected void onCreate(Bundle savedInstanceState) {
        super.onCreate(savedInstanceState);
        setContentView(R.layout.activity_main);
        mList=(ListView)findViewById(R.id.mList);
        adapter=new MyAdapter();
        mList.setAdapter(adapter);
    }
    private class MyAdapter extends BaseAdapter{
        @Override
        public int getCount() {
            return names.length;
        }
        @Override
        public Object getItem(int position) {
            return titles[position];
        }
        @Override
        public long getItemId(int position) {
            return position;
        }
        @Override
        public View getView (int position, View convertView, ViewGroup parent) {
          View view = getLayoutInflater ().inflate (R.layout.item, new LinearLayout (MainActivity.this));
            ImageView iconView=(ImageView)view.findViewById(R.id.icon);
            TextView nameView=(TextView)view.findViewById(R.id.name);
            TextView titleView=(TextView)view.findViewById(R.id.title);
            TextView numView=(TextView)view.findViewById(R.id.num);
            iconView.setImageResource(iconIds[position]);
            nameView.setText(names[position]);
            titleView.setText(titles[position]);
            if(nums[position]>99){
                numView.setText("• • •");
            }else if(nums[position]<=0){
                numView.setVisibility(View.INVISIBLE);
            }else{
```

```
                    numView.setText(nums[position]+"");
                }
                return view;
            }
        }
    }
```

17. 实现图片切换浏览效果。

参考答案：

(1) 布局文件代码：Android 基础编程\017\BA2\res\layout\activity_main. xml。

```
<RelativeLayout xmlns:android="http://schemas.android.com/apk/res/android"
  xmlns:tools="http://schemas.android.com/tools"
  android:layout_width="match_parent"
  android:layout_height="match_parent">
<ImageSwitcher
    android:id="@+id/mImageSwitcher"
    android:layout_width="match_parent"
    android:layout_height="240dp"
    android:inAnimation="@android:anim/slide_in_left"
    android:outAnimation="@android:anim/slide_out_right"/>
<LinearLayout
    android:id="@+id/mLinearLayout"
    android:layout_width="match_parent"
    android:layout_height="wrap_content"
    android:gravity="center_horizontal"
    android:orientation="horizontal"
    android:layout_marginTop="220dp"/>
</RelativeLayout>
```

(2) 业务逻辑代码：Android 基础编程\017\BA2\src\iet\jxufe\cn\ba2\MainActivity. java。

```
package iet.jxufe.cn.ba2;
import android.app.Activity;
import android.os.Bundle;
import android.view.View;
import android.view.View.OnClickListener;
import android.widget.ImageSwitcher;
import android.widget.ImageView;
import android.widget.LinearLayout;
import android.widget.ViewSwitcher.ViewFactory;
public class MainActivity extends Activity {
    private ImageSwitcher mImageSwitcher;
    private int[] imageIds=new int[] { R.drawable.pic1, R.drawable.pic2,
```

```
            R.drawable.pic3, R.drawable.pic4, R.drawable.pic5, R.drawable.pic6,
            R.drawable.pic7 };
    private LinearLayout mLinearLayout;
    private ImageView[] mViews=new ImageView[imageIds.length];
    private int lastClicked=0;
    @Override
    protected void onCreate(Bundle savedInstanceState) {
        super.onCreate(savedInstanceState);
        setContentView(R.layout.activity_main);
        mImageSwitcher=(ImageSwitcher) findViewById(R.id.mImageSwitcher);
        mImageSwitcher.setFactory(new ViewFactory() {
            public View makeView() {
                return new ImageView(MainActivity.this);
            }
        });
        mImageSwitcher.setImageResource(imageIds[lastClicked]);
        mLinearLayout=(LinearLayout) findViewById(R.id.mLinearLayout);
        initLinearLayout();
    }
    public void initLinearLayout() {
        MyClickListener mListener=new MyClickListener();
        for (int i=0; i <mViews.length; i++) {
            mViews[i]=new ImageView(this);
            if (i==0) {
                mViews[i].setImageResource(R.drawable.choosed);
            } else {
                mViews[i].setImageResource(R.drawable.unchoosed);
            }
            mViews[i].setPadding(20, 0, 0, 0);
            mViews[i].setId(i);
            mViews[i].setOnClickListener(mListener);
            mLinearLayout.addView(mViews[i]);
        }
    }
    private class MyClickListener implements OnClickListener {
        public void onClick(View v) {
            mViews[lastClicked].setImageResource(R.drawable.unchoosed);
            ((ImageView) v).setImageResource(R.drawable.choosed);
            lastClicked=v.getId();
            mImageSwitcher.setImageResource(imageIds[lastClicked]);
        }
    }
}
```

18. 实现霓虹灯闪烁效果。

参考答案：

(1) 布局文件代码：Android 基础编程\018\FrameLayoutTest\FrameLayoutTest\res\layout\activity_main. xml。

```
<FrameLayout xmlns:android="http://schemas.android.com/apk/res/android"
  xmlns:tools="http://schemas.android.com/tools"
  android:layout_width="match_parent"
  android:layout_height="match_parent"
  android:background="#aabbcc">
    <TextView
      android:id="@+id/text01"
      android:layout_width="240dp"
      android:layout_height="240dp"
      android:layout_gravity="center"/>
    <TextView
      android:id="@+id/text02"
      android:layout_width="200dp"
      android:layout_height="200dp"
      android:layout_gravity="center"/>
    <TextView
      android:id="@+id/text03"
      android:layout_width="160dp"
      android:layout_height="160dp"
      android:layout_gravity="center"/>
    <TextView
      android:id="@+id/text04"
      android:layout_width="120dp"
      android:layout_height="120dp"
      android:layout_gravity="center"/>
    <TextView
      android:id="@+id/text05"
      android:layout_width="80dp"
      android:layout_height="80dp"
      android:layout_gravity="center"/>
    <ImageView
      android:src="@drawable/ic_launcher"
      android:layout_width="wrap_content"
      android:layout_height="wrap_content"
      android:layout_gravity="center"
      android:contentDescription="@string/imgInfo"/>
    <CheckBox
      android:id="@+id/isFlashing"
      android:layout_width="wrap_content"
```

```
        android:layout_height="wrap_content"
        android:text="@string/isFlashing"
        android:layout_gravity="bottom|center_horizontal"/>
</FrameLayout>
```

(2) 业务逻辑代码：Android 基础编程\018\FrameLayoutTest\src\iet\jxufe\cn\android\framelayouttest\MainActivity.java。

```
package iet.jxufe.cn.android.framelayouttest;
import java.util.Timer;
import java.util.TimerTask;
import android.app.Activity;
import android.graphics.Color;
import android.os.Bundle;
import android.os.Handler;
import android.os.Message;
import android.view.Menu;
import android.widget.CheckBox;
import android.widget.CompoundButton;
import android.widget.CompoundButton.OnCheckedChangeListener;
import android.widget.TextView;
public class MainActivity extends Activity {
    private int[] textIds=new int[] { R.id.text01, R.id.text02, R.id.text03,
        R.id.text04, R.id.text05 };          //定义一个数组,用于存储所有的 ID
    private int[] colors=new int[] { Color.RED, Color.MAGENTA, Color.GREEN,
        Color.YELLOW, Color.BLUE };          //定义一个数组,用于存储 5 种颜色
    //定义一个数组,数组元素为 TextView,数组的长度由前面的数组决定
    private TextView[] views=new TextView[textIds.length];
    private CheckBox isFlashingCheckBox;          //是否闪烁的复选框
    private Handler mHandler;
    private int current=0;                        //记录从哪个颜色开始
    private Timer mTimer;
    protected void onCreate(Bundle savedInstanceState) {
        super.onCreate(savedInstanceState);
        setContentView(R.layout.activity_main);
        //循环遍历 ID 数组,根据 ID 获取控件,然后将控件赋给 TextView 数组中的元素
        for (int i=0; i <textIds.length; i++) {
            views[i]=(TextView) findViewById(textIds[i]);
        }
        for (int i=0; i <views.length; i++) {
            views[i].setBackgroundColor(colors[i %colors.length]);
        }
        isFlashingCheckBox=(CheckBox) findViewById(R.id.isFlashing);
        //创建 Handler 对象,用于接收消息并处理
        mHandler=new Handler() {
```

```
                //处理消息的方法
                public void handleMessage(Message msg) {
                    if (msg.what==0x11) {        //判断消息是否为指定的消息
                        //循环设置 TextView 的背景颜色
                        for (int i=0; i <views.length; i++) {
                            views[i].setBackgroundColor(colors[(i+current)
                            %colors.length]);
                        }
                //使开始颜色的序号+1,如果已经是最后一个,则从第一个开始
                current=(current+1) %colors.length;
                    }
                }
            };
            isFlashingCheckBox.setOnCheckedChangeListener(new
            OnCheckedChangeListener() {
            @Override
            public void onCheckedChanged(CompoundButton a,boolean isChecked) {
                    if (isChecked) {                    //如果勾选了复选框
                        start();
                    } else {
                        mTimer.cancel();
                    }
                }
            });
        }
        private void start() {
            mTimer=new Timer();
            mTimer.schedule(new TimerTask() {
                @Override
                public void run() {
                    mHandler.sendEmptyMessage(0x11);
                }
            }, 0, 1000);
        }
        @Override
        public boolean onCreateOptionsMenu(Menu menu) {
            getMenuInflater().inflate(R.menu.main, menu);
            return true;
       }
    }
```

19. 实现更改背景和退出应用功能效果。

参考答案：

(1) 布局文件代码：Android 基础编程\019\BA2\res\layout\activity_main. xml。

```
<RelativeLayout xmlns:android="http://schemas.android.com/apk/res/android"
  xmlns:tools="http://schemas.android.com/tools"
  android:id="@+id/root"
  android:layout_width="match_parent"
  android:layout_height="match_parent"/>
```

(2) 菜单资源文件：Android 基础编程\019\BA2\res\menu\main. xml。

```
<menu xmlns:android="http://schemas.android.com/apk/res/android"
  xmlns:app="http://schemas.android.com/apk/res-auto">
<item
    android:id="@+id/changeBg"
    android:orderInCategory="100"
    android:showAsAction="always"
    android:title="更改背景"/>
<item
    android:id="@+id/exit"
    android:orderInCategory="100"
    android:showAsAction="always"
    android:title="退出"/>
</menu>
```

(3) 业务逻辑代码：Android 基础编程\019\BA2\src\iet\jxufe\cn\ba2\MainActivity.java。

```
package iet.jxufe.cn.ba2;
import android.app.Activity;
import android.app.AlertDialog;
import android.content.DialogInterface;
import android.content.DialogInterface.OnClickListener;
import android.os.Bundle;
import android.view.Menu;
import android.view.MenuItem;
import android.view.View;
public class MainActivity extends Activity {
  private int[] imageIds=new int[] { R.drawable.bg01, R.drawable.bg02,
      R.drawable.bg03, R.drawable.bg04, R.drawable.bg05 };       //图片
  private View root;                    //布局控件
  private int currentPosition=0;        //当前背景图片的序号
  @Override
  protected void onCreate(Bundle savedInstanceState) {
    super.onCreate(savedInstanceState);
    setContentView(R.layout.activity_main);
    root=findViewById(R.id.root);                    //根据 id 找到控件
    root.setBackgroundResource(imageIds[currentPosition]);  //设置默认背景
  }
```

```
    @Override
    public boolean onCreateOptionsMenu(Menu menu) {
      getMenuInflater().inflate(R.menu.main, menu);
      return true;
    }
    @Override
    public boolean onOptionsItemSelected(MenuItem item) {
      switch (item.getItemId()) {
      case R.id.exit:                                 //选中退出菜单
        AlertDialog.Builder builder=new AlertDialog.Builder(this);
        builder.setMessage("你确定要退出程序吗?");
        builder.setPositiveButton("确定", new OnClickListener() {
          public void onClick(DialogInterface dialog, int which) {
            MainActivity.this.finish();
          }
        });
        builder.setNegativeButton("取消", null);
        builder.setCancelable(false);                 //设置对话框不可取消
        builder.create().show();                      //创建并显示对话框
        break;
      case R.id.changeBg:                             //选中更改背景菜单
        currentPosition=(currentPosition+1)%imageIds.length;
        root.setBackgroundResource(imageIds[currentPosition]);
        break;
      default:
        break;
      }
      return super.onOptionsItemSelected(item);
    }
  }
```

A.2.4 Android 综合编程题

1. 实现注册功能。

参考答案:

(1) 注册界面的布局文件代码: Android 综合编程\001\RegisterTest\res\layout\activity_main. xml。

```
<?xml version="1.0" encoding="utf-8"?>
<TableLayout xmlns:android="http://schemas.android.com/apk/res/android"
  android:layout_width="match_parent"
  android:layout_height="match_parent"
  android:stretchColumns="1"
  android:padding="5dp">
```

```
<TextView
    android:gravity="center"
    android:padding="10dp"
    android:text="@string/title"
    android:textColor="#00ff00"
    android:textSize="24sp" />
<TableRow>
<TextView
        android:text="@string/user"
        android:textSize="20sp" />
<EditText
        android:id="@+id/name"
        android:hint="@string/userHint" />
</TableRow>
<TableRow>
<TextView
        android:text="@string/pass"
        android:textSize="20sp" />
<EditText
        android:id="@+id/passwd"
        android:inputType="textPassword"
        android:selectAllOnFocus="true" />
</TableRow>
<TableRow>
<TextView
        android:text="@string/gender"
        android:textSize="20sp" />
<!--定义一组单选框,用于收集用户注册的性别 -->
<RadioGroup
        android:layout_width="match_parent"
        android:layout_height="wrap_content"
        android:orientation="horizontal">
<RadioButton
          android:id="@+id/male"
          android:layout_width="wrap_content"
          android:layout_height="wrap_content"
          android:text="@string/man"
          android:textSize="20sp" />
<RadioButton
          android:id="@+id/female"
          android:layout_width="wrap_content"
          android:layout_height="wrap_content"
          android:text="@string/woman"
          android:textSize="20sp" />
```

```
</RadioGroup>
</TableRow>
<LinearLayout android:orientation="horizontal"
    android:layout_width="match_parent"
    android:layout_height="wrap_content">
<Button
      android:id="@+id/cityBtn"
      android:text="@string/city"
      android:layout_width="wrap_content"
      android:layout_height="wrap_content" />
<EditText
      android:id="@+id/cityEdit"
      android:hint="@string/cityHint"
      android:layout_width="match_parent"
      android:layout_height="wrap_content" />
</LinearLayout>
<Button
    android:id="@+id/bn"
    android:text="@string/btn"
    android:textSize="16sp" />
</TableLayout>
```

(2) 注册页面业务逻辑代码：Android综合编程\001\RegisterTest\src\cn\jxufe\iet\android\MainActivity.java。

```
package cn.jxufe.iet.android;
import android.app.Activity;
import android.content.Intent;
import android.os.Bundle;
import android.view.View;
import android.view.View.OnClickListener;
import android.widget.Button;
import android.widget.EditText;
import android.widget.RadioButton;
import cn.jxufe.iet.android.model.Person;
public class MainActivity extends Activity {
  private EditText cityEdit;
  public void onCreate(Bundle savedInstanceState) {
    super.onCreate(savedInstanceState);
    setContentView(R.layout.activity_main);
    Button bn= (Button)findViewById(R.id.bn);
    Button cityBtn= (Button)findViewById(R.id.cityBtn);
    cityEdit= (EditText)findViewById(R.id.cityEdit);
    System.out.println("bn="+bn);
    System.out.println("cityBtn="+cityBtn);
```

```
      bn.setOnClickListener(new OnClickListener(){
        public void onClick(View v){
          EditText name=(EditText)findViewById(R.id.name);
          EditText passwd=(EditText)findViewById(R.id.passwd);
          RadioButton male=(RadioButton)findViewById(R.id.male);
          String gender=male.isChecked() ? "男 " : "女";
          Person p=new Person(name.getText().toString()
          passwd.getText().toString(), gender,cityEdit.getText().toString());
          //创建一个 Bundle 对象
          Bundle data=new Bundle();
          data.putSerializable("person", p);
          //创建一个 Intent
          Intent intent=new Intent(MainActivity.this,
            ResultActivity.class);
          intent.putExtras(data);
          //启动 intent 对应的 Activity
          startActivity(intent);

        }
      });
      cityBtn.setOnClickListener(new OnClickListener() {
        public void onClick(View arg0) {
          //创建需要对应于目标 Activity 的 Intent
          Intent intent=new Intent(MainActivity.this,
            SelectCityActivity.class);
    //启动指定 Activity 并等待返回的结果,其中 0 是请求码,用于标识该请求
          startActivityForResult(intent, 0);
        }
      });
    }
    public void onActivityResult(int requestCode, int resultCode, Intent
    intent){
        //当 requestCode、resultCode 同时为 0,也就是处理特定的结果
        if (requestCode==0&& resultCode==0){
          //取出 Intent 里的 Extras 数据
          Bundle data=intent.getExtras();
          //取出 Bundle 中的数据
          String resultCity=data.getString("city");
          //修改 city 文本框的内容
          cityEdit.setText(resultCity);
        }
    }
```

(3) 自定义用户类的程序代码。

```
package cn.jxufe.iet.android.model;
import java.io.Serializable;
public class Person implements Serializable {
  private static final long serialVersionUID=1L;
  private Integer id;
  private String name;
  private String pass;
  private String gender;
  private String city;
  public Person(){}
  public Integer getId() {
    return id;
  }
  public void setId(Integer id) {
    this.id=id;
  }
  public String getName() {
    return name;
  }
  public void setName(String name) {
    this.name=name;
  }
  public String getPass() {
    return pass;
  }
  public void setPass(String pass) {
    this.pass=pass;
  }
  public String getGender() {
    return gender;
  }
  public void setGender(String gender) {
    this.gender=gender;
  }
  public String getCity() {
    return city;
  }
  public void setCity(String city) {
    this.city=city;
  }
  public Person(String name, String pass, String gender,
      String city) {
```

```
        this.name=name;
        this.pass=pass;
        this.gender=gender;
        this.city=city;
    }
}
```

(4) 选择城市页面的程序代码：Android 综合编程\001\RegisterTest\src\cn\jxufe\iet\android\SelectCityActivity.java。

```
package cn.jxufe.iet.android;
import android.app.ExpandableListActivity;
import android.content.Intent;
import android.os.Bundle;
import android.view.View;
import android.view.ViewGroup;
import android.widget.BaseExpandableListAdapter;
import android.widget.ExpandableListAdapter;
import android.widget.ExpandableListView;
import android.widget.ExpandableListView.OnChildClickListener;
import android.widget.TextView;
public class SelectCityActivity extends ExpandableListActivity{
  //定义省份数组
  private String[] provinces=new String[]{"江西", "广东", "湖南"};
  private String[][] cities=new String[][]{
    { "南昌", "九江", "赣州", "吉安" },
    { "广州", "深圳", "珠海", "中山" },
    { "长沙", "岳阳" , "衡阳" , "株洲" }
  };
  public void onCreate(Bundle savedInstanceState){
    super.onCreate(savedInstanceState);
    ExpandableListAdapter adapter=new BaseExpandableListAdapter(){
      //获取指定组位置、指定子列表项处的子列表项数据
      public Object getChild(int groupPosition, int childPosition){
        return cities[groupPosition][childPosition];
      }
      public long getChildId(int groupPosition, int childPosition){
        return childPosition;
      }
      public int getChildrenCount(int groupPosition){
        return cities[groupPosition].length;
      }
      //该方法决定每个子选项的外观
      public View getChildView(int groupPosition, int childPosition,
          boolean isLastChild, View convertView, ViewGroup parent)
```

```
        {
          View view=getLayoutInflater().inflate(R.layout.child_item,null);
          TextView textView=(TextView)view.findViewById(R.id.child);
          textView.setText(getChild(groupPosition, childPosition).toString());
          return view;
        }
        //获取指定组位置处的组数据
        public Object getGroup(int groupPosition){
          return provinces[groupPosition];
        }
        public int getGroupCount(){
          return provinces.length;
        }
        public long getGroupId(int groupPosition){
          return groupPosition;
        }
        //该方法决定每个组选项的外观
        public View getGroupView(int groupPosition, boolean isExpanded,
            View convertView, ViewGroup parent)  {
          View view=getLayoutInflater().inflate(R.layout.group_item,null);
          TextView textView=(TextView)view.findViewById(R.id.group);
          textView.setText(getGroup(groupPosition).toString());
          return view;
        }
        public boolean isChildSelectable(int groupPosition, int childPosition){
          return true;
        }
        public boolean hasStableIds(){
          return true;
        }
      };
      //设置该窗口显示列表
      setListAdapter(adapter);
      getExpandableListView().setOnChildClickListener(
        new OnChildClickListener(){
        public boolean onChildClick(ExpandableListView parent, View source,
          int groupPosition, int childPosition, long id){
          //获取启动该 Activity 之前的 Activity 对应的 Intent
          Intent intent=getIntent();
          Bundle data=new Bundle();
          data.putString("city",cities[groupPosition][childPosition]);
          intent.putExtras(data);
          //设置该 SelectActivity 的结果码,并设置结束之后退回的 Activity
```

```
            SelectCityActivity.this.setResult(0, intent);
            //结束 SelectCityActivity
            SelectCityActivity.this.finish();
            return false;
          }
        });
      }
    }
```

(5) 省份项显示样式文件：Android 综合编程\001\RegisterTest\res\layout\group_item.xml。

```
<?xml version="1.0" encoding="utf-8"?>
<TextView xmlns:android="http://schemas.android.com/apk/res/android"
  android:layout_width="match_parent"
  android:layout_height="match_parent"
  android:textSize="22sp"
  android:paddingLeft="40dp"
  android:textColor="#ff0000"
  android:id="@+id/group">
</TextView>
```

(6) 城市项显示样式文件：Android 综合编程\001\RegisterTest\res\layout\child_item.xml。

```
<?xml version="1.0" encoding="utf-8"?>
<TextView xmlns:android="http://schemas.android.com/apk/res/android"
  android:layout_width="match_parent"
  android:layout_height="match_parent"
  android:textSize="20sp"
  android:paddingLeft="60dp"
  android:id="@+id/child"
  android:textColor="#00ff00">
</TextView>
```

(7) 注册结果页面布局文件：Android 综合编程\001\RegisterTest\res\layout\activity_result.xml。

```
<?xml version="1.0" encoding="utf-8"?>
<LinearLayout xmlns:android="http://schemas.android.com/apk/res/android"
  android:layout_width="fill_parent"
  android:layout_height="fill_parent"
  android:orientation="vertical">
<TextView
    android:id="@+id/name"
    android:layout_width="fill_parent"
```

```
        android:layout_height="wrap_content"
        android:textColor="#00ff00"
        android:textSize="18sp" />
    <TextView
        android:id="@+id/passwd"
        android:layout_width="fill_parent"
        android:layout_height="wrap_content"
        android:textColor="#00ff00"
        android:textSize="20sp" />
    <TextView
        android:id="@+id/gender"
        android:layout_width="fill_parent"
        android:layout_height="wrap_content"
        android:textColor="#00ff00"
        android:textSize="20sp" />
    <TextView
        android:id="@+id/city"
        android:layout_width="fill_parent"
        android:layout_height="wrap_content"
        android:textColor="#00ff00"
        android:textSize="20sp" />
    </LinearLayout>
```

(8) 注册结果页面业务逻辑代码：Android 综合编程\001\RegisterTest\src\cn\jxufe\iet\android\ResultActivity.java。

```
package cn.jxufe.iet.android;
import android.app.Activity;
import android.content.Intent;
import android.os.Bundle;
import android.widget.TextView;
import cn.jxufe.iet.android.model.Person;
public class ResultActivity extends Activity{
  public void onCreate(Bundle savedInstanceState)  {
    super.onCreate(savedInstanceState);
    setContentView(R.layout.activity_result);
    TextView name=(TextView)findViewById(R.id.name);
    TextView passwd=(TextView)findViewById(R.id.passwd);
    TextView gender=(TextView)findViewById(R.id.gender);
    TextView city=(TextView)findViewById(R.id.city);
    //获取启动该 Result 的 Intent
    Intent intent=getIntent();
    //获取该 intent 所携带的数据
    Bundle data=intent.getExtras();
    //从 Bundle 数据包中取出数据
```

```
            Person p=(Person)data.getSerializable("person");
            name.setText("您的用户名为："+p.getName());
            passwd.setText("您的密码为："+p.getPass());
            gender.setText("您的性别为："+p.getGender());
            city.setText("您所在城市为："+p.getCity());
        }
    }
```

(9) 字符串常量代码：Android 综合编程\001\RegisterTest\res\values\strings.xml。

```
<?xml version="1.0" encoding="utf-8"?>
<resources>
<string name="app_name">手机软件设计赛</string>
<string name="title">请输入您的注册信息</string>
<string name="user">用户名：</string>
<string name="userHint">请填写想注册的昵称</string>
<string name="pass">密码：</string>
<string name="gender">性别：</string>
<string name="man">男</string>
<string name="woman">女</string>
<string name="city">请选择你所在的城市</string>
<string name="cityHint">输入你所在城市</string>
<string name="btn">注册</string>
</resources>
```

温馨提示：需要在清单文件里注册选择城市页面和注册结果页面，在 RegisterTest\AndroidManifest.xml 文件中添加如下代码：

```
<activity android:name=".ResultActivity"></activity>
<activity android:name=".SelectCityActivity"></activity>
```

2. 实现图片缩放、浏览与显示细节功能。

参考答案：

(1) 主界面布局文件代码：Android 综合编程\002\ImageViewTest\res\layout\activity_main.xml。

```
<?xml version="1.0" encoding="utf-8"?>
<LinearLayout xmlns:android="http://schemas.android.com/apk/res/android"
  android:layout_width="match_parent"
  android:layout_height="match_parent"
  android:orientation="vertical"
  android:gravity="center_horizontal">
<LinearLayout
    android:layout_width="match_parent"
    android:layout_height="wrap_content"
```

```
        android:gravity="center"
        android:orientation="horizontal">
    <Button
            android:layout_width="wrap_content"
            android:layout_height="wrap_content"
            android:text="@string/upAlpha"
            android:onClick="upAlpha" />
    <Button
            android:layout_width="wrap_content"
            android:layout_height="wrap_content"
            android:text="@string/downAlpha"
            android:onClick="downAlpha"/>
    <Button
            android:layout_width="wrap_content"
            android:layout_height="wrap_content"
            android:text="@string/next"
            android:onClick="next" />
    </LinearLayout>
    <!--定义显示图片整体的 ImageView -->
    <ImageView
        android:id="@+id/bigImage"
        android:layout_width="320dp"
        android:layout_height="240dp"
        android:background="#0000ff"
        android:scaleType="fitCenter"
        android:src="@drawable/pic01" />
    <!--定义显示图片局部细节的 ImageView -->
    <ImageView
        android:id="@+id/smallImage"
        android:layout_width="120dp"
        android:layout_height="120dp"
        android:layout_gravity="center_horizontal"
        android:layout_marginTop="10dp"
        android:background="#0000ff" />
    </LinearLayout>
```

(2) 字符串常量文件代码：Android 综合编程\002\ImageViewTest\res\values\strings.xml。

```
<? xml version="1.0" encoding="utf-8"? >
<resources>
<string name="app_name">手机软件设计赛</string>
<string name="next">下一张</string>
<string name="downAlpha">降低透明度</string>
<string name="upAlpha">增大透明度</string>
```

```
</resources>
```

(3) 业务逻辑代码：Android 综合编程\002\ImageViewTest\src\iet\jxufe\cn\imageviewtest\MaintActivity.java。

```
package iet.jxufe.cn.imageviewtest;
import android.app.Activity;
import android.graphics.Bitmap;
import android.graphics.drawable.BitmapDrawable;
import android.os.Bundle;
import android.view.MotionEvent;
import android.view.View;
import android.view.View.OnTouchListener;
import android.widget.ImageView;
public class MaintActivity extends Activity {
  private int[] images=new int[] { R.drawable.pic01, R.drawable.pic02,
      R.drawable.pic03, R.drawable.pic04, R.drawable.pic05 };
  private int currentImg=2;            //定义默认显示的图片
  private int alpha=255;               //定义图片的初始透明度
  private ImageView bigImage,smallImage;
  private Bitmap bitmap;               //原始位图
  private double scale;                //缩放比例
  public void onCreate(Bundle savedInstanceState) {
    super.onCreate(savedInstanceState);
    setContentView(R.layout.activity_main);
    bigImage=(ImageView) findViewById(R.id.bigImage);
    smallImage=(ImageView) findViewById(R.id.smallImage);
    BitmapDrawable bitmapDrawable=(BitmapDrawable) bigImage
        .getDrawable();
    //获取第一个图片显示框中的位图
    bitmap=bitmapDrawable.getBitmap();
    //计算 bitmap 图片实际大小与 ImageView 的缩放比例
    double scaleX=bitmap.getWidth()/320.0;      //X 轴缩放比例
    double scaleY=bitmap.getHeight()/240.0;     //Y 轴缩放比例
    scale=Math.max(scaleX, scaleY);             //求两个里面最大的
    //获取需要触摸点对应原图的位置
    bigImage.setOnTouchListener(new OnTouchListener() {
      public boolean onTouch(View view, MotionEvent event) {
        int x=(int) (event.getX() * scale);
        int y=(int) (event.getY() * scale);
        if (x+120>bitmap.getWidth()) {
          x=bitmap.getWidth()-120;
        }
        if (y+120>bitmap.getHeight()) {
          y=bitmap.getHeight()-120;
```

```
            }
            //以触摸点为顶点,截取边长为 120 的正方形区域
            Bitmap newBitmap=Bitmap.createBitmap(bitmap, x, y, 120,120);
            smallImage.setImageBitmap(newBitmap);
            smallImage.setImageAlpha(alpha);
            return false;
          }
        });
      }
      public void upAlpha(View view){        //增大透明度按钮的事件处理
        alpha +=20;
        if(alpha>255) alpha=255;             //alpha 最大不能超过 255
        bigImage.setImageAlpha(alpha);
      }
      public void downAlpha(View view){      //降低透明度按钮的事件处理
        alpha -=20;
        if(alpha<0) alpha=0;                 //alpha 最小不能小于 0
        bigImage.setImageAlpha(alpha);
      }
      public void next(View view){           //下一张按钮的事件处理
        currentImg=(currentImg+1)%images.length;    //避免数组下标越界
        bigImage.setImageResource(images[currentImg]);
      }
    }
```

3. 利用 Android 自带数据库 SQLite 实现生词本管理。

参考答案：

(1) 主界面布局文件代码：Android 综合编程\003\WordSQLTest\res\layout\activity_main.xml。

```
<?xml version="1.0" encoding="utf-8"?>
<LinearLayout xmlns:android="http://schemas.android.com/apk/res/android"
  android:layout_width="match_parent"
  android:layout_height="match_parent"
  android:orientation="vertical">
<TextView
    android:layout_width="match_parent"
    android:layout_height="wrap_content"
    android:text="@string/label"
    android:textColor="#00ff00"
    android:textSize="24sp" />
<EditText
    android:id="@+id/word"
    android:layout_width="match_parent"
```

```
        android:layout_height="wrap_content"
        android:hint="@string/hint" />
    <TextView
        android:layout_width="match_parent"
        android:layout_height="wrap_content"
        android:text="@string/detail"
        android:textColor="#00ff00"
        android:textSize="24sp" />
    <EditText
        android:id="@+id/detail"
        android:layout_width="match_parent"
        android:layout_height="wrap_content"
        android:minLines="3" />
    <Button
        android:layout_width="wrap_content"
        android:layout_height="wrap_content"
        android:text="@string/addWord"
        android:onClick="add" />
    <EditText
        android:id="@+id/query"
        android:layout_width="match_parent"
        android:layout_height="wrap_content" />
    <Button
        android:layout_width="wrap_content"
        android:layout_height="wrap_content"
        android:text="@string/queryWord"
        android:onClick="search" />
    </LinearLayout>
```

(2) 字符串常量文件代码：Android 综合编程\003\WordSQLTest\res\values\strings. xml。

```
<?xml version="1.0" encoding="utf-8"?>
<resources>
<string name="app_name">手机软件设计赛</string>
<string name="label">请输入生词：</string>
<string name="detail">详细解释：</string>
<string name="addWord">添加生词</string>
<string name="queryWord">查找单词</string>
<string name="hint">生词</string>
</resources>
```

(3) 数据库辅助类代码：Android 综合编程\003\WordSQLTest\src\iet\jxufe\cn\MyDatabaseHelper. java。

```
package iet.jxufe.cn;
```

```
import android.content.Context;
import android.database.sqlite.SQLiteDatabase;
import android.database.sqlite.SQLiteDatabase.CursorFactory;
import android.database.sqlite.SQLiteOpenHelper;
public class MyDatabaseHelper extends SQLiteOpenHelper {
  final String CREATE_TABLE_SQL=
"create table word_tb(_id integer primary " +
"key autoincrement,word,detail)";
  public MyDatabaseHelper(Context context, String name,
      CursorFactory factory, int version) {
    super(context, name, factory, version);
  }
  public void onCreate(SQLiteDatabase db) {
    db.execSQL(CREATE_TABLE_SQL);
  }
  public void onUpgrade(SQLiteDatabase db, int oldVersion,
      int newVersion) {
    System.out.println("-------"+oldVersion+"----->"+newVersion);
  }
}
```

(4) 主界面业务逻辑代码：Android 综合编程\003\WordSQLTest\src\iet\jxufe\cn\MainActivity.java。

```
package iet.jxufe.cn;
import java.util.ArrayList;
import java.util.HashMap;
import java.util.Map;
import android.app.Activity;
import android.content.Intent;
import android.database.Cursor;
import android.database.sqlite.SQLiteDatabase;
import android.os.Bundle;
import android.view.View;
import android.widget.EditText;
import android.widget.Toast;
public class MainActivity extends Activity {
  private EditText word,detail,query;
  private MyDatabaseHelper dbHelper;
  public void onCreate(Bundle savedInstanceState) {
    super.onCreate(savedInstanceState);
    setContentView(R.layout.activity_main);
    word=(EditText)findViewById(R.id.word);
    detail=(EditText)findViewById(R.id.detail);
    query=(EditText)findViewById(R.id.query);
```

```
        dbHelper=new MyDatabaseHelper(this,"word.db", null, 1);
      }
      public void add(View view){                //添加按钮的事件处理
        addWord(dbHelper.getReadableDatabase(), word.getText()
            .toString(), detail.getText().toString());
            Toast.makeText(MainActivity.this, "添加生词成功!", Toast.LENGTH_
            SHORT).show();
    }
      public void search(View view){             //搜索按钮的事件处理
        Cursor cursor=queryWord(dbHelper.getReadableDatabase(),
            query.getText().toString());
        Bundle data=new Bundle();
        data.putSerializable("data", cursorToList(cursor));
        Intent intent=new Intent(MainActivity.this,ResultActivity.class);
        intent.putExtras(data);
        startActivity(intent);
      }
      public void addWord(SQLiteDatabase db,String word,String detail){
        db.execSQL("insert into word_tb values(null,?,?)",
        new String[]{word,detail});
      }
      public Cursor queryWord(SQLiteDatabase db,String key){
        Cursor cursor=db.rawQuery("select * from word_tb " +
        "where word like ? or detail like ?",
            new String[]{"%"+key+"%","%"+key+"%"});
        return cursor;
      }
      public ArrayList<Map<String, String>>cursorToList(Cursor cur){
        ArrayList<Map<String, String>>result=
          new ArrayList<Map<String, String>>();
        while(cur.moveToNext()){
          Map<String, String>map=new HashMap<String, String>();
          map.put("word", cur.getString(1));
          map.put("detail", cur.getString(2));
          result.add(map);
        }
        return result;
      }
      public void onDestory(){
        super.onDestroy();
        if(dbHelper!=null){
          dbHelper.close();
        }
      }
```

```
}
```

(5) 显示查询结果页面代码：Android 综合编程\003\WordSQLTest\res\layout\activity_result.xml。

```
<?xml version="1.0" encoding="utf-8"?>
<LinearLayout xmlns:android="http://schemas.android.com/apk/res/android"
  android:layout_width="match_parent"
  android:layout_height="match_parent"
  android:orientation="vertical">
<TextView
    android:layout_width="match_parent"
    android:layout_height="wrap_content"
    android:text="查询结果："
    android:textColor="#00ff00"
    android:textSize="24sp" />
<ListView
    android:id="@+id/resultList"
    android:layout_width="match_parent"
    android:layout_height="wrap_content" />
</LinearLayout>
```

(6) 每个列表项显示文件代码：Android 综合编程\003\WordSQLTest\res\layout\item.xml。

```
<?xml version="1.0" encoding="utf-8"?>
<LinearLayout xmlns:android="http://schemas.android.com/apk/res/android"
  android:layout_width="match_parent"
  android:layout_height="match_parent"
  android:orientation="vertical">
<EditText
    android:id="@+id/word"
    android:layout_width="wrap_content"
    android:layout_height="wrap_content"
    android:editable="false"
    android:width="120px" />
<TextView
    android:layout_width="match_parent"
    android:layout_height="wrap_content"
    android:text="解释" />
<EditText
    android:id="@+id/detail"
    android:layout_width="match_parent"
    android:layout_height="wrap_content"
    android:editable="false"
    android:lines="3" />
```

```
</LinearLayout>
```

(7) 查询结果业务逻辑代码：Android 综合编程\003\WordSQLTest\src\iet\jxufe\cn\ResultActivity.java。

```
package iet.jxufe.cn;
import java.util.List;
import java.util.Map;
import android.app.Activity;
import android.os.Bundle;
import android.widget.ListView;
import android.widget.SimpleAdapter;
public class ResultActivity extends Activity {
  ListView listView;
  protected void onCreate(Bundle savedInstanceState) {
    super.onCreate(savedInstanceState);
    setContentView(R.layout.activity_result);
    listView=(ListView)findViewById(R.id.resultList);
    Bundle data=getIntent().getExtras();
    List<Map<String,String>>list=(List<Map<String,String>>)
      data.getSerializable("data");
    SimpleAdapter adapter=new SimpleAdapter(this,list,R.layout.item,
        new String[]{"word","detail"},new int[]{
        R.id.word,R.id.detail});
    listView.setAdapter(adapter);
  }
}
```

4. 设计界面和功能。

参考答案：

(1) 主界面布局文件代码：Android 综合编程\004\ZTest07\res\layout\activity_main.xml。

```
<LinearLayout xmlns:android="http://schemas.android.com/apk/res/android"
  xmlns:tools="http://schemas.android.com/tools"
  android:layout_width="match_parent"
  android:layout_height="match_parent"
  android:orientation="vertical">
<TextView
    android:layout_width="match_parent"
    android:layout_height="wrap_content"
    android:text="@string/title"
    android:textSize="24sp"
    android:background="#ccbbaa"
    android:padding="10dp"
```

```
        android:gravity="center" />
    <ListView
        android:id="@+id/scenery"
        android:layout_width="match_parent"
        android:layout_height="wrap_content"
        android:divider="#aaaaaa"
        android:dividerHeight="2dp"
        android:background="#aabbcc"
        android:gravity="center" />
    </LinearLayout>
```

(2) 字符串常量文件代码：Android 综合编程\004\ZTest07\res\values\strings.xml。

```
<?xml version="1.0" encoding="utf-8"?>
<resources>
<string name="app_name">软件设计赛</string>
<string name="action_settings">Settings</string>
    <string name="title">南昌景点介绍</string>
    <string name="imgInfo">显示图片</string>
</resources>
```

(3) 列表项显示文件代码：Android 综合编程\004\ZTest07\res\layout\item.xml。

```
<LinearLayout xmlns:android="http://schemas.android.com/apk/res/android"
  xmlns:tools="http://schemas.android.com/tools"
  android:layout_width="match_parent"
  android:layout_height="match_parent"
  android:layout_margin="10dp"
  android:orientation="horizontal">
<ImageView
    android:id="@+id/image"
    android:layout_width="100dp"
    android:layout_height="75dp"
    android:contentDescription="@string/imgInfo" />
<LinearLayout
    android:layout_width="wrap_content"
    android:layout_height="wrap_content"
    android:layout_margin="10dp"
    android:orientation="vertical">
<TextView
      android:id="@+id/name"
      android:layout_width="match_parent"
      android:layout_height="wrap_content"
      android:textSize="20sp" />
<TextView
```

```
        android:id="@+id/brief"
        android:layout_width="wrap_content"
        android:layout_height="wrap_content"
        android:layout_marginTop="10dp"
        android:gravity="left"
        android:singleLine="true"
        android:ellipsize="end"
        android:textColor="#0000ee"
        android:textSize="12sp" />
    </LinearLayout>
</LinearLayout>
```

(4) 业务逻辑代码：Android 综合编程\004\ZTest07\src\iet\jxufe\cn\android\ztest07\MainActivity.java。

```
package iet.jxufe.cn.android.ztest07;
import java.util.ArrayList;
import java.util.HashMap;
import java.util.List;
import java.util.Map;
import android.app.Activity;
import android.app.AlertDialog;
import android.content.DialogInterface;
import android.content.DialogInterface.OnClickListener;
import android.os.Bundle;
import android.view.Menu;
import android.view.View;
import android.widget.AdapterView;
import android.widget.AdapterView.OnItemLongClickListener;
import android.widget.ListView;
import android.widget.SimpleAdapter;
public class MainActivity extends Activity {
  private ListView mScenery;
  private List<Map<String, Object>>list=new ArrayList<Map<String, Object>>();
  private int[] imgIds=new int[] { R.drawable.tengwangge,
      R.drawable.badashanrenjinianguan, R.drawable.hanwangfeng,
      R.drawable.xiangshangongyuan, R.drawable.xishanwanshougong,
      R.drawable.meiling };
  String[] names=new String[] { "滕王阁", "八大山人纪念馆", "罕王峰", "象山
森林公园", "西山万寿宫","梅岭" };
  String[] briefs=new String[] { "江南三大名楼之首", "集收藏、陈列、研究、宣传
为一体","青山绿水,风景多彩,盛夏气候凉爽", "避暑、休闲、疗养、度假的最佳场所", "江
南著名道教宫观和游览胜地","山势嵯峨,层峦叠翠,四季秀色,气候宜人" };
  private SimpleAdapter adapter;
```

```
    @Override
    protected void onCreate(Bundle savedInstanceState) {
      super.onCreate(savedInstanceState);
      setContentView(R.layout.activity_main);
      mScenery=(ListView) findViewById(R.id.scenery);
      init();
      adapter=new SimpleAdapter(this, list, R.layout.item,
          new String[] { "img", "name", "brief" }, new int[] {
              R.id.image, R.id.name, R.id.brief });
      mScenery.setAdapter(adapter);
      mScenery.setOnItemLongClickListener(new OnItemLongClickListener() {
        @Override
        public boolean onItemLongClick(AdapterView<? >parent, View view,
            final int position, long id) {
          AlertDialog.Builder builder = new AlertDialog. Builder
          (MainActivity.this);
          builder.setTitle("删除提示");
          builder.setMessage("一旦删除,无法恢复!");
          builder.setPositiveButton("确定", new OnClickListener() {
            @Override
            public void onClick(DialogInterface dialog, int which) {
              //TODO Auto-generated method stub
              list.remove(position);
              //adapter.notifyDataSetChanged();
              mScenery.setAdapter(adapter);
            }
          });
          builder.setNegativeButton("取消",null);
          builder.create().show();
          return false;
        }
      });
    }
    private void init() {
      for (int i=0; i<imgIds.length; i++) {
        Map<String, Object>item=new HashMap<String, Object>();
        item.put("img", imgIds[i]);
        item.put("name", names[i]);
        item.put("brief", briefs[i]);
        list.add(item);
      }
    }
    @Override
    public boolean onCreateOptionsMenu(Menu menu) {
```

```
        //Inflate the menu; this adds items to the action bar if it is present
        .getMenuInflater().inflate(R.menu.main, menu);
        return true;
    }
}
```

5. 实现图片浏览功能。

参考答案：

(1) 主界面代码：Android综合编程\005\ZTest08\res\layout\activity_main.xml。

```
<LinearLayout xmlns:android="http://schemas.android.com/apk/res/android"
    xmlns:tools="http://schemas.android.com/tools"
    android:layout_width="match_parent"
    android:layout_height="match_parent"
    android:orientation="vertical">
<ImageView
        android:id="@+id/myImg"
        android:src="@drawable/file1"
        android:layout_width="wrap_content"
        android:layout_height="wrap_content"
        android:contentDescription="@string/imgInfo"
        />
<LinearLayout
        android:layout_width="match_parent"
        android:layout_height="wrap_content"
        android:gravity="center_horizontal"
        android:orientation="horizontal">
<Button
            android:layout_width="wrap_content"
            android:layout_height="wrap_content"
            android:onClick="pre"
            android:text="@string/pre"/>
<Button
            android:layout_width="wrap_content"
            android:layout_height="wrap_content"
            android:onClick="next"
            android:text="@string/next"/>
<Button
            android:layout_width="wrap_content"
            android:layout_height="wrap_content"
            android:text="@string/loop"
            android:onClick="loopPlay"/>
</LinearLayout>
</LinearLayout>
```

（2）字符串常量代码：Android综合编程\005\ZTest08\res\values\strings.xml。

```
<?xml version="1.0" encoding="utf-8"?>
<resources>
<string name="app_name">软件设计赛</string>
<string name="action_settings">Settings</string>
<string name="imgInfo">显示图片</string>
<string name="pre">上一张</string>
<string name="next">下一张</string>
<string name="loop">循环播放</string>
</resources>
```

（3）业务逻辑代码：Android综合编程\005\ZTest08\src\iet\jxufe\cn\imagescan\MainActivity.java。

```
package iet.jxufe.cn.imagescan;
import android.app.Activity;
import android.os.Bundle;
import android.os.Handler;
import android.os.Message;
import android.view.View;
import android.widget.Button;
import android.widget.ImageView;
public class MainActivity extends Activity {
  private int[] imgs=new int[] { R.drawable.file1, R.drawable.file2,
      R.drawable.file3, R.drawable.file4 };       //定义一组需要循环的图片
  private ImageView myImg;                          //显示图片的控件
  private int current=0;                            //当前显示的图片的下标
  private Handler myHandler;                        //定义 Handler 对象
  private boolean flag=false;                       //是否自动播放
  protected void onCreate(Bundle savedInstanceState) {
    super.onCreate(savedInstanceState);
    setContentView(R.layout.activity_main);       //设置页面
    myImg=(ImageView) findViewById(R.id.myImg); //根据 id 获取 ImageView
    myHandler=new Handler() {
      public void handleMessage(Message msg) {
        current++;                                  //图片序号自动加 1
        myImg.setImageResource(imgs[current %imgs.length]);
                                                    //自动播放下一张
      }
    };
  }
  public void loopPlay(View view) {                 //循环播放按钮的事件处理
    flag=!flag;
    if(flag){
```

```
            ((Button)view).setText("停止播放");
        }else {
            ((Button)view).setText("循环播放");
        }
        new Thread(){
            public void run() {
                while(flag){
                    try {
                        Thread.sleep(2000);
                        myHandler.sendEmptyMessage(0x11);
                    } catch (Exception e) {
                        e.printStackTrace();
                    }
                }
            }
        }.start();
    }
    public void pre(View view){                          //上一张按钮的事件处理
        current=(current-1+imgs.length)%imgs.length;
        myImg.setImageResource(imgs[current]);
    }
    public void next(View view){                         //下一张按钮的事件处理
        current=(current+1)%imgs.length;
        myImg.setImageResource(imgs[current]);
    }
}
```

6. 实现注册、登录功能。

参考答案：

(1) 登录主界面代码：Android 综合编程\006\BTest09\res\layout\activity_main.xml。

```
<LinearLayout xmlns:android="http://schemas.android.com/apk/res/android"
  xmlns:tools="http://schemas.android.com/tools"
  android:layout_width="match_parent"
  android:layout_height="match_parent"
  android:orientation="vertical">
<TableLayout
    android:layout_width="match_parent"
    android:layout_height="wrap_content"
    android:layout_marginLeft="15dp"
    android:layout_marginRight="10dp">
<TableRow>
<TextView
```

```
            android:layout_width="wrap_content"
            android:layout_height="wrap_content"
            android:text="@string/name"
            android:textSize="20sp" />
    <EditText
            android:id="@+id/name"
            android:layout_width="0dp"
            android:layout_height="wrap_content"
            android:inputType="text"
            android:layout_weight="1" />
    </TableRow>
    <TableRow>
    <TextView
            android:layout_width="wrap_content"
            android:layout_height="wrap_content"
            android:text="@string/psd"
            android:textSize="20sp" />
    <EditText
            android:id="@+id/psd"
            android:layout_width="0dp"
            android:layout_height="wrap_content"
            android:inputType="textPassword"
            android:layout_weight="1" />
    </TableRow>
    </TableLayout>
    <LinearLayout
        android:layout_width="match_parent"
        android:layout_height="wrap_content"
        android:orientation="horizontal">
    <CheckBox
          android:id="@+id/rememberPsd"
          android:layout_width="wrap_content"
          android:layout_height="wrap_content"
          android:text="@string/remember_psd" />
    <CheckBox
          android:id="@+id/autoLogin"
          android:layout_width="wrap_content"
          android:layout_height="wrap_content"
          android:text="@string/auto_login" />
    <Button
          android:id="@+id/login"
          android:layout_width="wrap_content"
          android:layout_height="wrap_content"
          android:onClick="login"
```

```
        android:text="@string/login" />
    <Button
        android:id="@+id/register"
        android:layout_width="wrap_content"
        android:layout_height="wrap_content"
        android:onClick="register"
        android:text="@string/register" />
    </LinearLayout>
    </LinearLayout>
```

（2）字符串常量文件代码：Android 综合编程\006\BTest09\res\values\strings.xml。

```
<?xml version="1.0" encoding="utf-8"?>
<resources>
<string name="app_name">软件设计赛</string>
<string name="action_settings">Settings</string>
<string name="name">账号</string>
<string name="psd">密码</string>
<string name="remember_psd">记住密码</string>
<string name="auto_login">自动登录</string>
<string name="login">登录</string>
<string name="register">注册</string>
<string name="invalidate">注销</string>
<string name="exit">退出</string>
</resources>
```

（3）数据库辅助类的关键代码：Android 综合编程\006\BTest09\src\iet\jxufe\cn\android\MyOpenHelper.java。

```
package iet.jxufe.cn.android;
import android.content.Context;
import android.database.sqlite.SQLiteDatabase;
import android.database.sqlite.SQLiteOpenHelper;
public class MyOpenHelper extends SQLiteOpenHelper {
  private String creatTableSQL = " create table user_tb (_id Integer
  Primary key autoincrement,name,psd)";
  public MyOpenHelper(Context context, String name, int version) {
    super(context, name, null, version);
  }
  public void onCreate(SQLiteDatabase db) {        //创建数据库时调用
    db.execSQL(creatTableSQL);
  }
  public void onUpgrade(SQLiteDatabase db, int oldVersion, int newVersion) {
    System.out.println("版本变化："+oldVersion+"------------->"+
    newVersion);
```

```
    }
  }
```

(4) 登录的主要业务逻辑代码：Android 综合编程\006\BTest09\src\iet\jxufe\cn\android\MainActivity.java。

```
package iet.jxufe.cn.android;
import android.app.Activity;
import android.content.Context;
import android.content.SharedPreferences;
import android.database.Cursor;
import android.database.sqlite.SQLiteDatabase;
import android.os.Bundle;
import android.text.Html;
import android.view.Menu;
import android.view.MenuItem;
import android.view.View;
import android.widget.CheckBox;
import android.widget.EditText;
import android.widget.TextView;
import android.widget.Toast;
public class MainActivity extends Activity {
  private EditText name,psd;                    //账号和密码编辑框
  private CheckBox rememberPsd,autoLogin;  //记住密码和自动登录选项框
  private TextView loginResult;                //登录结果
  private SharedPreferences loginInfo;
                                     //SharedPreference 对象获取配置信息
  private SharedPreferences.Editor mEditor;  //Editor 对象保存数据
  private String nameStr,psdStr;               //记录姓名、密码、登录结果信息
  private boolean isRememberPsd,isAutoLogin;
                                   //两个变量用于记录是否记住密码、自动登录
  private MyOpenHelper mHelper;                //数据库辅助类对象
  private SQLiteDatabase mDatabase;            //数据库对象
  protected void onCreate(Bundle savedInstanceState) {
    super.onCreate(savedInstanceState);
    mHelper=new MyOpenHelper(this,"user.db",1);       //创建数据库工具类
    mDatabase=mHelper.getWritableDatabase();          //获取数据库
    init();                                           //进行初始化操作
  }
  public void init(){//执行初始化方法
    loginInfo=getSharedPreferences("login", Context.MODE_PRIVATE);
                                      //获取 SharedPreference 对象
    mEditor=loginInfo.edit();              //获取 Editor 对象
    nameStr=loginInfo.getString("name", null); //获取配置信息中的 name 信息
    psdStr=loginInfo.getString("psd", null);   //获取配置信息中的 psd 信息
```

```
        isRememberPsd=loginInfo.getBoolean("isRememberPsd",false);
                                            //获取是否记住密码信息
        isAutoLogin=loginInfo.getBoolean("isAutoLogin",false);
                                            //获取是否自动登录信息
        if(isAutoLogin){                    //判断是否自动登录
          loadActivity(R.layout.success_main);    //加载登录成功页面
        }else{
          loadActivity(R.layout.activity_main);   //否则加载首页
        }
      }
      public void loadActivity(int layout){       //根据传递的布局文件加载页面
        switch (layout) {                         //对布局文件进行判断
        case R.layout.activity_main:              //如果是首页
          setContentView(R.layout.activity_main);
          name=(EditText)findViewById(R.id.name);
          psd=(EditText)findViewById(R.id.psd);
          rememberPsd=(CheckBox)findViewById(R.id.rememberPsd);
          autoLogin=(CheckBox)findViewById(R.id.autoLogin);
          if(isRememberPsd){                      //是否勾选了记住密码
            name.setText(nameStr);                //显示以前保存的账号
            psd.setText(psdStr);                  //显示以前保存的密码
            rememberPsd.setChecked(true);         //默认勾选记住密码
          }
          break;
        case R.layout.success_main:               //如果是登录成功页面
          setContentView(R.layout.success_main);
          loginResult=(TextView)findViewById(R.id.result);
          loginResult.setText(Html.fromHtml("欢迎您:<font color=red>"+
         loginInfo.getString("name",null)+"</font>\t,登录成功!"));
          break;
        default:
          break;
        }
      }
      public void login(View view){               //登录按钮的事件处理
        boolean flag=checkUser(mDatabase, name.getText().toString(), psd
        .getText().toString());                   //验证用户名和密码
        if(flag){                                 //如果用户名和密码正确
          mEditor.putString("name",name.getText().toString());
          mEditor.putString("psd",psd.getText().toString());
          mEditor.putBoolean("isRememberPsd", rememberPsd.isChecked());
          mEditor.putBoolean("isAutoLogin", autoLogin.isChecked());
                                                  //将相关信息保存在配置文件中
          mEditor.commit();                       //提交数据
```

```
            loadActivity(R.layout.success_main); //显示登录成功页面
          }else{                                  //否则弹出提示信息
            Toast.makeText(this, "用户名和密码不正确,请重新输入!",Toast.LENGTH_LONG).show();
          }
        }
        public void register(View view){ //注册按钮的事件处理,向数据库中插入语句
          mDatabase.execSQL("insert into user_tb(name,psd)values(?,?)",new String[]{name.getText().toString(),psd.getText().toString()});
          Toast.makeText(this,"用户添加成功",Toast.LENGTH_LONG).show();
        }
        public boolean onCreateOptionsMenu(Menu menu) { //创建选项菜单
          getMenuInflater().inflate(R.menu.main, menu);  //将菜单资源文件转换成菜单
          return true;
        }
        public boolean onOptionsItemSelected(MenuItem item) {
          switch (item.getItemId()) {             //获取菜单项的 ID
          case R.id.exit:                         //如果为退出菜单项
            this.finish();                        //结束当前的应用
            break;
          case R.id.invalidate:                   //如果是注销菜单项
            mEditor.putBoolean("isAutoLogin", false);  //将自动登录设为 false
            mEditor.commit();                     //提交更新的数据
            init();                               //初始化
            break;
          default:
            break;
          }
          return super.onOptionsItemSelected(item);
        }
        public boolean checkUser(SQLiteDatabase db,String name,String psd){
          Cursor result=db.rawQuery("select * from user_tb where name=? and psd=?",new String[]{name,psd});
          if(result.moveToNext()){            //如果有记录表示存在该用户名和密码
            return true;
          }
          return false;
        }
      }
```

(5) 菜单文件代码：Android 综合编程\006\BTest09\res\menu\main.xml。

```
<menu xmlns:android="http://schemas.android.com/apk/res/android">
<item
    android:id="@+id/invalidate"
```

```
        android:showAsAction="always"
        android:title="@string/invalidate"/>
    <item
        android:id="@+id/exit"
        android:showAsAction="always"
        android:title="@string/exit"/>
    </menu>
```

(6) 显示登录成功的代码：Android 综合编程\006\BTest09\res\layout\success_main.xml。

```
    <LinearLayout xmlns:android="http://schemas.android.com/apk/res/android"
      xmlns:tools="http://schemas.android.com/tools"
      android:layout_width="match_parent"
      android:layout_height="match_parent"
      android:gravity="center_horizontal"
      android:orientation="vertical">
    <TextView
        android:id="@+id/result"
        android:layout_width="wrap_content"
        android:layout_height="wrap_content"
        android:text="@string/name"
        android:textColor="#0000ff"
        android:textSize="20sp" />
    </LinearLayout>
```

7. 实现拨号功能。

参考答案：

(1) 主界面代码：Android 综合编程\007\Test08\res\layout\activity_main.xml。

```
    <LinearLayout xmlns:android="http://schemas.android.com/apk/res/android"
      xmlns:tools="http://schemas.android.com/tools"
      android:layout_width="match_parent"
      android:layout_height="match_parent"
      android:orientation="vertical">
    <LinearLayout
        android:layout_width="match_parent"
        android:layout_height="wrap_content"
        android:orientation="horizontal">
    <EditText
          android:id="@+id/num"
          android:layout_width="0dp"
          android:layout_height="wrap_content"
          android:layout_weight="1"
          android:inputType="phone"
```

```
        android:hint="@string/inputHint" />
    <Button
        android:layout_width="wrap_content"
        android:layout_height="wrap_content"
        android:onClick="choosePeople"
        android:text="@string/choosePeople" />
</LinearLayout>
<Button
    android:layout_width="wrap_content"
    android:layout_height="wrap_content"
    android:onClick="call"
    android:text="@string/call" />
</LinearLayout>
```

(2) 字符串常量文件代码：Android 综合编程\007\BTest08\res\values\strings.xml。

```
<?xml version="1.0" encoding="utf-8"?>
<resources>
<string name="app_name">移动应用设计大赛</string>
<string name="action_settings">Settings</string>
<string name="choosePeople">选择联系人</string>
<string name="call">拨号</string>
<string name="inputHint">请输入或选择号码</string>
<string name="choose">choosePeople</string>
</resources>
```

(3) 主界面的业务逻辑代码：Android 综合编程\007\BTest08\src\iet\jxufe\cn\android\activitytest\MainActivity.java。

```
package iet.jxufe.cn.android.activitytest;
import android.app.Activity;
import android.content.Intent;
import android.net.Uri;
import android.os.Bundle;
import android.view.View;
import android.widget.EditText;
public class MainActivity extends Activity {
  private EditText num;
  protected void onCreate(Bundle savedInstanceState) {
    super.onCreate(savedInstanceState);
    setContentView(R.layout.activity_main);
    num=(EditText)findViewById(R.id.num);
  }
  public void choosePeople(View view){
    Intent intent=new Intent(this,ChoosePeopleActivity.class);
```

```
            startActivityForResult(intent, 0);
        }
        protected void onActivityResult (int requestCode, int resultCode, Intent data) {
            if(data!=null){
                String numStr=data.getStringExtra("num");
                String nameStr=data.getStringExtra("name");
                num.setText(nameStr+":"+numStr);
            }
        }
        public void call(View view){
            Intent intent=new Intent();
            intent.setAction(Intent.ACTION_CALL);
            String[] content=num.getText().toString().split(":");
            intent.setData(Uri.parse("tel:"+content[content.length-1]));
            startActivity(intent);
        }
    }
```

(4) 联系人列表项布局文件：Android 综合编程\007\BTest08\res\layout\item.xml。

```
<LinearLayout xmlns:android="http://schemas.android.com/apk/res/android"
    xmlns:tools="http://schemas.android.com/tools"
    android:layout_width="match_parent"
    android:layout_height="match_parent"
    android:orientation="horizontal"
    android:gravity="center_horizontal"
    android:paddingTop="20dp">
<ImageView
        android:id="@+id/mImg"
        android:layout_width="50dp"
        android:layout_height="50dp"
        android:layout_marginRight="20dp"/>
<LinearLayout
        android:layout_width="wrap_content"
        android:layout_height="wrap_content"
        android:orientation="vertical">
<TextView
            android:id="@+id/name"
            android:layout_width="wrap_content"
            android:layout_height="wrap_content"
            android:textColor="#ff0000"
            android:textSize="20sp"/>
<TextView
```

```
        android:id="@+id/num"
        android:textColor="#0000ff"
        android:textSize="18sp"
        android:layout_width="wrap_content"
        android:layout_height="wrap_content"/>
    </LinearLayout>
</LinearLayout>
```

(5) 选择联系人页面业务逻辑代码：Android 综合编程\007\BTest08\src\iet\jxufe\cn\android\activitytest\ChoosePeopleActivity.java。

```
package iet.jxufe.cn.android.activitytest;
import java.util.ArrayList;
import java.util.HashMap;
import java.util.List;
import java.util.Map;
import android.app.ListActivity;
import android.content.Intent;
import android.os.Bundle;
import android.view.View;
import android.widget.AdapterView;
import android.widget.AdapterView.OnItemClickListener;
import android.widget.SimpleAdapter;
public class ChoosePeopleActivity extends ListActivity {
  private int[] imgIds=new int[] { R.drawable.a1, R.drawable.a2,
      R.drawable.a3, R.drawable.a4, R.drawable.a5 };
  private String[] names=new String[] {"张三", "李四", "王五", "赵六", "洪七"};
  private String[] nums=new String[] { "12345678", "87654321",
  "12348765", "87651234", "56781234" };
  private List<Map<String, Object>>lists=new ArrayList<Map<String,
  Object>>();
  protected void onCreate(Bundle savedInstanceState) {
    super.onCreate(savedInstanceState);
    init();
    SimpleAdapter adapter=new SimpleAdapter(this, lists, R.layout.item,
        new String[] { "img", "name", "num" }, new int[] { R.id.mImg,
            R.id.name, R.id.num });
    setListAdapter(adapter);
    getListView().setOnItemClickListener(new OnItemClickListener() {
      public void onItemClick(AdapterView<?>parent, View view,
          int position, long id) {
        Intent intent=new Intent();
        intent.putExtra("num", nums[position]);
        intent.putExtra("name", names[position]);
        setResult(0,intent);
```

```
            finish();
          }
        });
      }
      public void init() {
        for (int i=0; i<names.length; i++) {
          Map<String, Object>item=new HashMap<String, Object>();
          item.put("name", names[i]);
          item.put("img", imgIds[i]);
          item.put("num","号码："+nums[i]);
          lists.add(item);
        }
      }
    }
```

8. 实现控制进度功能。

参考答案

(1) 主界面的布局代码：Android 综合编程\008\BTest09\res\layout\activity_main.xml。

```
<LinearLayout xmlns:android="http://schemas.android.com/apk/res/android"
  xmlns:tools="http://schemas.android.com/tools"
  android:layout_width="match_parent"
  android:layout_height="match_parent"
  android:orientation="vertical">
<TextView
    android:id="@+id/proInfo"
    android:layout_width="match_parent"
    android:layout_height="wrap_content"
    android:text="@string/proInfo"
    android:textColor="#ff0000"
    android:textSize="18sp"/>
<ProgressBar
    android:id="@+id/mProgress"
    android:layout_width="match_parent"
    android:layout_height="wrap_content"
    style="@android:style/Widget.ProgressBar.Horizontal"/>
<LinearLayout
    android:layout_width="match_parent"
    android:layout_height="wrap_content"
    android:orientation="horizontal"
    android:gravity="center_horizontal">
<Button
      android:layout_width="wrap_content"
```

```
        android:layout_height="wrap_content"
        android:text="@string/start"
        android:onClick="start"/>
    <Button
        android:layout_width="wrap_content"
        android:layout_height="wrap_content"
        android:text="@string/pause"
        android:onClick="pause"/>
    <Button
        android:id="@+id/plusSpeed"
        android:layout_width="wrap_content"
        android:layout_height="wrap_content"
        android:text="@string/plusSpeed"
        android:onClick="plusSpeed"/>
    <Button
        android:id="@+id/minusSpeed"
        android:layout_width="wrap_content"
        android:layout_height="wrap_content"
        android:text="@string/minusSpeed"
        android:onClick="minusSpeed"/>
    <Button
        android:layout_width="wrap_content"
        android:layout_height="wrap_content"
        android:text="@string/reset"
        android:onClick="reset"/>
</LinearLayout>
</LinearLayout>
```

(2) 字符串常量文件代码：Android 综合编程\008\BTest09\res\values\strings.xml。

```
<?xml version="1.0" encoding="utf-8"?>
<resources>
<string name="app_name">软件设计赛</string>
<string name="action_settings">Settings</string>
<string name="proInfo">请单击开始按钮模拟操作...</string>
<string name="start">开始</string>
<string name="plusSpeed">加速</string>
<string name="minusSpeed">减速</string>
<string name="pause">暂停</string>
<string name="reset">重置</string>
</resources>
```

(3) 自定义服务的代码：Android 综合编程\008\BTest09\src\iet\jxufe\cn\android\MyService.java。

```
package iet.jxufe.cn.android;
import android.app.Service;
import android.content.BroadcastReceiver;
import android.content.Context;
import android.content.Intent;
import android.content.IntentFilter;
import android.os.IBinder;
public class MyService extends Service {
  private boolean isOver=false;              //是否结束
  private boolean isStart=false;             //是否开始
  private boolean isPause=false;             //是否暂停
  private int currentSpeed=1;                //当前速度
  private int process=0;                     //当前的进度
  private ServiceBroadcastReceiver sReceiver; //Service内部的广播接收器
  public IBinder onBind(Intent intent) {
    return null;
  }
  public void onCreate() {
    sReceiver=new ServiceBroadcastReceiver();
    IntentFilter filter=new IntentFilter(MainActivity.SERVICE);
    registerReceiver(sReceiver, filter);
  }
  public void start(){
    new Thread() {
      public void run() {
        while (!isOver) {                    //如果还没结束
          try {
            if(!isPause){                    //并且也没暂停
              process=process+currentSpeed;
              Thread.sleep(300);
                          //每隔0.3秒发送一次信息,更新进度条
              if(process>=MainActivity.maxProgress){
                                     //如果进度超过最大进度,即结束
                isOver=true;
                process=MainActivity.maxProgress;
              }
              Intent intent=new Intent(MainActivity.ACTIVITY);
              intent.putExtra("process", process);
              sendBroadcast(intent);
            }
          } catch (Exception e) {
            e.printStackTrace();
          }
        }
```

```
              Intent overIntent=new Intent(MainActivity.ACTIVITY);
              overIntent.putExtra("over", true);
              sendBroadcast(overIntent);
            }
          }.start();
        }
        private class ServiceBroadcastReceiver extends BroadcastReceiver {
          public void onReceive(Context context, Intent intent) {
            if(!isStart){        //如果还未开始
              isStart=intent.getBooleanExtra("start", false);
              if(isStart){       //如果获取的值为 true,启动线程,开始模拟
                isOver=false;
                process=0;
                currentSpeed=1;
                start();
              }
            }else{//如果已经开始
              boolean isReset=intent.getBooleanExtra("reset",false);
              if(isReset){
                isOver=true;
                isStart=false;
                isPause=false;
              }else{
                isPause=intent.getBooleanExtra("pause",false);
                if(!isPause){        //如果没有单击暂停按钮
                  currentSpeed=intent.getIntExtra("currentSpeed", 1);
                                                                    //获取速度值
                }
              }
            }
          }
        }
        public void onDestroy() {
          isOver=true;
          if(sReceiver!=null){
            unregisterReceiver(sReceiver);
          }
          super.onDestroy();
        }
      }
```

（4）主界面的业务逻辑代码：Android 综合编程\008\BTest09\src\iet\jxufe\cn\android\MainActivity.java。

```
package iet.jxufe.cn.android;
```

```
import android.app.Activity;
import android.content.BroadcastReceiver;
import android.content.Context;
import android.content.Intent;
import android.content.IntentFilter;
import android.os.Bundle;
import android.view.View;
import android.widget.ProgressBar;
import android.widget.TextView;
public class MainActivity extends Activity {
  public static int maxProgress=500;      //进度条的最大值
  private ProgressBar mProgess;           //进度条控件
  private TextView proInfo;               //显示当前进度条信息
  public static String ACTIVITY="iet.jxufe.cn.activityReceiver";
                                          //Activity 中广播接收器启动条件
  public static String SERVICE="iet.jxufe.cn.serviceReceiver";
                                          //Service 中广播接收器启动条件
  private int currentSpeed=1;             //进度条递增的速度
  private ActivityBroadcastReceiver aReceiver;
                                          //MainActivity 内部的广播接收器
  protected void onCreate(Bundle savedInstanceState) {
    super.onCreate(savedInstanceState);
    setContentView(R.layout.activity_main);
    mProgess=(ProgressBar) findViewById(R.id.mProgress);
    proInfo=(TextView) findViewById(R.id.proInfo);
    mProgess.setMax(maxProgress);
    aReceiver=new ActivityBroadcastReceiver();
    IntentFilter filter=new IntentFilter(ACTIVITY);
    registerReceiver(aReceiver, filter);
    startService(new Intent(MainActivity.this, MyService.class));
  }
  public void start(View view) {      //开始按钮的事件处理方法
    Intent intent=new Intent(SERVICE);
    intent.putExtra("start", true);
    intent.putExtra("currentSpeed", currentSpeed);
    sendBroadcast(intent);
  }
  public void pause(View view) {      //暂停按钮的事件处理方法
    Intent intent=new Intent(SERVICE);
    intent.putExtra("pause", true);
    sendBroadcast(intent);
  }
  public void reset(View view) {      ///重置按钮的事件处理方法
    Intent intent=new Intent(SERVICE);
```

```
        intent.putExtra("reset", true);
        sendBroadcast(intent);
        proInfo.setText(getResources().getString(R.string.proInfo));
        mProgess.setProgress(0);
        currentSpeed=1;
      }
      public void plusSpeed(View view){   //加速按钮的事件处理方法
        currentSpeed=currentSpeed+5;      //速度加 5
        send();
      }
      public void minusSpeed(View view) { //减速按钮的事件处理方法
        currentSpeed=currentSpeed -5;     //速度减 5
        send();
      }
      public void send(){
        if (currentSpeed<=0)
          currentSpeed=1;
        Intent intent=new Intent(SERVICE);
        intent.putExtra("currentSpeed", currentSpeed);
        sendBroadcast(intent);
      }
      private class ActivityBroadcastReceiver extends BroadcastReceiver {
        public void onReceive(Context context, Intent intent) {
          int process=intent.getIntExtra("process", 1);    //获取当前的进度值
          mProgess.setProgress(process);
          proInfo.setText("当前的进度为: "+(int) (process*1.0/maxProgress*100)
             +"%,"+"\t 当前速度为: "+currentSpeed);
          boolean isOver=intent.getBooleanExtra("over",false);
          if(isOver){
            proInfo.setText(getResources().getString(R.string.proInfo));
            mProgess.setProgress(0);
            currentSpeed=1;
          }
        }
      }
      @Override
      protected void onDestroy() {
        if(aReceiver!=null){
          unregisterReceiver(aReceiver);
        }
        super.onDestroy();
      }
    }
```

注意：需要在清单文件中注册服务：<service android:name=".MyService">

</service>

9. 实现我的课表功能。

参考答案

（1）主界面布局代码：Android 综合编程\009\CourseList\res\layout\activity_main.xml。

```
<TableLayout xmlns:android="http://schemas.android.com/apk/res/android"
  android:layout_width="match_parent"
  android:layout_height="match_parent"
  android:background="#aabbcc">
<TextView
    android:layout_width="match_parent"
    android:layout_height="wrap_content"
    android:gravity="center"
    android:text="@string/mycur"
    android:textColor="#ff2233"
    android:background="#ccbbaa"
    android:padding="5dp"
    android:layout_marginBottom="5dp"
    android:textSize="24sp" />
<TableRow>
<TextView
      style="@style/textView"
      android:background="#00000000"/>
<TextView
      style="@style/textView"
      android:text="@string/first" />
<TextView
      style="@style/textView"
      android:text="@string/second" />
<TextView
      style="@style/textView"
      android:text="@string/third" />
<TextView
      style="@style/textView"
      android:text="@string/forth" />
<TextView
      style="@style/textView"
      android:text="@string/fifth" />
<TextView
      style="@style/textView"
      android:text="@string/sixth" />
<TextView
      style="@style/textView"
```

```
        android:text="@string/seventh" />
    </TableRow>
    <TableRow>
    <TextView
        style="@style/textView"
        android:text="@string/mon" />
    <Button style="@style/btn" />
    <Button style="@style/btn" />
    <Button style="@style/btn" />
    <Button style="@style/btn" />
    <Button style="@style/btn" />
    <Button style="@style/btn" />
    <Button style="@style/btn" />
    </TableRow>
    <TextView
        style="@style/textView"
        android:text="@string/tue" />
    <Button style="@style/btn" />
    <Button style="@style/btn" />
    <Button style="@style/btn" />
    <Button style="@style/btn" />
    <Button style="@style/btn" />
    <Button style="@style/btn" />
    <Button style="@style/btn" />
    </TableRow>
    <TableRow>
    <TextView
        style="@style/textView"
        android:text="@string/wed" />
    <Button style="@style/btn" />
    <Button style="@style/btn" />
    <Button style="@style/btn" />
    <Button style="@style/btn" />
    <Button style="@style/btn" />
    <Button style="@style/btn" />
    <Button style="@style/btn" />
    </TableRow>
    <TableRow>
    <TextView
        style="@style/textView"
        android:text="@string/thu" />
    <Button style="@style/btn" />
    <Button style="@style/btn" />
```

```
    <Button style="@style/btn" />
    <Button style="@style/btn" />
    <Button style="@style/btn" />
    <Button style="@style/btn" />
    <Button style="@style/btn" />
    </TableRow>
    <TableRow>
    <TextView
         style="@style/textView"
         android:text="@string/fri" />
    <Button style="@style/btn" />
    <Button style="@style/btn" />
    <Button style="@style/btn" />
    <Button style="@style/btn" />
    <Button style="@style/btn" />
    <Button style="@style/btn" />
    <Button style="@style/btn" />
    </TableRow>
    </TableLayout>
```

(2) 字符串常量文件：Android 综合编程\009\CourseList\res\values\strings. xml。

```
<? xml version="1.0" encoding="utf-8"? >
<resources>
<string name="app_name">我的课表</string>
<string name="action_settings">Settings</string>
<string name="mon">星期一</string>
<string name="tue">星期二</string>
<string name="wed">星期三</string>
<string name="thu">星期四</string>
<string name="fri">星期五</string>
<string name="first">第一节课</string>
<string name="second">第二节课</string>
<string name="third">第三节课</string>
<string name="forth">第四节课</string>
<string name="fifth">第五节课</string>
<string name="sixth">第六节课</string>
<string name="seventh">第七节课</string>
<string name="mycur">我的课程表</string>
</resources>
```

(3) 样式文件代码：Android 综合编程\009\CourseList\res\values\styles. xml。

```
<resources xmlns:android="http://schemas.android.com/apk/res/android">
<style name="AppBaseTheme" parent="android:Theme.Light"></style>
<style name="AppTheme" parent="AppBaseTheme"></style>
```

```
<style name="textView">
<item name="android:layout_width">0dp</item>
<item name="android:layout_weight">1</item>
<item name="android:layout_height">wrap_content</item>
<item name="android:layout_margin">1dp</item>
<item name="android:textSize">16sp</item>
<item name="android:background">@drawable/bg</item>
</style>
<style name="btn">
<item name="android:layout_width">0dp</item>
<item name="android:layout_weight">1</item>
<item name="android:layout_height">wrap_content</item>
<item name="android:layout_margin">1dp</item>
<item name="android:textSize">16sp</item>
<item name="android:background">@drawable/bg</item>
<item name="android:minHeight">0dp</item>
<item name="android:minWidth">0dp</item>
<item name="android:textColor">#0000ff</item>
<item name="android:onClick">setCourse</item>
</style>
</resources>
```

(4) 自定义边框文件代码：Android 综合编程\009\CourseList\res\drawable-hdpi\bg.xml。

```
<? xml version="1.0" encoding="utf-8"? >
<shape xmlns:android="http://schemas.android.com/apk/res/android"
  android:shape="rectangle">
<solid android:color="#00000000" /><!--矩形颜色为透明色 -->
<padding android:left="5dp"
    android:top="5dp"
    android:right="5dp"
    android:bottom="5dp"/>
<stroke
    android:width="2dp"
    android:color="#000000" /><!--矩形边框为 2 像素,颜色为黑色 -->
</shape>
```

(5) 业务逻辑代码：Android 综合编程\009\CourseList\src\iet\jxufe\cn\android\courselist\MainActivity.java。

```
package iet.jxufe.cn.android.courselist;
import android.app.Activity;
import android.app.AlertDialog;
import android.app.AlertDialog.Builder;
import android.content.DialogInterface;
```

```
import android.content.DialogInterface.OnClickListener;
import android.os.Bundle;
import android.view.Menu;
import android.view.View;
import android.widget.Button;
import android.widget.EditText;
public class MainActivity extends Activity {
  private Button btn;            //记录单击的按钮
  @Override
  protected void onCreate(Bundle savedInstanceState) {
    super.onCreate(savedInstanceState);
    setContentView(R.layout.activity_main);
  }
  public void setCourse(View view){                    //单击按钮的事件处理
    btn=(Button)view;                                  //获取被单击的按钮
    Builder courseBuilder=new AlertDialog.Builder(this);   //创建对话框
    courseBuilder.setTitle("请输入课程名");            //设置对话框标题
    final EditText editText=new EditText(this); //创建一个文本编辑框
    editText.setText(btn.getText().toString());//设置文本编辑框内容
    courseBuilder.setView(editText);           //将文本编辑框添加到对话框中
    courseBuilder.setPositiveButton("确定",new OnClickListener() {
      @Override
      public void onClick(DialogInterface dialog, int which) {
        btn.setText(editText.getText().toString()); //设置课程
      }
    });                                                //为对话框添加确定按钮
    courseBuilder.create().show();                     //创建并显示对话框
  }
  @Override
  public boolean onCreateOptionsMenu(Menu menu) {
    //Inflate the menu; this adds items to the action bar if it is present.
    getMenuInflater().inflate(R.menu.main, menu);
    return true;
  }
}
```

10. 实现拖动条控制颜色功能。

参考答案

(1) 主界面布局文件代码：Android 综合编程\010\SeekBarTest\res\layout\activity_main.xml。

```
<TableLayout xmlns:android="http://schemas.android.com/apk/res/android"
  xmlns:tools="http://schemas.android.com/tools"
  android:layout_width="match_parent"
```

```
    android:layout_height="match_parent"
    android:padding="10dp"
    android:background="#aabbcc">
  <TextView
      android:id="@+id/test"
      android:layout_width="match_parent"
      android:layout_height="100dp"
      android:layout_margin="5dp"
      android:background="#000000" />
  <TableRow android:gravity="center">
  <TextView
        android:layout_width="wrap_content"
        android:layout_height="wrap_content"
        android:text="@string/red" />
  <SeekBar
        android:id="@+id/redBar"
        android:layout_width="match_parent"
        android:layout_height="wrap_content"
        android:layout_weight="1" />
  </TableRow>
  <TableRow android:gravity="center">
  <TextView
        android:layout_width="wrap_content"
        android:layout_height="wrap_content"
        android:text="@string/green" />
  <SeekBar
        android:id="@+id/greenBar"
        android:layout_width="match_parent"
        android:layout_height="wrap_content"
        android:layout_weight="1" />
  </TableRow>
  <TableRow android:gravity="center">
  <TextView
        android:layout_width="wrap_content"
        android:layout_height="wrap_content"
        android:text="@string/blue" />
  <SeekBar
        android:id="@+id/blueBar"
        android:layout_width="0dp"
        android:layout_height="wrap_content"
        android:layout_weight="1" />
  </TableRow>
  <TableRow android:gravity="center_vertical">
  <TextView
```

```
        android:layout_width="wrap_content"
        android:layout_height="wrap_content"
        android:text="@string/alpha" />
    <RatingBar
        android:id="@+id/alphaBar"
        android:layout_width="wrap_content"
        android:layout_height="wrap_content"
        android:numStars="5"
        android:rating="5"
        android:stepSize="0.5" />
    </TableRow>
    </TableLayout>
```

(2) 字符串常量文件代码：Android 综合编程\010\SeekBarTest\res\values\strings.xml。

```
<?xml version="1.0" encoding="utf-8"?>
<resources>
<string name="app_name">手机软件设计赛</string>
<string name="action_settings">Settings</string>
<string name="red">红色</string>
<string name="green">绿色</string>
<string name="blue">蓝色</string>
<string name="alpha">透明度</string>
</resources>
```

(3) 主要的业务逻辑代码：Android 综合编程\010\SeekBarTest\res\values\strings.xml。

```
package jxut.edu.cn.seekbartest;
import android.app.Activity;
import android.graphics.Color;
import android.os.Bundle;
import android.view.Menu;
import android.widget.RatingBar;
import android.widget.RatingBar.OnRatingBarChangeListener;
import android.widget.SeekBar;
import android.widget.SeekBar.OnSeekBarChangeListener;
import android.widget.TextView;
public class MainActivity extends Activity {
  private SeekBar redBar, greenBar, blueBar;
  private int red,green,blue,alpha=255;
  private TextView test;                              //测试颜色块
  private RatingBar alphaBar;                         //控制透明度控件
  @Override
  protected void onCreate(Bundle savedInstanceState) {
```

```
        super.onCreate(savedInstanceState);
        setContentView(R.layout.activity_main);
        redBar=(SeekBar) findViewById(R.id.redBar);
        greenBar=(SeekBar) findViewById(R.id.greenBar);
        blueBar=(SeekBar) findViewById(R.id.blueBar);
        test=(TextView)findViewById(R.id.test);
        MySeekBarChangeListener mSeekBarListener=new MySeekBarChangeListener();
        redBar.setOnSeekBarChangeListener(mSeekBarListener);
        greenBar.setOnSeekBarChangeListener(mSeekBarListener);
        blueBar.setOnSeekBarChangeListener(mSeekBarListener);
        alphaBar=(RatingBar)findViewById(R.id.alphaBar);
        alphaBar.setOnRatingBarChangeListener(new OnRatingBarChangeListener() {
            @Override
            public void onRatingChanged (RatingBar ratingBar, float arg1, boolean arg2) {
                float rating=ratingBar.getRating();
                alpha=(int)(rating/ratingBar.getNumStars() * 255);
                test.setBackgroundColor(Color.argb(alpha, red, green,blue));
            }
        });
    }
    private class MySeekBarChangeListener implements OnSeekBarChangeListener {
        @Override
        public void onStopTrackingTouch(SeekBar arg0) {
        }
        @Override
        public void onStartTrackingTouch(SeekBar seekBar) {
        }
        @Override
        public void onProgressChanged(SeekBar seekBar, int arg1, boolean arg2) {
            switch (seekBar.getId()) {
            case R.id.redBar:
                red=(int)(seekBar.getProgress() * (255.0/100));
                break;
            case R.id.blueBar:
                blue=(int)(seekBar.getProgress() * (255.0/100));
                break;
            case R.id.greenBar:
                green=(int)(seekBar.getProgress() * (255.0/100));
                break;
            default:
                break;
            }
```

```
            test.setBackgroundColor(Color.argb(alpha, red, green,blue));
          }
        }
        @Override
        public boolean onCreateOptionsMenu(Menu menu) {
          //Inflate the menu; this adds items to the action bar if it is present.
          getMenuInflater().inflate(R.menu.main, menu);
          return true;
        }
      }
```

11. 利用 TabHost 实现页面切换效果，包含两个页面图片浏览和图片展开。

参考答案

(1) 主界面布局文件代码：Android 综合编程\011\TabHostTest\res\layout\activity_main.xml。

```
<TabHost xmlns:android="http://schemas.android.com/apk/res/android"
   xmlns:tools="http://schemas.android.com/tools"
   android:id="@+id/mTabHost"
   android:layout_width="match_parent"
   android:layout_height="match_parent"
   android:background="#ccbbcc">
<!--整体放在垂直线性布局中，包括两部分选项卡和具体的页面显示 -->
<LinearLayout
     android:layout_width="match_parent"
     android:layout_height="match_parent"
     android:orientation="vertical">
 <!--显示所有的选项 -->
 <TabWidget
       android:id="@android:id/tabs"
       android:layout_width="match_parent"
       android:layout_height="wrap_content"
       android:background="#66666666">
 </TabWidget>
 <!--显示单个页面信息 -->
 <FrameLayout
       android:id="@android:id/tabcontent"
       android:layout_width="match_parent"
       android:layout_height="0dp"
       android:layout_weight="1">
 <FrameLayout
         android:id="@+id/realcontent"
         android:layout_width="match_parent"
         android:layout_height="match_parent" />
```

```
</FrameLayout>
</LinearLayout>
</TabHost>
```

(2) 字符串常量文件代码：Android 综合编程\011\TabHostTest\res\values\strings.xml。

```
<? xml version="1.0" encoding="utf-8"? >
<resources>
<string name="app_name">选项卡--页面切换</string>
<string name="action_settings">Settings</string>
<string name="pre">上一张</string>
<string name="next">下一张</string>
<string name="looper">循环播放</string>
<string name="fromLeft">从左至右</string>
<string name="fromCenter">中间展开</string>
<string name="fromRight">从右至左</string>
</resources>
```

(3) 主界面的业务逻辑代码：Android 综合编程\011\TabHostTest\src\iet\jxufe\cn\android\androidtest01\MainActivity.java。

```
package iet.jxufe.cn.android.androidtest01;
import android.app.ActivityGroup;
import android.content.Intent;
import android.os.Bundle;
import android.view.Menu;
import android.widget.TabHost;
public class MainActivity extends ActivityGroup{
  private TabHost mTabHost;
  protected void onCreate(Bundle savedInstanceState) {
    super.onCreate(savedInstanceState);
    setContentView(R.layout.activity_main);
    mTabHost=(TabHost)findViewById(R.id.mTabHost);
    mTabHost.setup(getLocalActivityManager());
    Intent imageIntent=new Intent(this, ImageScanActivity.class);
    Intent clipIntent=new Intent(this, ClipActivity.class);
    mTabHost.addTab(mTabHost.newTabSpec("aaa").setIndicator("图片浏览")
        .setContent(imageIntent));
    mTabHost.addTab(mTabHost.newTabSpec("bbb").setIndicator("图片展开")
        .setContent(clipIntent));
  }

  @Override
  public boolean onCreateOptionsMenu(Menu menu) {
    getMenuInflater().inflate(R.menu.main, menu);
```

```
        return super.onCreateOptionsMenu(menu);
    }
}
```

(4) 图片浏览页面布局文件：Android 综合编程\011\TabHostTest\res\layout\imagescan.xml。

```
<LinearLayout xmlns:android="http://schemas.android.com/apk/res/android"
  xmlns:tools="http://schemas.android.com/tools"
  android:layout_width="match_parent"
  android:layout_height="match_parent"
  android:orientation="vertical">
<ImageSwitcher
    android:id="@+id/mSwithcer"
    android:layout_width="320dp"
    android:layout_height="240dp"
    android:inAnimation="@android:anim/fade_in"
    android:outAnimation="@android:anim/fade_out">
</ImageSwitcher>
<LinearLayout
    android:layout_width="match_parent"
    android:layout_height="wrap_content"
    android:gravity="center_horizontal"
    android:orientation="horizontal">
<Button
      android:layout_width="wrap_content"
      android:layout_height="wrap_content"
      android:onClick="pre"
      android:text="@string/pre"/>
<Button
      android:layout_width="wrap_content"
      android:layout_height="wrap_content"
      android:onClick="next"
      android:text="@string/next"/>
<Button
      android:id="@+id/looper"
      android:onClick="looper"
      android:layout_width="wrap_content"
      android:layout_height="wrap_content"
      android:text="@string/looper"/>
</LinearLayout>
</LinearLayout>
```

(5) 图片浏览页面业务逻辑代码：Android 综合编程\011\TabHostTest\src\iet\jxufe\cn\android\androidtest01\ImageScanActivity.java。

```
package iet.jxufe.cn.android.androidtest01;
import android.app.Activity;
import android.os.Bundle;
import android.os.Handler;
import android.os.Message;
import android.view.View;
import android.widget.Button;
import android.widget.ImageSwitcher;
import android.widget.ImageView;
import android.widget.ViewSwitcher.ViewFactory;
public class ImageScanActivity extends Activity {
  private ImageSwitcher mSwitcher;
  private int[] imgIds=new int[]{R.drawable.file1,R.drawable.file2,
  R.drawable.file3,R.drawable.file4};
  private int curImg=0;
  private boolean isLooper=false;                //默认不循环
  private Handler mHandler;
  private Button looper;
  protected void onCreate(Bundle savedInstanceState) {
    super.onCreate(savedInstanceState);
    setContentView(R.layout.imagescan);
    looper=(Button)findViewById(R.id.looper);
    mSwitcher=(ImageSwitcher)findViewById(R.id.mSwithcer);
    mSwitcher.setFactory(new ViewFactory() {
      public View makeView() {
        ImageView img=new ImageView(ImageScanActivity.this);
        return img;
      }
    });
    mSwitcher.setImageResource(imgIds[curImg]);
    mHandler=new Handler(){
      public void handleMessage(Message msg) {
        super.handleMessage(msg);
        curImg=(curImg+1)%imgIds.length;
        mSwitcher.setImageResource(imgIds[curImg]);
      }
    };
  }
  public void pre(View view){
    curImg=(curImg-1+imgIds.length)%imgIds.length;
    mSwitcher.setImageResource(imgIds[curImg]);
  }
  public void next(View view){
    curImg=(curImg+1)%imgIds.length;
```

```
        mSwitcher.setImageResource(imgIds[curImg]);
      }
      public void looper(View view){
        isLooper=!isLooper;
        if(isLooper){
          looper.setText("停止循环");
          new Thread(){
            public void run() {
              while(isLooper){
                try {
                  sleep(1000);
                  mHandler.sendEmptyMessage(0x11);
                } catch (Exception e) {
                  e.printStackTrace();
                }
              }
            }
          }.start();
        }else{
          looper.setText("循环播放");
        }
      }
    }
```

(6) 图片展开页面布局文件代码：Android综合编程\011\TabHostTest\res\layout\clip.xml。

```
<LinearLayout xmlns:android="http://schemas.android.com/apk/res/android"
  xmlns:tools="http://schemas.android.com/tools"
  android:layout_width="match_parent"
  android:layout_height="match_parent"
  android:orientation="vertical">
<ImageView
    android:id="@+id/mImgView"
    android:layout_width="320dp"
    android:layout_height="240dp"
  >
  </ImageView>
  <LinearLayout
     android:layout_width="match_parent"
     android:layout_height="wrap_content"
     android:gravity="center_horizontal"
     android:orientation="horizontal">
  <Button
       android:layout_width="wrap_content"
```

```
        android:layout_height="wrap_content"
        android:onClick="fromLeft"
        android:text="@string/fromLeft"/>
    <Button
        android:layout_width="wrap_content"
        android:layout_height="wrap_content"
        android:onClick="fromCenter"
        android:text="@string/fromCenter"/>
    <Button
        android:onClick="fromRight"
        android:layout_width="wrap_content"
        android:layout_height="wrap_content"
        android:text="@string/fromRight"/>
    </LinearLayout>
    </LinearLayout>
```

(7) 图片展开页面业务逻辑代码：Android 综合编程\011\TabHostTest\src\iet\jxufe\cn\android\androidtest01\ClipActivity. java。

```
package iet.jxufe.cn.android.androidtest01;
import java.util.Random;
import android.app.Activity;
import android.graphics.drawable.ClipDrawable;
import android.os.Bundle;
import android.os.Handler;
import android.view.Gravity;
import android.view.View;
import android.widget.ImageView;
public class ClipActivity extends Activity {
  private Handler mHandler;
  private ImageView mImgView;
  private ClipDrawable mClipDrawable;
  private int[] style=new int[]{Gravity.LEFT,Gravity.CENTER,Gravity.RIGHT};
  protected void onCreate(Bundle savedInstanceState) {
    super.onCreate(savedInstanceState);
    setContentView(R.layout.clip);
    mImgView=(ImageView)findViewById(R.id.mImgView);
    mHandler=new Handler(){
      public void handleMessage(android.os.Message msg) {
        mClipDrawable.setLevel(mClipDrawable.getLevel()+500);
      }
    };
```

```
        mClipDrawable=new ClipDrawable(getResources().getDrawable(R.drawable.grass),style[new Random().nextInt(style.length)],ClipDrawable.HORIZONTAL);
        mClipDrawable.setLevel(0);
        mImgView.setImageDrawable(mClipDrawable);
        showImg();
    }
    public void fromLeft(View view){
        mClipDrawable=new ClipDrawable(getResources().getDrawable(R.drawable.grass),Gravity.LEFT, ClipDrawable.HORIZONTAL);
        mClipDrawable.setLevel(0);
        mImgView.setImageDrawable(mClipDrawable);
        showImg();
    }
    public void fromCenter(View view){
        mClipDrawable=new ClipDrawable(getResources().getDrawable(R.drawable.grass),Gravity.CENTER, ClipDrawable.HORIZONTAL);
        mClipDrawable.setLevel(0);
        mImgView.setImageDrawable(mClipDrawable);
        showImg();
    }
    public void fromRight(View view){
        mClipDrawable=new ClipDrawable(getResources().getDrawable(R.drawable.grass),Gravity.RIGHT, ClipDrawable.HORIZONTAL);
        mClipDrawable.setLevel(0);
        mImgView.setImageDrawable(mClipDrawable);
        showImg();
    }
    public void showImg(){
        new Thread(){
            public void run() {
                while(mClipDrawable.getLevel()<10000){
                    try {
                        sleep(1000);
                        mHandler.sendEmptyMessage(0x11);
                    } catch (Exception e) {
                        e.printStackTrace();
                    }
                }
            }
        }.start();
    }
```

```
    }
```

12. 利用 TabHost 实现页面切换效果，包含两个页面：逐帧动画和闪烁霓虹灯。

参考答案：

(1) 主界面布局文件代码：Android 综合编程\012\ZC1\res\layout\activity_main.xml。

```
<TabHost xmlns:android="http://schemas.android.com/apk/res/android"
  xmlns:tools="http://schemas.android.com/tools"
  android:id="@+id/mTabHost"
  android:layout_width="match_parent"
  android:layout_height="match_parent"
  android:background="#ccbbcc">
<!--整体放在垂直线性布局中，包括两部分选项卡和具体的页面显示 -->
<LinearLayout
    android:layout_width="match_parent"
    android:layout_height="match_parent"
    android:orientation="vertical">
<!--显示所有的选项 -->
<TabWidget
      android:id="@android:id/tabs"
      android:layout_width="match_parent"
      android:layout_height="wrap_content"
      android:background="#66666666">
</TabWidget>
<!--显示单个页面信息 -->
<FrameLayout
      android:id="@android:id/tabcontent"
      android:layout_width="match_parent"
      android:layout_height="0dp"
      android:layout_weight="1">
<FrameLayout
        android:id="@+id/realcontent"
        android:layout_width="match_parent"
        android:layout_height="match_parent" />
</FrameLayout>
</LinearLayout>
</TabHost>
```

(2) 主界面业务逻辑代码：Android 综合编程\012\ZC1\src\iet\jxufe\cn\android\androidtest01\MainActivity.java。

```
package iet.jxufe.cn.android.androidtest01;
import android.app.ActivityGroup;
import android.content.Intent;
```

```
import android.os.Bundle;
import android.view.Menu;
import android.widget.TabHost;
public class MainActivity extends ActivityGroup{
  private TabHost mTabHost;
  protected void onCreate(Bundle savedInstanceState) {
     super.onCreate(savedInstanceState);
     setContentView(R.layout.activity_main);
     mTabHost=(TabHost)findViewById(R.id.mTabHost);
     mTabHost.setup(getLocalActivityManager());
     Intent imageIntent=new Intent(this, AnimationActivity.class);
     Intent clipIntent=new Intent(this, FlashingActivity.class);
     mTabHost.addTab(mTabHost.newTabSpec("aaa").setIndicator("逐帧动画")
         .setContent(imageIntent));
     mTabHost.addTab(mTabHost.newTabSpec("bbb").setIndicator("闪烁霓虹灯")
         .setContent(clipIntent));
   }
   @Override
   public boolean onCreateOptionsMenu(Menu menu) {
     getMenuInflater().inflate(R.menu.main, menu);
     return super.onCreateOptionsMenu(menu);
   }
 }
```

(3) 逐帧动画页面布局文件代码：Android 综合编程\012\ZC1\res\layout\activity_animation.xml。

```
<LinearLayout xmlns:android="http://schemas.android.com/apk/res/android"
  xmlns:tools="http://schemas.android.com/tools"
  android:layout_width="match_parent"
  android:layout_height="match_parent"
  android:orientation="vertical">
<ImageView
    android:id="@+id/imageView"
    android:layout_width="match_parent"
    android:layout_height="wrap_content"
    android:padding="50dp"
    android:background="@drawable/grass"
    android:src="@drawable/horse" />
 <LinearLayout
    android:layout_marginTop="20dp"
    android:layout_width="match_parent"
    android:layout_height="wrap_content"
    android:gravity="center_horizontal"
    android:orientation="horizontal">
```

```
<Button
        android:layout_width="wrap_content"
        android:layout_height="wrap_content"
        android:layout_marginRight="20dp"
        android:onClick="start"
        android:text="开始" />
<Button
        android:layout_width="wrap_content"
        android:layout_height="wrap_content"
        android:onClick="stop"
        android:text="停止" />
</LinearLayout>
</LinearLayout>
```

(4) 逐帧动画页面业务逻辑代码：Android 综合编程\012\ZC1\src\iet\jxufe\cn\android\androidtest01\AnimationActivity. java。

```
package iet.jxufe.cn.android.androidtest01;
import android.app.Activity;
import android.graphics.drawable.AnimationDrawable;
import android.os.Bundle;
import android.view.View;
import android.widget.ImageView;
public class AnimationActivity extends Activity {
  private ImageView imageView;
  private AnimationDrawable animationDrawable;
  protected void onCreate(Bundle savedInstanceState) {
    super.onCreate(savedInstanceState);
    setContentView(R.layout.activity_animation);
    imageView=(ImageView)findViewById(R.id.imageView);
    animationDrawable=(AnimationDrawable)imageView.getDrawable();
                                                    //获取动画
  }
  public void start(View view){                     //启动动画
    animationDrawable.start();
  }
  public void stop(View view){                      //停止动画
    animationDrawable.stop();
  }
}
```

(5) 霓虹灯页面布局文件代码：Android 综合编程\012\ZC1\res\layout\activity_flashing. xml。

```
<FrameLayout xmlns:android="http://schemas.android.com/apk/res/android"
  xmlns:tools="http://schemas.android.com/tools"
```

```
      android:layout_width="match_parent"
      android:layout_height="match_parent"
      android:background="#aabbcc">
    <TextView
        android:id="@+id/text01"
        android:layout_width="240dp"
        android:layout_height="240dp"
        android:layout_gravity="center"/>
    <TextView
        android:id="@+id/text02"
        android:layout_width="200dp"
        android:layout_height="200dp"
        android:layout_gravity="center"/>
    <TextView
        android:id="@+id/text03"
        android:layout_width="160dp"
        android:layout_height="160dp"
        android:layout_gravity="center"/>
    <TextView
        android:id="@+id/text04"
        android:layout_width="120dp"
        android:layout_height="120dp"
        android:layout_gravity="center"/>
    <TextView
        android:id="@+id/text05"
        android:layout_width="80dp"
        android:layout_height="80dp"
        android:layout_gravity="center"/>
    <TextView
        android:id="@+id/text06"
        android:layout_width="40dp"
        android:layout_height="40dp"
        android:layout_gravity="center"/>
    <CheckBox
        android:id="@+id/isFlashing"
        android:layout_width="wrap_content"
        android:layout_height="wrap_content"
        android:text="循环闪烁"
        android:layout_gravity="bottom|center_horizontal"/>
    </FrameLayout>
```

(6) 霓虹灯页面业务逻辑代码：Android 综合编程\012\ZC1\src\iet\jxufe\cn\android\androidtest01\FlashingActivity.java。

```
package iet.jxufe.cn.android.androidtest01;
```

```
import java.util.Timer;
import java.util.TimerTask;
import android.app.Activity;
import android.graphics.Color;
import android.os.Bundle;
import android.os.Handler;
import android.os.Message;
import android.widget.CheckBox;
import android.widget.CompoundButton;
import android.widget.CompoundButton.OnCheckedChangeListener;
import android.widget.TextView;
public class FlashingActivity extends Activity {
  private int[] textIds=new int[] { R.id.text01, R.id.text02, R.id.text03,
      R.id.text04, R.id.text05, R.id.text06 };
                                    //定义一个数组,用于存储所有的 TextView 的 ID
  private int[] colors=new int[] { Color.RED, Color.MAGENTA, Color.GREEN,
      Color.YELLOW, Color.BLUE, Color.WHITE };
                                    //定义一个数组,用于存储 6 种颜色
  //定义一个数组,数组元素为 TextView,数组的长度由前面的数组决定
  private TextView[] views=new TextView[textIds.length];
  private CheckBox isFlashingCheckBox;        //是否闪烁的复选框
  private Boolean isFlashing;                 //保存是否勾选了复选框
  private Handler mHandler;
  private int current=0;                      //记录从哪个颜色开始
  protected void onCreate(Bundle savedInstanceState) {
    super.onCreate(savedInstanceState);
    setContentView(R.layout.activity_flashing);
    //循环遍历 ID 数组,根据 ID 获取控件,然后将控件赋给 TextView 数组中的元素
    for (int i=0; i<textIds.length; i++) {
      views[i]=(TextView) findViewById(textIds[i]);
    }
    for (int i=0; i<views.length; i++) {
      views[i].setBackgroundColor(colors[i %colors.length]);
    }
    isFlashingCheckBox=(CheckBox) findViewById(R.id.isFlashing);
    //创建 Handler 对象,用于接收消息并处理
    mHandler=new Handler() {
      //处理消息的方法
      public void handleMessage(Message msg) {
        if (msg.what==0x11) {                 //判断消息是否为指定的消息
          //循环设置 TextView 的背景颜色
          for (int i=0; i <views.length; i++) {
            views[i].setBackgroundColor(colors[(i+current)
                %colors.length]);
```

```
                }
                //使开始颜色的序号+1,如果已经是最后一个,则从第一个开始
                current=(current+1)%colors.length;
            }
        }
    };
    isFlashingCheckBox
        .setOnCheckedChangeListener(new OnCheckedChangeListener() {
            @Override
            public void onCheckedChanged(CompoundButton arg0,
                boolean arg1) {
                if (isFlashingCheckBox.isChecked()) { //如果勾选了复选框
                    isFlashing=true;
                    final Timer timer=new Timer();
                    timer.schedule(new TimerTask() {
                        @Override
                        public void run() {
                            if (isFlashing) {
                                mHandler.sendEmptyMessage(0x11);
                            } else {
                                timer.cancel();
                            }
                        }
                    }, 0, 1000);
                } else {
                    isFlashing=false;
                }
            }
        });

}
@Override
protected void onPause() {
    super.onPause();
    isFlashing=false;
    isFlashingCheckBox.setChecked(false);
}
}
```

13. 实现简单的注册、登录功能。

参考答案

(1) 主界面布局文件代码：Android 综合编程\013\BC2\res\layout\activity_main.xml。

```
<LinearLayout xmlns:android="http://schemas.android.com/apk/res/android"
```

```
    xmlns:tools="http://schemas.android.com/tools"
    android:layout_width="match_parent"
    android:layout_height="match_parent"
    android:orientation="vertical">
  <TextView
      android:layout_width="match_parent"
      android:layout_height="wrap_content"
      android:gravity="center"
      android:padding="10dp"
      android:textSize="20sp"
      android:text="欢迎参加移动应用设计大赛" />
  <LinearLayout
      android:layout_width="match_parent"
      android:layout_height="wrap_content"
      android:padding="10dp">
  <Button
        android:layout_width="0dp"
        android:layout_height="wrap_content"
        android:layout_marginRight="10dp"
        android:layout_weight="1"
        android:background="@drawable/login"
        android:padding="20dp"
        android:onClick="login"
        android:text="登录" />
  <Button
        android:layout_width="0dp"
        android:layout_height="wrap_content"
        android:layout_weight="1"
        android:background="@drawable/register"
        android:padding="20dp"
        android:onClick="register"
        android:text="注册" />
  </LinearLayout>
  <TextView
      android:id="@+id/userInfo"
      android:layout_width="match_parent"
      android:layout_height="wrap_content"
      android:gravity="left"
      android:padding="10dp"
      android:textSize="20sp"/>
  </LinearLayout>
```

(2) 登录按钮的背景文件：Android综合编程\013\BC2\res\drawable-hdpi\login_unpress.xml。

```
<?xml version="1.0" encoding="utf-8"?>
<shape xmlns:android="http://schemas.android.com/apk/res/android">
<solid android:color="#c9d52b"/>
</shape>
```

Android 综合编程\013\BC2\res\drawable-hdpi\login_press. xml。

```
<?xml version="1.0" encoding="utf-8"?>
<shape xmlns:android="http://schemas.android.com/apk/res/android">
<solid android:color="#e8b095"/>
</shape>
```

Android 综合编程\013\BC2\res\drawable-hdpi\login. xml。

```
<?xml version="1.0" encoding="utf-8"?>
<selector xmlns:android="http://schemas.android.com/apk/res/android">
<item android:state_pressed="true" android:drawable="@drawable/login_press"></item>
<item android:state_pressed="false" android:drawable="@drawable/login_unpress"></item>
</selector>
```

(3) 注册按钮的背景文件：Android 综合编程\013\BC2\res\drawable-hdpi\register_unpress. xml。

```
<?xml version="1.0" encoding="utf-8"?>
<shape xmlns:android="http://schemas.android.com/apk/res/android">
<solid android:color="#a2dabd"/>
</shape>
```

Android 综合编程\013\BC2\res\drawable-hdpi\register_press. xml。

```
<?xml version="1.0" encoding="utf-8"?>
<shape xmlns:android="http://schemas.android.com/apk/res/android">
<solid android:color="#88b143"/>
</shape>
```

Android 综合编程\013\BC2\res\drawable-hdpi\register. xml。

```
<?xml version="1.0" encoding="utf-8"?>
<selector xmlns:android="http://schemas.android.com/apk/res/android">
<item android:drawable="@drawable/register_press" android:state_pressed="true"></item>
<item android:drawable="@drawable/registerl_unpress" android:state_pressed="false"></item>
</selector>
```

(4) 数据库辅助类的代码：Android 综合编程\013\BC2\src\iet\jxufe\cn\bc2\MyOpenHelper. java。

```
package iet.jxufe.cn.bc2;
import android.content.Context;
import android.database.Cursor;
import android.database.sqlite.SQLiteDatabase;
import android.database.sqlite.SQLiteDatabase.CursorFactory;
import android.database.sqlite.SQLiteOpenHelper;
import android.widget.Toast;
public class MyOpenHelper extends SQLiteOpenHelper {
  private String USER_TABLE="create table if not exists user_tb(name,psd,gender)";
  public MyOpenHelper(Context context, String name, CursorFactory factory,
      int version) {
    super(context, name, factory, version);
  }
  @Override
  public void onCreate(SQLiteDatabase db) {
    db.execSQL(USER_TABLE);//执行建表语句
  }
  @Override
  public void onUpgrade(SQLiteDatabase db, int oldVersion, int newVersion) {
    System.out.println("数据库更新: "+oldVersion+"-->"+newVersion);
  }
  public boolean checkNameExists(SQLiteDatabase db,String name){ //查询用户名是否已被注册
    Cursor cursor=db.rawQuery("select * from user_tb where name=?", new String[]{name});
    if(cursor.moveToNext()){
      return true;            //如果有记录表明该用户已被注册
    }
    return false;             //默认该用户未被注册
  }
  public boolean checkNameAndPsd(SQLiteDatabase db,String name,String psd){ //验证用户名和密码是否匹配
    Cursor cursor=db.rawQuery("select * from user_tb where name=? and psd=?", new String[]{name,psd});
    if(cursor.moveToNext()){
      return true;            //如果有记录表明用户名和密码匹配
    }
    return false;             //默认不匹配
  }
  public void insertUser(Context context,SQLiteDatabase db,String sql,String[] args){ //注册用户,用户名、密码、性别
    db.execSQL(sql,args);
    Toast.makeText(context, "恭喜您,注册成功!", Toast.LENGTH_SHORT).show();
```

```
    }
}
```

(5) 主界面的业务逻辑代码：Android 综合编程\013\BC2\src\iet\jxufe\cn\bc2\MainActivity.java。

```
package iet.jxufe.cn.bc2;
import android.app.Activity;
import android.content.Intent;
import android.os.Bundle;
import android.text.Html;
import android.view.View;
import android.widget.TextView;
public class MainActivity extends Activity {
  private TextView userInfoText;
  @Override
  protected void onCreate(Bundle savedInstanceState) {
    super.onCreate(savedInstanceState);
    setContentView(R.layout.activity_main);
    userInfoText=(TextView) findViewById(R.id.userInfo);
    String loginName=getIntent().getStringExtra("loginName");
    if (loginName==null || loginName.equals("")) {
      userInfoText.setVisibility(View.GONE);
    } else {
      userInfoText.setText(Html.fromHtml("登录成功!欢迎您：<font color=red>"
         +loginName+"</font>"));
      return;
    }
    String registerName=getIntent().getStringExtra("registerName");
    if (registerName==null || registerName.equals("")) {
      userInfoText.setVisibility(View.GONE);
    } else {
      userInfoText.setVisibility(View.VISIBLE);
      userInfoText.setText(Html.fromHtml("注册成功!欢迎您：<font color=red>"
         +registerName+"</font>"));
    }
  }
  public void login(View view) {     //登录按钮的事件处理
    Intent intent=new Intent(this, LoginActivity.class);
    startActivity(intent);
  }
  public void register(View view) { //注册按钮的事件处理
    Intent intent=new Intent(this, RegisterActivity.class);
    startActivity(intent);
  }
```

```
    }
```

(6) 登录页面的布局文件：Android 综合编程\013\BC2\res\layout\activity_login.xml。

```
<LinearLayout xmlns:android="http://schemas.android.com/apk/res/android"
  xmlns:tools="http://schemas.android.com/tools"
  android:layout_width="match_parent"
  android:layout_height="match_parent"
  android:orientation="vertical">
<TextView
    android:layout_width="match_parent"
    android:layout_height="wrap_content"
    android:gravity="center"
    android:padding="10dp"
    android:text="欢迎登录"
    android:textSize="20sp" />
<TableLayout
    android:layout_width="match_parent"
    android:layout_height="wrap_content"
    android:padding="10dp"
    android:stretchColumns="1">
<TableRow>
<TextView
        android:layout_width="wrap_content"
        android:layout_height="wrap_content"
        android:layout_marginRight="5dp"
        android:text="账号" />
<EditText
        android:id="@+id/name"
        android:layout_width="wrap_content"
        android:layout_height="wrap_content"
        android:hint="手机号或邮箱" />
</TableRow>
<TableRow>
<TextView
        android:layout_width="wrap_content"
        android:layout_height="wrap_content"
        android:layout_marginRight="5dp"
        android:text="密码" />
<EditText
        android:id="@+id/psd"
        android:layout_width="wrap_content"
        android:layout_height="wrap_content"
        android:hint="密码不少于3位"
```

```
            android:inputType="textPassword" />
    </TableRow>
    <Button
        android:layout_width="wrap_content"
        android:layout_height="wrap_content"
        android:onClick="login"
        android:text="登录" />
</TableLayout>
</LinearLayout>
```

(7) 登录页面业务逻辑文件：Android 综合编程\013\BC2\src\iet\jxufe\cn\bc2\LoginActivity.java。

```
package iet.jxufe.cn.bc2;
import android.app.Activity;
import android.app.AlertDialog;
import android.content.Intent;
import android.database.sqlite.SQLiteDatabase;
import android.os.Bundle;
import android.view.View;
import android.view.Window;
import android.widget.EditText;
import android.widget.Toast;
public class LoginActivity extends Activity {
  private EditText nameText,psdText;
  private MyOpenHelper mHelper;
  private SQLiteDatabase db;
  @Override
  protected void onCreate(Bundle savedInstanceState) {
    super.onCreate(savedInstanceState);
    requestWindowFeature(Window.FEATURE_NO_TITLE);
    setContentView(R.layout.activity_login);
    nameText=(EditText)findViewById(R.id.name);
    psdText=(EditText)findViewById(R.id.psd);
    mHelper=new MyOpenHelper(this, "user.db", null, 1);
    db=mHelper.getWritableDatabase();
  }
  public void login(View view){
    String nameString,psdString;
    nameString=nameText.getText().toString().trim();
    psdString=psdText.getText().toString().trim();
    if("".equals(nameString)){
      showDialog("用户名不能为空");
      return;
    }
```

```
        if("".equals(psdString)||psdString.length()<3){
          showDialog("密码至少为三位");
          return;
        }
        if(mHelper.checkNameAndPsd(db, nameString, psdString)){
          Intent intent=new Intent(this,MainActivity.class);
          intent.putExtra("loginName", nameString);
          startActivity(intent);
          this.finish();
        }else{
          Toast.makeText(this, "用户名或密码错误,请重新输入!", Toast.LENGTH_SHORT).show();
        }
      }
      public void showDialog(String message){
        AlertDialog.Builder builder=new AlertDialog.Builder(this);
        builder.setTitle("输入警告");
        builder.setMessage(message);
        builder.setCancelable(true);
        builder.setPositiveButton("知道了", null);
        builder.create().show();
      }
    }
```

(8) 注册页面布局文件代码：Android 综合编程\013\BC2\res\layout\activity_register.xml。

```
<LinearLayout xmlns:android="http://schemas.android.com/apk/res/android"
  xmlns:tools="http://schemas.android.com/tools"
  android:layout_width="match_parent"
  android:layout_height="match_parent"
  android:background="@drawable/register_bg"
  android:orientation="vertical">
<TextView
    android:layout_width="match_parent"
    android:layout_height="wrap_content"
    android:background="#ccbbaa"
    android:gravity="center"
    android:padding="10dp"
    android:text="欢迎注册"
    android:textSize="20sp" />
<TableLayout
    android:layout_width="match_parent"
    android:layout_height="wrap_content"
    android:padding="10dp"
```

```
        android:stretchColumns="1">
    <TableRow>
    <TextView
            android:layout_width="wrap_content"
            android:layout_height="wrap_content"
            android:layout_marginRight="5dp"
            android:text="账 号" />
    <EditText
            android:id="@+id/name"
            android:layout_width="wrap_content"
            android:layout_height="wrap_content"
            android:hint="手机号或邮箱" />
    </TableRow>
    <TableRow>
    <TextView
            android:layout_width="wrap_content"
            android:layout_height="wrap_content"
            android:layout_marginRight="5dp"
            android:text="密 码" />
    <EditText
            android:id="@+id/psd"
            android:layout_width="wrap_content"
            android:layout_height="wrap_content"
            android:hint="密码不少于3位"
            android:inputType="textPassword" />
    </TableRow>
    <TableRow>
    <TextView
            android:layout_width="wrap_content"
            android:layout_height="wrap_content"
            android:layout_marginRight="5dp"
            android:text="确认密码" />
    <EditText
            android:id="@+id/repsd"
            android:layout_width="wrap_content"
            android:layout_height="wrap_content"
            android:hint="两次密码要一致"
            android:inputType="textPassword" />
    </TableRow>
    <TableRow
         android:gravity="center_vertical">
    <TextView
            android:layout_width="wrap_content"
            android:layout_height="wrap_content"
```

```
            android:layout_marginRight="5dp"
            android:text="性 别" />
    <RadioGroup android:orientation="horizontal">
    <RadioButton
              android:id="@+id/male"
              android:checked="true"
              android:text="男" />
    <RadioButton
              android:id="@+id/female"
              android:text="女" />
    </RadioGroup>
    </TableRow>
    <Button
          android:layout_width="wrap_content"
          android:layout_height="wrap_content"
          android:onClick="register"
          android:text="注册" />
    </TableLayout>
    </LinearLayout>
```

(9) 注册页面业务逻辑文件：Android 综合编程\013\BC2\src\iet\jxufe\cn\bc2\RegisterActivity.java。

```
package iet.jxufe.cn.bc2;
import android.app.Activity;
import android.app.AlertDialog;
import android.content.Intent;
import android.database.sqlite.SQLiteDatabase;
import android.os.Bundle;
import android.view.View;
import android.widget.EditText;
import android.widget.RadioButton;
import android.widget.Toast;
public class RegisterActivity extends Activity {
  private EditText nameText, psdText, repsdText;
  private RadioButton male;            //单选按钮
  private String gender;               //性别
  private MyOpenHelper mHelper;
  private SQLiteDatabase db;
  @Override
  protected void onCreate(Bundle savedInstanceState) {
    super.onCreate(savedInstanceState);
    setContentView(R.layout.activity_register);
    nameText=(EditText) findViewById(R.id.name);
    psdText=(EditText) findViewById(R.id.psd);
```

```
        repsdText=(EditText) findViewById(R.id.repsd);
        male=(RadioButton)findViewById(R.id.male);
    }
    public void register(View view) {
        String nameString=nameText.getText().toString().trim();
        String psdString=psdText.getText().toString().trim();
        String repsdString=repsdText.getText().toString().trim();
        if("".equals(nameString)){
            showDialog("用户名不能为空");
            return;
        }
        if("".equals(psdString)||psdString.length()<3){
            showDialog("密码至少为三位");
            return;
        }
        if(!repsdString.equals(psdString)){
            showDialog("两次密码必须一致");
            return;
        }
        if(male.isChecked()){
            gender="男";
        }else{
            gender="女";
        }
        mHelper=new MyOpenHelper(this, "user.db", null, 1);
        db=mHelper.getWritableDatabase();
        if(mHelper.checkNameExists(db, nameString)){
            Toast.makeText(this, "该用户名已被注册,请换一个!", Toast.LENGTH_SHORT).show();
            return;
        }
        mHelper.insertUser(this, db,"insert into user_tb(name,psd,gender) values(?,?,?)",new String[]{nameString,psdString,gender});
        Intent intent=new Intent(this,MainActivity.class);
        intent.putExtra("registerName", nameString);
        startActivity(intent);
        this.finish();
    }
    public void showDialog(String message){
        AlertDialog.Builder builder=new AlertDialog.Builder(this);
        builder.setTitle("输入警告");
        builder.setMessage(message);
        builder.setCancelable(true);
        builder.setPositiveButton("知道了", null);
```

```
        builder.create().show();
    }
}
```

注意，需要在清单文件中注册登录页面和注册页面。关键代码如下：

```
<activity android:name=".LoginActivity" />
<activity android:name=".RegisterActivity"
    android:theme="@android:style/Theme.Dialog" />
```

14. 实现模拟音乐播放效果。

参考答案

（1）随状态变化的按钮文件：Android综合编程\014\BC1\res\drawable\first.xml。

```
<?xml version="1.0" encoding="utf-8"?>
<selector xmlns:android="http://schemas.android.com/apk/res/android">
<!--选中或单击状态下是一种图片,其他状态下是另外一种图片 -->
<item android:state_selected="true" android:drawable="@drawable/start_press"/>
<item android:state_pressed="true" android:drawable="@drawable/start_press"/>
<item android:drawable="@drawable/start_normal"/>
</selector>
```

Android综合编程\014\BC1\res\drawable\last.xml。

```
<?xml version="1.0" encoding="utf-8"?>
<selector xmlns:android="http://schemas.android.com/apk/res/android">
<!--选中或单击状态下是一种图片,其他状态下是另外一种图片 -->
<item android:state_selected="true" android:drawable="@drawable/end_press"/>
<item android:state_pressed="true" android:drawable="@drawable/end_press"/>
<item android:drawable="@drawable/end_normal"/>
</selector>
```

Android综合编程\014\BC1\res\drawable\next.xml。

```
<?xml version="1.0" encoding="utf-8"?>
<selector xmlns:android="http://schemas.android.com/apk/res/android">
<!--选中或单击状态下是一种图片,其他状态下是另外一种图片 -->
<item android:state_selected="true" android:drawable="@drawable/next_press"/>
<item android:state_pressed="true" android:drawable="@drawable/next_press"/>
<item android:drawable="@drawable/next_normal"/>
</selector>
```

Android 综合编程\014\BC1\res\drawable\pause. xml。

```
<? xml version="1.0" encoding="utf-8"? >
<selector xmlns:android="http://schemas.android.com/apk/res/android">
<!--选中或单击状态下是一种图片,其他状态下是另外一种图片 -->
<item android: state_selected = " true " android: drawable = " @ drawable/pause_press"/>
<item android:state_pressed="true" android:drawable="@drawable/pause_press"/>
<item android:drawable="@drawable/pause_normal"/>
</selector>
```

Android 综合编程\014\BC1\res\drawable\play. xml。

```
<? xml version="1.0" encoding="utf-8"? >
<selector xmlns:android="http://schemas.android.com/apk/res/android">
<!--选中或单击状态下是一种图片,其他状态下是另外一种图片 -->
<item android:state_selected="true" android:drawable="@drawable/play_press"/>
<item android:state_pressed="true" android:drawable="@drawable/play_press"/>
<item android:drawable="@drawable/play_normal"/>
</selector>
```

Android 综合编程\014\BC1\res\drawable\pre. xml。

```
<? xml version="1.0" encoding="utf-8"? >
<selector xmlns:android="http://schemas.android.com/apk/res/android">
<!--选中或单击状态下是一种图片,其他状态下是另外一种图片 -->
<item android:state_selected="true" android:drawable="@drawable/pre_press"/>
<item android:state_pressed="true" android:drawable="@drawable/pre_press"/>
<item android:drawable="@drawable/pre_normal"/>
</selector>
```

(2) 主界面布局文件代码：Android 综合编程\014\BC1\res\layout\activity_main. xml。

```
<LinearLayout xmlns:android="http://schemas.android.com/apk/res/android"
  android:layout_width="match_parent"
  android:layout_height="match_parent"
  android:background="@drawable/bg"
  android:orientation="vertical">
<TextView
    android:layout_width="80dp"
    android:layout_height="wrap_content"
```

```
        android:layout_gravity="center_horizontal"
        android:ellipsize="marquee"
        android:focusable="true"
        android:focusableInTouchMode="true"
        android:singleLine="true"
        android:marqueeRepeatLimit="marquee_forever"
        android:text="@string/title"
        android:textColor="#ffffff"
        android:textSize="24sp"
        android:layout_marginBottom="20dp"
        android:layout_marginTop="20dp"/>
    <ImageView
        android:layout_width="match_parent"
        android:layout_height="wrap_content"
        android:layout_gravity="center"
        android:contentDescription="@string/imageInfo"
        android:src="@drawable/music"
        android:layout_marginBottom="20dp" />
    <LinearLayout
        android:layout_width="match_parent"
        android:layout_height="wrap_content"
        android:gravity="center_vertical"
        android:orientation="horizontal"
        android:padding="10dp">
    <TextView
          android:id="@+id/currentTime"
          android:layout_width="wrap_content"
          android:layout_height="wrap_content"
          android:textColor="#ffffff"
          android:textSize="14sp" />
    <SeekBar
          android:id="@+id/playBar"
          android:layout_width="0dp"
          android:layout_height="wrap_content"
          android:layout_weight="1"
          android:paddingLeft="20dp"
          android:paddingRight="20dp" />
    <TextView
          android:id="@+id/totalTime"
          android:layout_width="wrap_content"
          android:layout_height="wrap_content"
          android:textColor="#ffffff"
          android:textSize="14sp" />
    </LinearLayout>
```

```
<LinearLayout
    android:layout_width="match_parent"
    android:layout_height="wrap_content"
    android:gravity="center_horizontal">
<ImageButton
      android:id="@+id/first"
      android:layout_width="wrap_content"
      android:layout_height="wrap_content"
      android:layout_marginRight="10dp"
      android:background="#00000000"
      android:contentDescription="@string/imageInfo"
      android:onClick="start"
      android:src="@drawable/first" />
<ImageButton
      android:layout_width="wrap_content"
      android:layout_height="wrap_content"
      android:layout_marginRight="10dp"
      android:background="#00000000"
      android:contentDescription="@string/imageInfo"
      android:onClick="pre"
      android:src="@drawable/pre" />
<ImageButton
      android:id="@+id/playBtn"
      android:layout_width="wrap_content"
      android:layout_height="wrap_content"
      android:layout_marginRight="10dp"
      android:background="#00000000"
      android:contentDescription="@string/imageInfo"
      android:onClick="play"
      android:src="@drawable/play" />
<ImageButton
      android:layout_width="wrap_content"
      android:layout_height="wrap_content"
      android:layout_marginRight="10dp"
      android:background="#00000000"
      android:contentDescription="@string/imageInfo"
      android:onClick="next"
      android:src="@drawable/next" />
<ImageButton
      android:layout_width="wrap_content"
      android:layout_height="wrap_content"
      android:layout_marginRight="10dp"
      android:background="#00000000"
      android:contentDescription="@string/imageInfo"
```

```
        android:onClick="end"
        android:src="@drawable/last" />
    </LinearLayout>
</LinearLayout>
```

(3) 字符串常量文件代码：Android 综合编程\014\BC1\res\values\strings. xml。

```
<?xml version="1.0" encoding="utf-8"?>
<resources>
<string name="app_name">手机软件设计赛</string>
<string name="imageInfo">图片</string>
<string name="title">最炫民族风</string>
<string name="action_settings">Settings</string>
</resources>
```

(4) 业务逻辑代码：Android 综合编程\014\BC1\src\iet\jxufe\cn\bc1\MainActivity. java。

```
package iet.jxufe.cn.bc1;
import android.app.Activity;
import android.os.Bundle;
import android.os.Handler;
import android.os.Message;
import android.view.View;
import android.widget.ImageButton;
import android.widget.SeekBar;
import android.widget.SeekBar.OnSeekBarChangeListener;
import android.widget.TextView;
public class MainActivity extends Activity {
  private TextView currentTimeView,totalTimeView;
  private SeekBar playBar;
  private ImageButton playBtn;
  private int currentTime=0;
  private int totalTime=258;
  private boolean isPlaying=false;
  private Handler mHandler;
  @Override
  protected void onCreate(Bundle savedInstanceState) {
    super.onCreate(savedInstanceState);
    setContentView(R.layout.activity_main);
    currentTimeView=(TextView)findViewById(R.id.currentTime);
    totalTimeView=(TextView)findViewById(R.id.totalTime);
    playBar=(SeekBar)findViewById(R.id.playBar);
    totalTimeView.setText(timeToString(totalTime));
    currentTimeView.setText(timeToString(currentTime));
    playBtn=(ImageButton)findViewById(R.id.playBtn);
```

```
        playBar.setOnSeekBarChangeListener(new OnSeekBarChangeListener() {
          @Override
          public void onStopTrackingTouch(SeekBar seekBar) {
            currentTime=seekBar.getProgress() * totalTime/100;
            currentTimeView.setText(timeToString(currentTime));
          }
          @Override
          public void onStartTrackingTouch(SeekBar seekBar) {
          }
          @Override
          public void onProgressChanged(SeekBar seekBar, int progress,
              boolean fromUser) {
          }
        });
        mHandler=new Handler(){
          public void handleMessage(Message msg) {
            if(msg.what==0x11){
              currentTime=currentTime+1;
              if(currentTime>totalTime){
                isPlaying=false;
                playBtn.setImageResource(R.drawable.play);
              }else{
                updateShow();
              }
            }
          };
        };
      }
      public void start(View view){      //回到开始按钮
        currentTime=0;
        updateShow();
      }
      public void pre(View view){        //快退按钮,每次倒退 5 秒
        currentTime=currentTime-5;
        if(currentTime<0){
          currentTime=0;
        }
        updateShow();
      }
      public void play(View view){       //播放按钮,控制播放与暂停
        if(isPlaying){                   //如果现在处于播放状态,则转换成暂停状态
          isPlaying=false;
          playBtn.setImageResource(R.drawable.play);
        }else{                           //如果现在处于暂停状态,则转换成播放状态
```

```
        isPlaying=true;
        playBtn.setImageResource(R.drawable.pause);
        start();
      }
    }
    public void next(View view){         //快进按钮,每次快进 5 秒
      currentTime=currentTime+5;
      if(currentTime>totalTime){
        currentTime=totalTime;
      }
      updateShow();
    }
    public void end(View view){          //跳转到最后按钮
      currentTime=totalTime;
      updateShow();
    }
    public void updateShow(){
      currentTimeView.setText(timeToString(currentTime));
      playBar.setProgress(currentTime * 100/totalTime);
    }
    public String timeToString(int time) {
                                         //时间格式转换,将毫秒转换成分秒的形式
      int minute=time/ 60;               //计算一共有多少分
      int second=time %60;               //除了这些分后,还剩多少秒
      return String.format("%02d:%02d", minute, second);
                                         //以分秒的形式显示
    }
    public void start(){                 //启动线程开始播放
      new Thread(){
         @Override
         public void run() {
           while(isPlaying){
             try {
               Thread.sleep(1000);
               mHandler.sendEmptyMessage(0x11);
             } catch (InterruptedException e) {
               e.printStackTrace();
             }                           //每隔 1 秒发送一次消息
           }
         }
      }.start();
    }
  }
```

15. 绘制一周天气的折线图。

参考答案

(1) 自定义控件代码：Android 综合编程\015\BC2\src\iet\jxufe\cn\drawlines\TrendView. java。

```
package iet.jxufe.cn.drawlines;
import java.util.List;
import android.content.Context;
import android.graphics.Canvas;
import android.graphics.Color;
import android.graphics.Paint;
import android.graphics.Paint.Style;
import android.view.View;
public class TrendView extends View {          //趋势图
  private List<Integer>highestDatas;           //最高温度对应的数据
  private List<Integer>lowestDatas;            //最低温度对应的数据
  private int xSpace;                          //X 轴两点之间的间距
  private int x[];                             //保存各个点的 x 坐标
  private int scale=6;                         //纵向 1 个单位的间距
  private int radius=5;                        //每个点的半径
  //定义一些画笔,用于绘制坐标点、文本、最高温度线、最低温度线、X 轴坐标线
  private Paint pointPaint, textPaint, linePaint;
  private float textHeight=20;                 //文字高度
  private int ySpace=5;                        //文字与坐标点之间的垂直间隔
  private int arrawSpace=8;                    //箭头的间距
  private int mindData;                        //中间参考值
  private int centerHeight;                    //中间参考值对应的纵坐标
  private String[] weeks=new String[] { "周一", "周二", "周三", "周四", "周五", "周六","周日" };
  public TrendView(Context context, List<Integer>highestDatas,
      List<Integer>lowestDatas) {              //绘制两条折线
    super(context);
    init();
    x=new int[lowestDatas.size()];    //有多少个数据,就需要保存多少横坐标
    this.highestDatas=highestDatas;
    this.lowestDatas=lowestDatas;
  }
  @Override
  protected void onDraw(Canvas canvas) {
    super.onDraw(canvas);
    int width=this.getWidth();                 //获取控件的宽度
    int height=this.getHeight();               //获取控件的高度
    drawXY(canvas, width, height);             //绘制坐标轴
```

```
        xSpace=(width-40) / highestDatas.size();
                              //计算两个点之间的 X 轴间距,左右各留 20 像素
        for (int i=0; i<x.length; i++) {          //初始化各个点的 X 轴坐标
          x[i]=40+i * xSpace;
        }
        int highestData=getMaxData(highestDatas); //获取一组数据中的最大值
        int lowestData=getMinData(lowestDatas);   //获取一组数据中的最小值
        mindData=(highestData+lowestData) / 2;    //获取中值
        scale=(height-200)/(highestData-lowestData);
                                                  //纵向 1 个单位所对应的距离
        System.out.println("scale:"+scale+",highestData:"+highestData
          +",lowestData:"+lowestData);
        centerHeight=height/2;
                    //获取控件的 Y 轴中线,比该数据大的在上方,比该数据小的在下方
        linePaint.setColor(Color.MAGENTA);
        drawLine(highestDatas, canvas, linePaint, false); //绘制最高温度
        linePaint.setColor(Color.YELLOW);
        drawLine(lowestDatas, canvas, linePaint, true);   //绘制最低温度
        for (int i=0; i<x.length; i++) {                  //绘制底部星期信息
          canvas.drawText(weeks[i], x[i]-20, height-20, textPaint);
          canvas.drawCircle(x[i], height-50, radius, pointPaint);
        }
      }
      public void drawXY(Canvas canvas, int width, int height) {
                                                  //绘制坐标轴和提示信息
        linePaint.setColor(Color.RED);
        canvas.drawLine(20, height-50, width-30, height-50, linePaint);
                                                  //绘制 X 轴
        canvas.drawLine(width-30-arrawSpace, height-50-arrawSpace,
            width-30, height-50, linePaint);      //绘制 X 轴箭头
        canvas.drawLine(width-30-arrawSpace, height-50+arrawSpace,
            width-30, height-50, linePaint);      //绘制 X 轴箭头
        canvas.drawLine(20, height-50, 20, 50, linePaint);
                                                  //绘制 Y 轴
        canvas.drawLine(20+arrawSpace, 50+arrawSpace, 20, 50, linePaint);
                                                  //绘制 Y 轴箭头
        canvas.drawLine(20-arrawSpace, 50+arrawSpace, 20, 50, linePaint);
                                                  //绘制 Y 轴箭头
        canvas.drawText("温度值", 20+arrawSpace+5, 30, textPaint);
                                                  //Y 轴坐标提示文本
        canvas.drawText("星期", width-40, height-50-arrawSpace-5,
            textPaint);                           //X 轴坐标提示文本
        linePaint.setColor(Color.MAGENTA);
```

```
        canvas.drawText("最高温度", width-120, 30, linePaint);
        canvas.drawLine(width-180, 20, width-150, 20, linePaint);
        linePaint.setColor(Color.YELLOW);
        canvas.drawText("最低温度", width-120, 60, linePaint);
        canvas.drawLine(width-180, 50, width-150, 50, linePaint);
    }
    /**
     * 根据数据绘制折线
     * @param datas 折线中一些关键节点对应的数据
     * @param canvas 画布
     * @param linePaint 线的画笔,不同折线采用不同的颜色
     * @param isTextUp 文字显示在折线的上方还是下方 : true 显示在上方,false
       显示在下方
     */
    public void drawLine(List<Integer> datas, Canvas canvas, Paint
    linePaint,
      boolean isTextUp) {                              //绘制折线
      for (int i=0; i<datas.size(); i++) {             //依次获取每一个数据
        int data=datas.get(i);
        //该数据相对于中间数据的偏移量,然后根据偏移量来计算它的位置,偏移 1 对
        //应 scale 个像素
        float point=(-(data-mindData))*scale;  //该点相对于中线的纵坐标
        canvas.drawCircle(x[i], centerHeight+point, radius, pointPaint);
                                                       //绘制坐标点
        if (isTextUp) {                                //文字在线的上方
          canvas.drawText(data+"", x[i]-12, centerHeight+point
              -textHeight / 2-ySpace, textPaint);  //绘制该点对应的文字信息
        } else {                                       //文字在线的下方
          canvas.drawText(data+"", x[i]-12, centerHeight+point
             +textHeight+ySpace, textPaint);       //绘制该点对应的文字信息
        }
        if (i != (datas.size()-1)) {
                       //如果该点不是最后一个点,则需要绘制该点到下一个点的连线
          int nextData=(Integer) datas.get(i+1);        //获取下一个数据
          float pointNext=(-(nextData-mindData))*scale;
                                                       //该数据相对于中值的偏移量
          canvas.drawLine(x[i], centerHeight+point, x[i+1],
              centerHeight+pointNext, linePaint);
        }
      }
    }
    public void init() {                               //执行初始化操作
      pointPaint=new Paint();                          //坐标点画笔的初始化
```

```
      pointPaint.setAntiAlias(true);
      pointPaint.setColor(Color.BLUE);            //黑色
      linePaint=new Paint();                      //连接线画笔的初始化
      linePaint.setColor(Color.YELLOW);           //连接线的颜色为蓝色
      linePaint.setAntiAlias(true);
      linePaint.setTextSize(20);                  //文字大小为 20
      linePaint.setStrokeWidth(3);                //宽度为 3 像素
      linePaint.setStyle(Style.FILL);             //填充
      textPaint=new Paint();                      //文本画笔的初始化
      textPaint.setAntiAlias(true);
      textPaint.setColor(Color.GREEN);            //文本颜色为白色
      textPaint.setTextSize(18);                  //文字大小为 18
    }
    public int getMaxData(List<Integer>datas) {//获取这组数据中最大的数据
      int max=datas.get(0);                       //默认让第一个数据为最大数
      for (int i=0; i<datas.size(); i++) {
        if (max<datas.get(i)) {          //如果有数据比最大数大,则将保留该数
          max=datas.get(i);
        }
      }
      return max;
    }
    public int getMinData(List<Integer>datas) {//获取这组数据中最小的数据
      int min=datas.get(0);                       //默认让第一个数据为最小数
      for (int i=0; i<datas.size(); i++) {
        if (min>datas.get(i)) {          //如果有数据比最大数大,则将保留该数
          min=datas.get(i);
        }
      }
      return min;
    }
  }
```

(2) 主界面的布局文件：Android 综合编程\015\BC2\res\layout\activity_main.xml。

```
<LinearLayout xmlns:android="http://schemas.android.com/apk/res/android"
  xmlns:tools="http://schemas.android.com/tools"
  android:layout_width="match_parent"
  android:layout_height="match_parent"
  android:orientation="vertical">
<TextView
    android:layout_width="match_parent"
    android:layout_height="wrap_content"
```

```
        android:gravity="center"
        android:padding="10dp"
        android:textSize="20sp"
        android:text="欢迎移动应用设计大赛" />
    <LinearLayout
        android:layout_width="match_parent"
        android:layout_height="wrap_content"
        android:padding="10dp">
    <Button
            android:layout_width="0dp"
            android:layout_height="wrap_content"
            android:layout_marginRight="10dp"
            android:layout_weight="1"
            android:background="@drawable/login"
            android:padding="20dp"
            android:onClick="login"
            android:text="登录" />
    <Button
            android:layout_width="0dp"
            android:layout_height="wrap_content"
            android:layout_weight="1"
            android:background="@drawable/register"
            android:padding="20dp"
            android:onClick="register"
            android:text="注册" />
    </LinearLayout>
    <TextView
        android:id="@+id/userInfo"
        android:layout_width="match_parent"
        android:layout_height="wrap_content"
        android:gravity="left"
        android:padding="10dp"
        android:textSize="20sp"/>
    </LinearLayout>
```

(3) 主界面的业务逻辑代码：Android 综合编程\015\BC2\src\iet\jxufe\cn\drawlines\MainActivity.java。

```
package iet.jxufe.cn.drawlines;
import java.util.ArrayList;
import java.util.List;
import android.app.Activity;
import android.graphics.Color;
import android.os.Bundle;
public class MainActivity extends Activity {
```

```
    private List<Integer>highestDatas=new ArrayList<Integer>();
    private List<Integer>lowestDatas=new ArrayList<Integer>();
    @Override
    protected void onCreate(Bundle savedInstanceState) {
      super.onCreate(savedInstanceState);
      init();
      TrendView trendView=new TrendView(this,highestDatas,lowestDatas);
      trendView.setBackgroundColor(Color.BLACK);
      setContentView(trendView);
    }
    public void init(){                              //模拟数据,执行初始化操作
      int[] highs=new int[]{42,53,49,38,40,35,43};
      int[] lows=new int[]{18,35,28,24,15,14,20};
      for(int i=0;i<highs.length;i++){
        highestDatas.add(highs[i]);
        lowestDatas.add(lows[i]);
      }
    }
  }
```

附录B

移动商务知识赛题答案

本附录提供第5章的习题参考答案,B.1～B.15节分别对应5.1～5.15节。

B.1 移动商务价值链与商业模式

单选题

1～5 BDBDA 6～10 DDBBC

11～15 CACDD 16 D

多选题

1. BCD 2. ABC 3. ABC 4. ABD 5. BCD 6. ABC 7. ABCD

8. ABCD 9. ABC 10. ABCD

判断题

1～5 ××××× 6～10 ×√√√× 11～15 ××√×√

16～20 √√××√

B.2 移动商务技术基础

单选题

1～5 AABCC 6～10 DCACC 11～15 BCDBA

16～20 AACDA 21～25 CCABC 26～30 BAAAB

31～35 AADAA 36～38 ACD

多选题

1. ACD 2. AB 3. ACD 4. ABC 5. ABC

6. ABCD 7. ABC 8. ABC 9. ABC 10. ABCD

11. ABCD　12. ABCD　13. ABCD　14. ABCDE　15. ABC
16. ABC　17. ABCD　18. ABC　19. ABC　20. ABCD
21. ABCD　22. ACD　23. ABCD　24. ABC　25. ABCD
26. ABC　27. AB　28. ACD　29. ABC

判断题

1～5　×√×√×　6～10　×√×√×　11～15　√√√√×
16～20　√√√×√　21～25　√√××√　26～27　××

B.3 移动电子商务概述

单选题

1～5　AADAB　6～10　CACBD　11～15　ADADA
16～20　CADAC　21～25　DBAAA　26～30　CACAB
31～35　AAAAC

多选题

1. ABCD　2. ABCD　3. ABCD　4. ABC　5. ABCD
6. BCD　7. ABC　8. ACD　9. ABC　10. ABC
11. ABCD　12. ABCD　13. ABCD　14. ABCD　15. ABCD
16. ABCD　17. ABCD　18. ABCD　19. ABC　20. ABCD
21. ABCD　22. ABCD　23. ABCD　24. ABC　25. ABCD
26. ABC　27. ABC　28. ABCD　29. ABCD　30. AB
31. AB　32. ABC　33. ABC　34. AB　35. ABC
36. ABCD　37. ABCD　38. ABCD　39. ABCD　40. ABCD
41. ABCD　42. ABCD　43. ABCD　44. ABCD　45. ABCD

判断题

1～5　√√×√√　6～10　√××√×　11～15　×√√√×
16～20　√√√√×　21～25　√√√√√　26～30　××√××
31～35　√√√××　36～39　×√×√

B.4 移动商务安全

单选题

1～5　BAABA　6～10　BBAAA　11～15　AACAA

16～18 ABA

多选题

1. ABCD 2. ABCD 3. ABC 4. ABCD 5. ABCD
6. ABCD 7. ABCD 8. ABCD 9. ABCD 10. ABCD
11. ABC 12. ABCD 13. ABCD 14. ABCD 15. AB

判断题

1～5 √√√√√ 6～10 √√√×√ 11～12 ×√

B.5 移动支付

单选题

1～5 ACCBD 6～8 BAA

多选题

1. ABC 2. ABCD 3. BCD 4. ABC 5. ABCD
6. AB 7. ABC 8. AB 9. ABCD 10. ABC
11. ABCD 12. ABCD 13. ABCD 14. ABC

判断题

1～5 √√××√ 6～10 ××√×√

B.6 云计算

单选题

1～5 DACAB 6～10 AACDB 11～15 DBDCD
16～20 ACCBB 21～25 DCDCB

多选题

1. ABC 2. BCD 3. ABCD 4. ABCD 5. AD
6. ABC 7. ABCD 8. AB 9. ABCD 10. ABCDE

判断题

1～5 √√√√√ 6～10 √√√√√

B.7 移动信息服务

单选题

1～4　ADAA

多选题

1. ABD　2. ABC　3. ABC　4. ABC　5. ABC
6. ABC　7. ABC　8. ACD　9. ABD

判断题

1～5　√×××√　6　√

B.8 移动学习、娱乐

单选题

1～3　CAA

多选题

1. ABD　2. ABCD　3. ABC　4. ABC　5. ABCD
6. ABC　7. AB　8. AC　9. AB　10. ABC
11. ABCD　12. ABCD　13. ABD　14. ABCD

判断题

1～5　×××√×　6　√

B.9 移动商务应用

单选题

1～5　ABAAA　6～10　ABAAA

多选题

1. ABCD　2. ABC　3. ABCD　4. ABCD　5. ABC
6. ABCD　7. ABCD　8. ABC　9. ABCD　10. ABCD
11. ABCD　12. ABCD　13. ABC　14. ABC　15. ABCD

16. ABCD

判断题

1～5　√√√√×

B.10 Android 移动商务应用案例

单选题

1～5　BCBDB　6～10　BBABC　11～15　BBAAC
16～20　ACDCC　21～25　DBCAC　26～30　CDCDA
31～35　AAAAA　36～39　BBBB

多选题

1. ABCD　2. ABCD　3. ABC　4. AB　5. ABC
6. ABCD　7. ABCD

判断题

1～5　×√×√×　6～10　√√√×√　11～15　√×√√×
16～20　×××√√　21～22　××

B.11 iOS 移动商务应用案例

单选题

1～5　CBACD　6～10　AACBA　11～15　ADAAA
16～20　ABCCA　21～25　BDABB　26～30　BBADD
31～35　CDACD　36～40　DACAD　41～44　CDAD

多选题

1. ABCD　2. BD　3. ABCD　4. ABD　5. CD
6. AD　7. AB

判断题

1～5　×√√×√　6～10　√√√√×　11～15　×√√×√
16～20　√√√√√　21～25　√√×√×　26～30　√×××√
31～35　√√√×√　36～40　√×√√√

B.12 微信公众号开发

选择题

1～5	DCCDB	6～10	DCABA	11～15	ACDCC
16～20	CDADD	21～25	ABCCB	26～30	CADDD

判断题

1～5	√××√√	6～10	××√√×	11～15	√√×√√
16～20	××√√×				

B.13 精益创业

选择题

1～5	BAABA	6～10	ABBDC	11～15	DDBDB
16～20	DBABD	21～25	BCDDC	26～30	ABDDD
31～35	CCCBA	36～40	CBBBD		

判断题

1～5	×××√√	6～10	×√×√√

B.14 创业者的窘境

选择题

1～5	BBDAD	6～10	BADDB	11～15	DDAAC
16～20	ACBCD	21～25	BBCCB	26～30	ADAAC
31～32	DA				

判断题

1～5	×××√	6～7	××

B.15 定 位

选择题

1～5	BDDAA	6～10	BDACA	11～15	DCBAB
16～20	DBBCC	21～25	AACAB	26～30	BCABB
31～35	CABAD				

判断题

1～5	√√×√×	6～8	××√

附录 C

移动应用设计大赛报告
（样例提纲）

作品名称：手机游戏——PushBox（推箱子）

参赛成员：甲（　　　联系方式　　　）

乙（　　　联系方式　　　）指导教师：×××××

年　月　日

提　纲

1　项目简介

2　设计报告

　2.1　相关技术说明

　2.2　需求分析

　　2.2.1　功能需求

　　2.2.2　游戏策划

　　2.2.3　类框架简介

　　2.2.4　各类详细介绍

　2.3　系统设计

　2.4　系统界面

3　使用手册

4　附件